Mother Nature Is
자연의 배신
Trying to Kill You

자연의 배신

인간보다 비열하고 유전자보다 이기적인
생태계에 관한 보고서

댄 리스킨 지음 | 김정은 옮김

부·키

지은이 **댄 리스킨**Dan Riskin은 앨버타 대학을 졸업하고 요크 대학에서 석사 과정, 코넬 대학에서 박사 학위를 받았다. 그 후 브라운 대학, 보스턴 대학의 생태학과 보전생물학 센터에서 연구 활동을 했다. 그의 연구는 주로 박쥐의 운동에 관한 생체역학에 초점을 맞추고 있다. 리스킨은 연구를 위해 전 세계를 여행했으며, 연구자와 교육자로서 많은 상을 수상했다. 그는 20편 이상의 논문에 저자와 공저자로 참여했고, 이 논문들은 『실험생물학 저널Journal of Experimental Biology』, 『린네 학회 생물학 저널Biological Journal of the Linnean Society』, 『네이처Nature』지 등에 실렸다.

댄 리스킨은 대중에게 자연의 신비를 전하는 진행자로도 명성이 높다. 그는 애니멀 플래닛의 〈내 안의 괴물들MONSTERS INSIDE ME〉을 비롯해 전 세계에서 유일한 일일 과학 프로그램인 디스커버리 캐나다의 〈데일리 플래닛〉의 공동 진행자로 활약하고 있다. 또한 캐나다 AM방송, CTV 뉴스채널, CTV 내셔널 뉴스, 미국의 〈크레이그 퍼거슨 쇼The Late Late Show〉에 고정 게스트로 출연하고 있다. 리스킨의 첫 번째 TV 출연작인 히스토리 채널의 진화Evolve〉는 에미상 후보에 오르기도 했다. 그는 현재 아내 셸비, 아들 샘, 보스턴 테리어 엘리엇과 함께 토론토에 살고 있다.

옮긴이 **김정은**은 성신여자대학교에서 생물학을 전공했고, 현재 전문 번역가로 활동하고 있다. 옮긴 책으로는 『미토콘드리아』, 『생명의 도약』, 『카페인 권하는 사회』, 『신은 수학자인가』, 『세상의 비밀을 밝힌 위대한 실험』, 『좋은 균 나쁜 균』, 『야생의 몸, 벌거벗은 인간』, 『공룡 이후』, 『날씨와 역사』, 『강의 죽음』, 『찬란한 실수』 등이 있다.

2015년 4월 17일 초판 1쇄 발행
2017년 3월 31일 초판 4쇄 발행
지은이 댄 리스킨
옮긴이 김정은
펴낸곳 부키(주)
펴낸이 박윤우
등록일 2012년 9월 27일
등록번호 제312 - 2012 - 000045호
주소 03785 서울 서대문구 신촌로3길 15 산성빌딩 6층
전화 02) 325 - 0846
팩스 02) 3141 - 4066
홈페이지 www.bookie.co.kr
이메일 webmaster@bookie.co.kr
제작대행 올인피앤비 bobys1@nate.com
ISBN 978-89-6051-476-8 03400

셸비에게

들어가는 글 **조지아는 내 마음속에 남아 있네** 8

조지아는 내 마음속에 남아 있네

그렇게 아프지는 않았다. 솔직히 말하면 막판까지 거의 아무 느낌도 없었다. 하지만 이따금씩 마치 누가 숟가락 끝으로 내 정수리를 찍어 누르는 것 같은 날카로운 통증이 있었다. 나는 역겹지도 않았고, 영구적으로 어떤 손상이 일어나지는 않으리라는 것도 알고 있었지만 미칠 것 같았다. 내 정수리 바로 밑에 단단히 자리를 잡고 있던 작고 하얗고 흐늘흐늘하며 까만 강모로 둘러싸인 구더기 한 마리 때문이었다. 나는 있는 힘을 다해 쥐어 짜 보았지만 녀석을 끄집어낼 수 없었다. 당시 그 구더기의 길이는 몇 밀리미터에 불과했지만, 계속 내 살을 파먹고 있었으니 몇 주가 지나면 몸집이 부쩍 더 커질 터였다. 아무리 궁리를 해도 녀석을 튀어나오게 할 방법이 떠오르지 않았다.

　녀석이 내 몸속에 우연히(이건 확실하다) 들어온 것은 그로부터 몇 주 전의 일이었다. 당시 나는 박쥐 합동 연구팀의 일원으로 벨리즈에 체류하고 있었다. 나는 생물학자, 그중에서도 박쥐 전문가다. 늘 박쥐를 좋아했고 박쥐 연구를 위해서라면 전 세계 어디든 찾아갈 수 있었다. 오스트레일리아, 뉴질랜드, 마다가스카르, 남아프리카, 코스타리카, 북아메리카 전역은 물론, 에콰도르의 아마존 열대우림을 헤매기도 했다. 모두 박쥐를 보기 위해서였다. 벨리즈 탐사는 내가 갓 연구를 시작했을 무렵, 즉 탐사 경험이 별로 없을 때 이루어졌다. 돌이켜 보면, 당시 나는 자연을 너무 몰랐다.

중앙아메리카에 위치한 벨리즈는 뉴저지만 한 크기의 작은 나라다. 그러나 뉴저지에는 약 9종뿐인 박쥐가 벨리즈에는 무려 50여 종이나 있었다. 내가 벨리즈에 갔던 이유는 바로 그 때문이었다. 1998년이었고, 나는 대학원 1학년생이었다. 우리는 벨리즈에서 박쥐들이 낮에 숨어 지내는 곳을 찾고자 했다. 어쩌면 한 번도 본 적 없는 종을 동정(생물의 실체를 확인하기 위해 분류학상의 소속이나 명칭을 바르게 정하는 일—옮긴이)할 기회가 생길지도 몰랐다. 박쥐 관련 책과 논문들은 이미 수없이 읽었고, 이제 현장에서 그들을 직접 만날 차례였다.

우리는 벨리즈에서 라마나이라는 곳에 머물렀다. 지금은 고대 마야 유적으로 유명한 곳이지만, 우리가 갔던 그 당시만 해도 유적들은 아직 울창한 열대우림 속에 파묻혀 있었다. 라마나이의 야생은 내 마음을 온통 사로잡았다. 크고 알록달록한 큰부리새toucan, 길이가 180센티미터인 악어, 화려한 빛깔의 독사, 짖는원숭이howler monkey, 수천수만 가지의 멋진 곤충들, 그리고 박쥐!

고기잡이박쥐fishing bat, 흡혈박쥐vampire bat, 노란어깨박쥐 yellow-shouldered fruit bat, 주머니날개박쥐sac-winged bat, 칼코박 쥐sword-nosed bat, 개구리잡이박쥐frog-eating bat…. 만약 박쥐에 조 금이나마 호기심이 있는 사람이라면 벨리즈는 천국이다. 이는 내가 보장한다.*

2주간의 일정 내내 거의 쉬지 않고 덤불숲을 헤집고 다녔기 때 문에, 내가 말파리botfly에 쏘인 게 정확히 언제였는지는 알 길이 없 다. 우리는 밤마다 그물을 설치하고 박쥐를 잡은 다음, 그중 몇 마리 에 무선 송신기를 부착했다. 크기가 커피콩만 한 무선 송신기에는 약 12센티미터 길이의 안테나가 달려 있는데, 그 장치를 박쥐의 등 에 난 털에 부착하고 박쥐를 놓아주면 된다. 그러면 이 무선 송신기 에서는 특정 주파수의 신호가 방출되고, 수신기를 그 주파수에 맞춰 박쥐의 은신처를 찾을 수 있다.

송신기를 부착한 박쥐를 풀어 주고 나면, 박쥐가 근처에 있을 때 나 박쥐와 손에 쥔 수신기 사이에 장애물이 없을 때만 신호를 잡을 수 있다. 그래서 우리는 날마다 고대 마야 유적 위에 올라서서 울창 한 밀림의 캐노피 위로 새어 나온 박쥐의 신호를 찾았다. 일단 신호 가 잡히면, 우리는 마체테machete(날이 넓고 무거운 칼―옮긴이)를 들고

---

* 나는 라마나이에 서식하는 박쥐를 상세히 기록하는 연구에 두 번 참여했다. (Fenton 외, 2000, 2001) 우리가 논문을 발표한 이후에도 그곳에서는 많은 박쥐가 동정되었다. 그건 그렇고, 이 책에서는 이런 각주를 계속 보게 될 것이다. 각주는 지금 읽고 있는 이야기에 부가적인 설명을 하기 위해 넣었다. 내용을 더 깊게 알고 싶다면 작은 숫자 가 매겨진 미주를 따라가 책 뒤에 있는 주석을 보면 된다.

길을 나섰다. 가령 북쪽에서 신호가 잡혔다면, 밀림 속에서 그 신호가 다시 잡힐 때까지 계속 북쪽으로 길을 헤쳐 나가는 식이었다. 나뭇가지와 덩굴들을 마구 쳐 내며 점점 더 강해지는 신호를 따라가다 보면, 마침내 나뭇가지를 횃대 삼아 앉아 있는 박쥐를 발견하거나 적어도 박쥐가 숨어 있는 나무 구멍의 위치를 알 수 있었다.

이는 꽤 까다로운 작업이었다. 마체테로 나뭇가지들을 쳐 내며 직접 길을 만들어 나아가는 동시에 박쥐가 겁이 나서 달아나지 않도록 조용히 다가가야 했기 때문이다. 또 개미로 뒤덮인 가시덤불을 비롯해 전갈, 독사 같은 무시무시한 것들이 가득한 수풀을 지나야 하는 어려움도 있었다. 그래도 그렇게 재미난 경험은 난생처음이었다. 탐사를 모두 끝마칠 때까지도 나는 더없이 행복했다. 볕에 그을리고 벌레 물린 상처투성이였지만, 나만의 길을 찾은 기분이었다. 나는 흥미진진한 모험이 계속될 미래를 상상하면서 짜릿함에 취해 있었다. 벌레 물린 자리 중 한 곳에 구더기가 들어 있는 줄은 까맣게 모르고서.

말파리human botfly는 일반적인 집파리housefly(당신의 음식 접시에 집요할 정도로 달려드는 그 파리)와 비슷하게 생겼지만 생활사는 훨씬 경이롭다.[1] 성체 말파리 암컷은 열대우림 속을 분주히 돌아다니다가 공중에서 모기 한 마리를 잡아 배에 알을 낳고 놓아준다. 그리고 그 모기가 포유류(이를테면 원숭이, 재규어, 박쥐 생물학자 따위)의 피를 빠는 동안, 말파리의 알은 그 포유류의 피부 위에 안착한다. 알을 까고 나온 말파리 애벌레는 모기가 피를 빨았던 구멍으로 들어가서 그곳에 자리를 잡고 영양을 섭취하면서 성장한다. 이 애벌레는 처음에는 길이가 몇 밀리미터에 불과하지만 무럭무럭 자라서 한 달 반쯤 지나면 약 2.5센티미터가 된다. 그러면 애벌레는 숙주의 피부를 갉아먹으면서 밖으로 빠져나온 뒤 땅에 떨어진다. 그러고는 성체 파리로 변태한 후 어디론가 날아가 버린다.

사실 이는 말파리에게 꽤나 영리한 전략이다. 만약 커다란 말파리가 내 몸에 앉았더라면 정신없이 때려잡았을 것이기 때문이다. 하지만 성체 말파리는 내 근처에 얼씬도 하지 않았다. 말파리는 모기라는 택배 서비스를 이용했고 나는 아무것도 눈치채지 못했다. 솔직히 말하면 뭔가 잘못되었다는 사실도 몇 주 후에 집으로 돌아와서야 깨달았다.

말파리 애벌레는 내 정수리 뒤쪽 바로 오른편에 단단히 박혀 있었다. 처음에는 여느 모기 물린 자국과 다르지 않았다. 그런데 물린 자국 주위가 점점 부어오르기 시작했다. 내 눈으로 직접 확인하기 어려운 위치라서 거울 두 장과 손전등까지 동원했지만 별 소용이 없었다. 내 손으로 머리카락을 헤집고 그 놈을 짜내기는 더욱 어려웠다. 내가 볼 수 있는 것이라고는 10센트짜리 동전만 한 크기로 붉게 부어 오른 모습이 전부였다. 그 중심에는 작은 구멍이 있었고, 가끔 다른 사람들이 그 구멍에서 작고 하얀 숨관이 쑥 나온다는 이야기를 전해 주었다. 그래서 나는 그것이 말파리 애벌레라고 확신했다. 말파리 애벌레는 숨관을 이용해서 산소를 공급받기 때문이었다.

이런 일을 한 번도 겪어 본 적이 없었던 나로서는 이 녀석을 어떻게 없애야 좋을지 전혀 감이 잡히지 않았다. 그래서 여드름을 짜듯두 손으로 녀석을 짜내려고 애썼다.* 이런 내 모습은 친구들에게 조금도 좋은 인상을 주지 못했다. 친구들은 내게 모자를 쓰라고 했고 내가 얼굴만 긁어도 바로 손을 씻으라고 했다. 나는 말파리 애벌레가 옮을 일은 없다고 설명하려 애썼지만 친구들에게 그 사실은 별로 중요하지 않은 것 같았다. 친구들의 걱정이 계속되는 바람에 나는 졸지에 보균자가 되고 말았다.

이틀쯤 지나자 친구들도 나를 놀려 먹을 정도로 여유가 생겼지만 여전히 가까이 오려고 하지는 않았다. 친구들의 농담은 기상천외했다. 그들은 말파리 애벌레가 단지 나의 망상일 뿐이라고도 했고, 힘든 줄은 알지만 애벌레를 열 받게 해서는 안 된다고도 했다. 또 세금을 신고할 때 말파리 애벌레를 부양가족으로 올릴 수 있는지 궁금하다고도 했다. 그들은 심지어 애벌레에게 이름까지 지어 주었다.

조지아 Georgia!

그렇게 1주일이 지나갔다. 나는 한번씩 내 머릿속의 조지아를 짜내 보려고 시도했지만 대부분은 막연히 조지아가 사라져 주기만 바라면서 지냈다. 말파리 애벌레는 짜내기가 무척 어렵다. 애벌레 표피에 난 날카로운 강모가 뒤쪽으로 구부러져서 살 속에 단단히 박혀 있기 때문이다. 만약 말파리 애벌레가 팔이나 가슴 같은 곳에 자리 잡았다면 그 아래쪽 피부부터 꾹 눌러 숨구멍 밖으로 튀어나오게 할수 있겠지만, 몸의 다른 부분에서는 그렇게 할 수가 없다. 특히 두피에는 충분한 피하 공간이 없으므로 양 옆에서 짤 수밖에 없었고, 결

• 어떤 사람들은 공기구멍에 돼지기름을 발라 말파리 애벌레를 유인하는 방법을 추천했다. 그러나 말파리 애벌레는 음식 냄새가 아닌 산소 부족 때문에 밖으로 나온다. 그래서 어떤 연구에서는 숨구멍에 바셀린을 발라 공기를 차단함으로써 말파리를 끄집어내는 데 성공했다.

국 더 아프기만 했다. 나는 녀석이 더 커지면 아래쪽에서부터 눌러 짜낼 수 있을 정도의 공간이 생기지 않을까 기대했지만, 이 전략은 아무 효과가 없을 것 같았다.

조금 더 기다렸다면 조지아를 내 손으로 제거할 수 있었을지도 모르겠지만, 내 인내심은 그보다 훨씬 전에 한계치에 다다르고 있었다. 벨리즈에서 돌아온 지 2주가 지난 어느 날, 나는 결국 뚜껑이 열리고 말았다. 차를 몰고 식료품점에 가고 있었는데 갑자기 숟가락 끝으로 찍어 누르는 듯한 통증이 시작된 것이다. 나는 조지아를 당장 꺼내기로 결심했다. 그리고 의사도 내 결심에 동조해 주길 바랐다. 친구들에게 그런 거사를 부탁하고 싶지는 않았기 때문이었다. 나는 식료품점을 지나쳐 곧바로 병원으로 차를 몰았다.

늘 토사물과 배설물을 보고 사는 간호사를 역겹게 만들기란 여간 힘든 일이 아니다. 그러나 (적어도 캐나다에서는) 머릿속에 구더기가 있다는 이야기를 하면 효과가 있는 것으로 밝혀졌다. 상태를 설명하자마자 나는 응급실에서 이상한 쪽으로 유명한 환자가 되었고, 대기실이 무척 복잡했음에도 오래 기다리지 않고 의사를 만날 수 있었다.

의사는 내 차트를 보더니 내 눈을 똑바로 쳐다보면서 자신은 말파리가 뭔지 모른다고 말했다. 나는 의사가 내 상태를 심각하게 생각하지 않고 있다는 이상한 편집증에 사로잡혀서 최대한 박식해 보이려고 애썼다. 나는 의사에게 숨구멍과 강모, 그리고 모기의 생활사에 관해 모조리 설명했다. 그러나 설명을 하는 동안에도 계속 통증이 밀려와 몸을 움찔거렸다. 의사가 내 말을 진지하게 받아들이지 않을까 조바심이 났고, 그래서 점점 더 말이 빨라졌다. 느낌이 좋지 않았다.

의사는 내 눈을 다시 물끄러미 쳐다보면서 몇 초 동안 아무 말도 하지 않았다. 이윽고 포기했다는 듯이 깊은 한숨을 한 번 내쉬고는 머리를 보여 달라고 했다.

의사가 라텍스 장갑을 끼는 동안 나는 책상 위에 엎드렸다. 내가 팔짱을 끼고 그 위에 턱을 올려놓자 의사는 손가락으로 정수리 근처를 꾹꾹 누르기 시작했다.

"아무것도 안 보이는데요."

"바로 여기요." 나는 그곳을 가리키며 말했다.

"여기요? 여긴 아무것도 없어요. 내가 보기에는 머리카락이 살을 파고든 것 같은데요."

"아뇨, 아니에요. 그게 말파리에요. 구멍 보이세요?"

의사는 그 부위를 계속 꾹꾹 눌러보더니 다시 한숨을 쉬었다. 반신반의하는 눈치였다. 그는 내 말을 믿고 말파리 애벌레를 없애기 위해 계속 애써 줄 수도 있고, 나를 그냥 집에 보낼 수도 있었다. 만약 그냥 보낸다면 나는 친구 중 한 명에게 머리를 째 달라고 부탁할 참이었다.

오랜 침묵이 흐른 뒤, 의사는 마침내 얼마나 깊게 절개해야 할 것 같으냐고 물었다.

"모르겠어요. 마음대로 해 보세요. 뇌에 닿기 전에 두개골이 있으니 큰일은 없겠죠." 내가 했던 유일한 농담이었다.

다시 의사의 한숨 소리가 들렸고 긴 침묵이 이어졌다. 그리고는 주사 바늘이 찌르는 것처럼 따끔하더니 그 주위의 감각이 무뎌지기 시작했다. 이내 조금 당기는 느낌이 들었고 이마와 뒷목으로 피가 흘러내리기 시작했다.

의사는 내게 수건을 건네주었고 나는 그 수건을 이마에 둘렀다. 이제 잠시 후면 녀석이 내 몸 밖으로 나올 것이다. 나는 안달이 나서 기다릴 수가 없었다.

하지만 의사는 "아직 아무것도 안 보여요." 하고 말했다.

만약 의사가 녀석을 끄집어내지 못한다면 내 다음 계획도 효과가 없을 것이다. 이제 내 머리에는 크게 쩬 자국이 생길 텐데, 친구들에게 그 주위를 꼼꼼히 살펴봐 달라고 해야 할까? 그 자리를 다시 째야 하나? 어쩌면 말파리는 내가 만들어 낸 상상일지도 모른다. 만약 이게 말파리가 아니면 어쩌지? 그렇다면 이건 뭐지?

나는 답을 낼 수가 없었다. 그 사이에도 의사는 계속 내 피부를 당기거나 잘랐는데(당시에는 두 가지가 같은 느낌이었다), 그 시간이 내게는 몇 분 같았다. 그리고 잠시 후, 의사의 '헉!' 하는 소리가 들렸다.

나는 아무 느낌도 없었다. 그러나 의사가 무엇을 하는지 보려고 고개를 돌리고 싶지는 않았다. 얼굴로 떨어지는 피를 수건으로 받아 내고 있었기 때문이다.

"잡았나요?"

의사는 내 앞으로 의자를 바싹 끌어당긴 뒤 작은 소변 검사 용기 하나를 내밀었다. 알코올이 채워진 용기 속에는 조지아가 맥없이 떠 있었다.

드디어 조지아로부터 해방된 것이다!

조지아는 지금도 그 소변 검사 용기에 담긴 채로 내 연구실 책상

바로 옆 책장에 놓여 있다. 길이가 겨우 수 밀리미터인 조지아는 내가 인터넷에서 보았던 다른 말파리 유충들에 비하면 실망스러울 정도로 작았다. 말파리에 대해 잘 모르는 사람들은 이 원인 모를 고통을 그냥 방치할 것이 분명하다. 그러다 6주 정도가 지나고 애벌레가 꿈틀꿈틀 기어 나오면 소스라치게 놀라는 것이다. 조지아는 그 단계에 이르기 전에 제거되었지만(그래서 다른 말파리 애벌레에 비해 크기가 작았지만) 그래도 분명히 내 안에 있었다. 나는 당당히 조지아를 얻었고, 녀석이 자랑스럽다. 만약 내게 '자연과 하나 된' 느낌이 든 적이 있느냐고 누가 묻는다면 나는 조지아를 꺼내 보여 줄 것이다. 조지아는 내게 훈장과도 같다.

이는 생물학자로서 벨리즈의 자연 속에서 살아가는 생명체들을 연구하고자 했던 내가 오히려 한 **생명체로서** 자연을 직접 경험하게 된 사건이었다. 그 경험은 내가 자연계를 인식하는 방식에 실로 큰 영향을 주었다. 내게 자연은 열대우림의 풍경을 담은 한 장의 멋진 사진이 아니다. 쉼 없이 변화하고 복잡하게 뒤얽혀 있는 역동적인 삶과 죽음의 드라마다. 이 드라마는 전적으로 에너지를 얻기 위한 전쟁에 의해 굴러간다. 에너지는 숙주에서 기생생물로, 피식자에서 포식자로, 부패된 사체에서 청소동물로 살아남아서 DNA를 전달하기 위해 끝없는 전쟁을 벌이는 생명체들 사이를 흐른다.

벨리즈의 경험은 나 자신도 이 장대한 체계의 일부임을 깨닫게 해 주었다. 우리는 모두 자연의 일부다. 조지아는 에너지를 얻기 위해 내 살을 파먹었고 나는 녀석을 제거하기 위해 에너지를 소비했다. 상대보다 우위를 차지함으로써 살아남아 자손을 남기기 위한 이기적인 노력을 계속 하는 곳, 그것이 바로 자연이다.

자연을 이런 식으로 생각하면, 좀 이상한 점이 있다. 최근 들어 우리가 더 자연적인 삶을 살아야 한다고 말하는 사람들이 부쩍 많아졌다. 우리 주위에 넘쳐 나는 다이어트, 운동, 의학, 생활 방식에 관한 조언들은 하나같이 '자연적인' 생활을 주장한다. 인간은 자연으로부터 진화했으므로 오늘날 우리가 안고 있는 문제들은 우리의 뿌리로 되돌아가서 수천 년 전 인류가 했던 방식대로 먹고 행동하면 쉽게 해결된다는 것이다.

이런 종류의 조언에서 가장 큰 오류는 수천 년 전에 지구에 살았던 인간의 수명은 대개 30대였다는 점을 간과하고 있다는 점이다. 자연은 어디에나 포식자와 기생생물과 분해자가 존재하고, 그들은 우리를 먹이로 삼을 기회를 호시탐탐 노리고 있다. 그러나 현대화된 사회에서 살아가는 우리들은 이런 위협에 노출될 일이 거의 없기 때문에, '자연적인' 생활 방식을 조언하는 사람들은 말파리나 방울뱀이나 말라리아 같은 것들이 마치 존재하지도 않는 것처럼 행동한다. 하지만 나를 보라! 그들은 분명 존재한다.

아니, 오히려 대자연은 당신을 죽이려 하고 있다.

자연에 대한 내 관점은 전형적으로 묘사되는 자연의 모습과는 조금 다르다. 자연에 관한 전형적인 묘사는 대개 우리에게 뭔가를 판매하는 데 '자연'이라는 단어를 이용하고 있는 광고 회사와 기업들 때문이다. 그들의 세계에서 자연은 행복한 삶을 선사하는 자애로운 존재로 항상 우리를 더 건강하게 할 뿐 해를 끼치는 일 따위는 절대 없다. 오로지 꿀만 있고 침을 쏘는 벌은 없는 것이다. 자연은 우리에게 과일과 야채와 그늘에서 자란 커피콩을 주지만, 욕조 주위의 곰팡이나 개미, 촌충은 주지 않는다. 우리와 마찬가지로 광고 회사도 이런 것들을 자연의 일부로 여기지 않을 것이다. 웬일인지 이런 형태의 '자연'은 되레 침입자 취급을 받고 있다.

일반적인 샴푸 광고를 생각해 보자. 부드러운 풀밭이나 폭포수가 떨어지는 물웅덩이를 배경으로 아름다운 모델들이 한 올도 흐트러짐 없는 머리카락을 찰랑거리며 뛰어다닌다. 이런 광고에는 꽃과 나비, 심지어 말까지 등장하지만 말벌이나 전갈이나 거머리는 보이지 않는다. '비호감' 생물들은 판매에 타격을 주므로 자연의 형상은 언제나 반쪽만 표현된다.

기업은 이런 이상적인 가짜 자연을 연출해 소비자들이 상품과 이상적인 자연을 함께 떠올리게 함으로써 매출을 크게 신장시킨다. 나는 얼마 전에 상점에서 '무독성', '유기농', '친환경' 딱지가 붙어 있는 세정액을 보았다. 겉면에는 곰팡이와 세균을 죽인다는 설명이 쓰여 있었다. 사람들은 싱크대를 한 번 닦으면 수백만의 생명체가 파괴될 수 있는 물건을 친환경 상품이라 부르며, 마치 세균은 '자연'의 일부가 아닌 것처럼 취급한다.

나는 친환경 상품을 사용하지 말자고 주장하는 게 아니다. 사실 나도 친환경 상품 사용을 권장한다. 다만 상품의 모순을 생각해 보자는 것이다. 우리가 식료품점에서 사는 유기농 사과와 오렌지는 자연에서 자란 게 아니라 농장에서 기른 것이다. 어떻게 그런 것들이 창문으로 들어오는 곰팡이보다 더 '자연에 가깝다'고 말할 수 있을까?

잡지 편집자들, 각종 매체의 경영진과 광고 회사들이 자연의 어두운 면을 인정하고 싶어 하지 않기 때문에 우리는 전체적인 그림을 보지 못하고 왜곡된 시각을 갖게 된 것이다.

학부생 시절, 식당에서 함께 아르바이트를 하던 어지에가 내게 이런 말을 했다. "난 실험실에서 만든 약물은 절대 먹지 않지만 자연에서 만들어진 것이라면 안심하고 먹어." 그녀의 말을 들었을 때, 나름 타당한 말처럼 들린다고 생각했던 기억이 난다. 하지만 1분만 생각해 보면 얼토당토않은 말이라는 걸 깨닫게 된다. 그녀가 말한 자연에서 만들어진 것이란 마리화나와 환각버섯magic mushroom 같은 것일 테지만, 헤로인이나 크랙(결정 상태의 코카인, 분말 상태의 코카인보다 중독성이 높다―옮긴이), 담배 역시 모두 식물에서 유래한다. 기분 전환용 약물이든 식품이든 그 밖의 다른 것이든, 자연이 100퍼센트 친절하기만 하다는 태도를 고수하려면 고의적인 불신이나 무시가 필요하다.

다른 방식으로 생각해 보자. 비행기에서 내려다보면 뉴욕의 스카이라인은 대단히 웅장하고 고요하게 느껴진다. 그러나 도심 한복판에 있으면 사정은 완전히 다르다. 하늘에서는 밋밋한 직사각형처럼 보였던 건물들이 저마다 돌과 벽돌이 만들어 내는 독특한 무늬로 아름답게 장식되어 있다는 것을 알 수 있다. 땅에 발을 딛고 서 있으면 자동차의 경적 소리, 큰소리로 통화를 하면서 걸어가는 사람의 목소리, 트럭이 도로의 움푹 팬 곳을 지날 때 덜컹거리는 소리가 들린다. 쓰레기 냄새나 지린내 같은 악취가 나기도 하지만 핫도그나 프레첼 pretzel 냄새를 맡을 수도 있다. 당신은 길거리 음식을 사 먹거나 공연을 보러 가거나 지하철을 탈 수도 있다. 아니면 가만히 벤치에 앉아서 이 모든 풍경을 구경할 수도 있다.

뉴욕의 스카이라인은 숨 막힐 정도로 아름답지만 이토록 많은 것들이 빠져 있다. 사실 나는 뉴욕의 가장 멋진 부분은 다 빠져 있다고 생각한다.

자연을 건강과 같은 무한한 혜택을 주는 존재로 보는 시각은 뉴욕을 스카이라인으로만 묘사하는 것만큼이나 불완전하다. 자연은 우리에게 이로운 수많은 것들을 만들어 냈지만, 독해파리와 애집개미 fire ant와 청산가리를 창조하기도 했다. 자연의 건강한 부분을 찬양함과 동시에 자연의 혐오스러운 부분도 함께 살핀다면 전체적인 그림은 더욱 풍성해질 것이다. 사실 나는 여기서 한 발짝 더 나아가고 싶다. 나는 식료품점과 샴푸 회사가 배제한 자연의 일면, 즉 역겹고 비도덕적이고 폭력적인 모습 속에도 자연의 가장 장엄하고 아름다운 부분이 포함되어 있다고 생각한다.

벨리즈의 오솔길을 따라 걸어가면서 쌍안경으로 새들을 관찰하는 것은 하늘에서 뉴욕의 스카이라인을 내려다보는 것과 비슷하다. 그러나 말파리에 대한 경험은 나를 길바닥 수준으로 끌어내렸다. 그 일은 나를 안락한 일상의 테두리 바깥으로 내몰았고 자연과의 관계를 바꿔 놓았다. 그리고 그로부터 몇 년 후, 나는 자연 세계와 이처럼 친밀하고 사적인 경험을 한 번 더 나누었다. 이 경험은 조지아와 함께했던 모험보다 훨씬 오래 지속되고 있고, 앞으로도 계속될 것 같다. 그때까지 나는 머릿속에서 구더기를 키운 경험이 내 삶을 송두리째 바꿔 놓았다고 생각했지만, 그건 자녀의 탄생에 비하면 아무것도 아니었다.

2011년 8월, 아내와 나의 첫 아이인 샘이 세상에 태어났다. 그날 이후 나는 모든 것이 달라 보이기 시작했다. 당시 나는 날마다 체중을 재고 그 자료를 모으는 것을 좋아했는데, 흥미가 없어졌다. 또 가능한 한 많은 박쥐를 보고 싶어서 세계 각지를 여행할 계획을 달력에 빼곡히 채우곤 했지만, 이제는 샘이 없는 아프리카에서 박쥐를 잡으면서 한 달을 지내는 것보다 집에서 샘과 함께 노는 게 더 좋다. 이는 단순히 지금까지 내가 중요하게 여겼던 것들을 다 내팽개칠 만큼 샘을 소중하게 여긴다는 뜻이 아니다.

샘의 탄생은 나 자신을 포함해 다른 모든 것을 대하는 방식을 바꿔 놓았다. 당신도 아마 누군가에게 이와 비슷한 말을 들어 본 적이 있을 것이다. 그리고 당신이 이미 부모라면 내 말에 공감할 것이다. 아이의 탄생은 부모를 변화시킨다. 그 어떤 경험에서도 느낄 수 없었던 감정을 느끼기 때문에 변하는 것이다. 사람들은 이런 감정을 '선' 혹은 '순수한 사랑'이라고 한다. 그러나 솔직히 나는 그 감정들이 정말 그런 것인지 확신이 서지 않는다.

그래서 선뜻 말하기가 망설여진다. 우리는 말파리를 사악하다고 말할 수 없다. 말파리는 그저 자신의 DNA를 다음 세대에 안전하게 전달하기 위해 최선을 다했을 뿐이다. 말파리의 행동을 '선과 악'으로 규정하는 것이 무의미하듯이 자연의 다른 동물들도 모두 마찬가지다.

샘에게 품고 있는 감정이 나의 DNA를 보호하고 남기려는 생물학적 욕구에서 유래했다는 것은 지극히 분명하기 때문에, 나는 여기서 선이나 악이라는 개념을 적용해야 할 근거를 찾지 못했다. 우리가 부성애라고 느끼는 것은 사실 다음 세대로 전달된 자신의 DNA를 보호하기 위한 하나의 방편일 뿐이다. 말파리의 행동이 '악'이 아니라면, 샘에 대한 내 감정을 '순수하다'거나 '선하다'고 할 이유도 딱히 없다. 내가 뭔가 굉장한 경험을 했다는 것은 분명하다. 그러나 이는 내 DNA가 뇌를 속여 믿게 만든 것일 뿐이다. 이 환상의 이면에 무엇이 존재할까?

내가 이 책을 쓰게 된 동기는 한편으로는 추하고 잔혹한 자연 세계에 대한 남다른 관심 때문이기도 하고, 한편으로는 독자들을 그 세계에 초대하고 싶은 마음 때문이기도 하다. 그러나 이 책은 나 자신을 위한 사적인 여정이기도 하다. 아들에게 느끼는 내 사랑이라는 감정이 진짜인지 밝혀야 한다.

그럼 시작해 보자. 나는 길을 잃지 않기 위해, 약 1400년 전에 가톨릭교회에서 규정한 인간이 저지를 수 있는 가장 나쁜 행위들을 둘러보는 여정을 계획했다. 이 죄악들에 대해서는 당신도 아마 들어본 적이 있을 것이다. 바로 죽음에 이르는 7대 죄악인 탐욕, 색욕, 나태, 탐식, 질투, 분노, 오만이다. 물론 이 죄악들에 생물학적 요소는 전혀 없다. 도덕이라는 것은 전적으로 인간의 생각이다.

인간의 어머니인 대자연이 실은 인간보다 7대 죄악을 더 악랄하게 낱낱이 저지르고 있을지도 모른다는 의문을 던지는 일은 무척 재미난 도전이 될 것 같다. 이 여정을 따라가다 보면, 부성애의 뿌리가 이기심의 밀림 속에서 발견될 수도 있고, 아들에게 느끼는 내 사랑의 감정이 허상이라는 것을 확인하게 될지도 모른다.

그러니 이제 길을 떠나 보자.

1

탐욕

얼룩말을 죽이는 것은
사자가 아니라 얼룩말이다

생물학과 교수와 공대 교수, 그리고 그들의 제자 한 명이 술집에 갔다. 세 사람이 맥주 한 모금을 마시자마자, 화장실에서 사자 한 마리가 쓱 걸어 나오더니 그들을 보고 입맛을 다셨다.

생물학과 교수는 겁에 질려 의자에서 슬그머니 일어났다. "지난 25년 동안 1000마리 이상의 사자가 인간을 공격했고, 그 인간 중 3분의 2가 목숨을 잃었지. 나는 그 확률이 탐탁지 않군."

공대 교수는 사자와 출입구를 번갈아 쳐다본 다음, 계산을 하기 시작했다. 그리고 자리에서 일어나며 말했다. "나도 그 확률이 마음에 안 들어. 몸집을 고려할 때, 사자의 최고 속력은 시속 65킬로미터 정도로 추정할 수 있지. 올림픽 단거리 선수는 시속 37킬로미터까지 속력을 낼 수 있어. 만약 우리가 그 속력의 절반만 낼 수 있다고 해도, 사자는 우리보다 훨씬 먼저 출입구에 도달할 거야. 그럼 우린 끝장이라고!"

학생은 사자와 교수들을 번갈아 쳐다보고 잠시 머뭇거리다가 트위터에 올릴 사자 사진을 찍기 위해 주머니에서 휴대전화를 꺼냈다.

그러자 생물학과 교수가 물었다. "뭐하는 거냐? 이 사자보다 빨리 뛸 방법이 없다는 것을 몰라서 그래?"

"잘 알죠. 하지만 전 사자보다 빨리 뛸 필요가 없어요. 두 교수님 중 한 분보다만 빨리 뛰면 되니까요." 학생은 이렇게 말한 후, 마침내 자리에서 일어났다.•

오래된 농담이지만, 사실을 토대로 한 이야기이기 때문에 영 헌물간 이야기는 아니다. 포식자는 다른 누군가를 먼저 잡지 못했을 경우에만 당신을 잡으려고 한다. 남아프리카에서는 해마다 수많은 얼룩말이 사자에게 잡아먹히지만, 이 얼룩말들이 마구잡이로 죽는 것은 아니다.¹ 일부 얼룩말은 다른 얼룩말에 비해 사자를 더 잘 피한다. 그 이유는 더 빠르기 때문일 수도 있고, 주의력이 더 뛰어나기 때문일 수도 있으며, 더 건강하기 때문일 수도 있고, 단지 운이 더

• 이 교수들의 말은 모두 사실이다. 1990~2007년까지 탄자니아 한 곳에서만 1000명이 넘는 사람이 사자의 공격을 받았다.(Kushnir 외, 2010) 사자는 주로 소를 몰던 사람이나 밖에서 놀던 어린아이들을 공격했지만, 가끔은 사자가 집 안에 있던 사람을 끌어내기도 한다. 사자의 이런 당혹스러운 행동은 자연 보존을 위한 노력에 큰 골칫거리가 되고 있다. 사자의 서식지에 살고 있는 사람들에게는 사자를 제거해야 할 대단히 실질적인 이유가 되기 때문이다.(Packer 외, 2005) 또한 아프리카 사자의 최고 속력은 시속 59.5킬로미터다.(Garland, 1983) 런던 올림픽에서 우사인 볼트는 100미터를 9.58초에 주파해 금메달을 땄다. 그의 전력 질주는 평균 속력이 시속 37.6킬로미터가 된다.

좋기 때문일 수도 있다. 살육은 사자가 하지만, 어떤 얼룩말이 죽고 살지를 결정하는 것은 얼룩말이다. 술집 이야기의 세 사람처럼 말이다. 다른 얼룩말에 비해 빨리 달릴 수 있는 얼룩말은 달리기가 느린 얼룩말에 비해 살아남을 확률이 더 높다.

생물계의 7대 죄악 중에서 우리가 처음 둘러볼 죄목은 탐욕, 즉 자기에게만 온통 마음을 쏟는 '스크루지스러움'에 관한 이야기다. 찰스 디킨스의『크리스마스 캐럴A Christmas Carol』에서 스크루지는 자신의 직원 밥 크래칫Bob Cratchit에게 크리스마스에 출근하지 않으면 일당을 주지 않겠다고 말한다. 스크루지는 상당한 재산을 갖고 있음에도 가난한 사람들에게 조금도 베풀려 하지 않았다. 스크루지는 오로지 자기 자신밖에 관심이 없었다. 동물들의 결정 방식도 이와 같다. 다만 스크루지가 돈에 욕심을 부렸다면, 동물들은 자신의 유전자를 전달하는 데 욕심을 부린다는 차이가 있다. 동물은 다음 세대에 DNA를 전달하는 데 도움이 된다면, 다른 동물을 골탕 먹이는 일도 서슴지 않는다.

이기적인 동물이 자행하는 가장 공격적인 행동에는 같은 종을 상대로 하는 것도 있다. 자신과 가장 닮은 동물이 세상에서 가장 위협적인 동물인 경우가 종종 있기 때문이다. 당신과 같은 종에 속하는 일원들은 당신과 같은 장소에 살고 싶어 하고, 당신과 같은 먹이를 먹고 싶어 하고, 당신과 같은 장소에서 자식을 낳고 싶어 하고, 당신이 자식에게 먹이고 싶은 것을 그 자식에게 먹이고 싶어 한다. 만약 같은 종의 일원과 싸운다면 다칠 가능성이 매우 높다. DNA를 후대로 전달하기 위해서, 동물은 자신이 속한 종의 다른 일원에 비해 재수 없는 일을 당하지 않도록 노력해야 한다. 이를 위한 최선의 방법은 되도록 탐욕스럽고 이기적으로 행동하는 것이다.[2] 야박하게 들릴지 모르겠지만, 이는 최근에 양을 이용한 연구를 통해서도 멋지게 증명되었다.

늑대 같은 포식자가 양 떼에 접근하면 무리에 속한 양들이 서로 보여 한 덩어리를 이룬다는 사실은 오래전부터 알려져 있다. 사람들은 양들이 같은 포식자로부터 도망가려다 보니 결국 같은 자리에 모이게 되는 것이라고 추측했다. 그러나 사정은 전혀 달랐다. 양은 사람들이 생각하는 것보다 훨씬 영리하고 교활했다.

연구자들은 포식자(이 연구의 경우에는 양치기 개)가 다가올 때 양들이 각각 어떻게 반응하는지를 확인하기 위해 오스트레일리아의 양 한 무리에 GPS가 장착된 목걸이를 채웠다. 개가 다가오자 예상대로 무리 전체가 하나로 뭉쳤지만, 이는 양들이 포식자로부터 일제히 도망가고 있기 때문은 아니었다. GPS 자료에 따르면, 각각의 양들은 개로부터 직접적으로 멀어지지는 않더라도 무리의 중앙 쪽으로 움직이려는 반응을 보였다. 다시 말해서, 각각의 양이 움직이는 방향은 포식자의 위치가 아니라 다른 양들의 위치에 따라 결정되었다. 술집에 있던 학생과 같은 전략을 씀으로써, 양들은 포식자를 피하려 안간힘을 쓰지 않아도 살아남을 수 있는 것이다. 위험 요소와 자신 사이에 다른 양이 있기만 하면 된다. 대신 죽을 다른 양이 있는 한, 자신은 살아남을 수 있다.[3]

남극에 사는 황제펭귄의 이야기도 이와 비슷하다. 상상할 수 없을 정도로 춥고 어두운 남극의 겨울, 수컷 펭귄들은 3개월 넘게 함께 허들huddle이라는 무리를 이루며 알을 품는다. 이 시기에 수컷 펭귄은 아무것도 먹지 않아 봄이 되면 체중이 3분의 2로 줄어든다.* 펭귄의 몸은 단열이 아주 잘되지만 그래도 열이 조금씩 주변으로 새어 나간다. 다른 펭귄들도 모두 같은 방식으로 열을 발산하고 있으므로, 펭귄이 서 있기 가장 좋은 장소는 다른 펭귄들이 사방에서 열을 방출하는 허들의 한가운데다.

효과는 내가 상상했던 것보다 훨씬 뛰어났다. 허들의 한가운데에 있는 펭귄은 열대지방과 비슷한 섭씨 20~37도 사이의 온도를 경험하는 반면, 허들의 바깥쪽에 있는 펭귄들은 지구상에서 가장 낮은 온도에 노출된다.[4] 얼핏 보기에, 허들을 형성하는 펭귄의 습성은 협동의 위대한 본보기인 것 같다. 2005년에 개봉해 큰 인기를 끌었던 다큐멘터리 영화 〈펭귄-위대한 모험March of the Penguins〉에서도 이 내용이 중요한 부분을 차지한다. 이 다큐멘터리에서는 배우 모건 프리먼의 목소리로 다음과 같은 해설이 나온다.

> 수컷 펭귄들은 다른 기간에는 공격적이었는지 몰라도, 이 기간만큼은 대단히 유순하게 한 팀으로 일치단결한다. 그들은 수천 개의 몸뚱이를 한 덩어리로 만들어 거센 바람에 맞선다. 이 펭귄들은 차례로 자리를 바꿔 가며 모든 펭귄이 따뜻한 허들의 중심부 근처에서 얼마간 지낼 수 있게 할 것이다.

• 수컷 황제펭귄은 105~115일 동안 아무것도 먹지 않고 지내면서 체중이 평균 37킬로그램에서 평균 24킬로그램으로 감소한다. 황제펭귄은 다른 펭귄들과 허들을 형성해야만 성공적으로 알을 품을 수 있다. (Ancel 외, 1997)

모건 프리먼은 이 상황을 멋지게 묘사했지만, 사실 펭귄들은 한 팀이 아니다. 그 어떤 펭귄도 가운데나 가장자리에서 자신의 순서에 따라 움직이고 있지 않으며, 그 어떤 펭귄도 따뜻한 중심부에서 자발적으로 나와서 추운 가장자리로 가려고 하지는 않는다. 오히려 펭귄들은 모두 이기적으로 행동하고 있으며, 그 과정에서 우연히 허들의 형태가 형성된 것 뿐이다.

몇 시간 분량의 비디오를 자세히 분석한 결과, 펭귄 집단 전체는 단순하고 이기적인 규칙에 따라 움직인다는 것이 밝혀졌다. 펭귄은 모든 방향에 다른 펭귄이 있을 때는 움직이지 않고, 허들의 가장자리에 있을 때 가운데 쪽으로 밀고 들어간다. 모건 프리먼의 말처럼 이런 행위를 '차례로 자리를 바꾼다'고 말할 수도 있겠지만, 사실 이는 모든 펭귄이 가능한 한 따뜻한 곳에 그대로 있으려다 보니 나타난 현상에 불과하다.[*] 영화에서 언급한 수컷 펭귄들의 공격성 감소 역시 이기적 관점에서 이해할 수 있다. 함께 허들을 이루는 펭귄들에게는 옆에 있는 열원을 죽이는 것이 비생산적이기 때문이다. 만약 다른 상황에 처한 다른 동물이라면 이웃을 죽이는 것이 최선의 전략일 수 있으며, 그런 경우가 되면 그들은 조금도 주저하지 않는다.

수컷 얼룩말은 자신의 새끼가 아닌 새끼 얼룩말과 우연히 마주치

---

[*] 연구를 통해 밝혀진 바에 따르면, 무리가 온기를 유지하는 능력은 여러 요소가 복합적으로 작용해 결정된다. 이런 요소에는 풍속, 허들을 이루는 펭귄의 개체 수, 허들의 모양 따위가 포함된다. 그러나 전체적으로 볼 때 각 펭귄 개체는 내가 언급한 규칙에 따라 움직일 것이다. 그곳에 있는 펭귄들이 무슨 생각을 하고 있는지 알 수는 없지만, 그들은 다른 펭귄들이야 어찌 되든 자신의 몸을 따뜻하게 유지하려는 듯이 행동한다.

면 죽을 때까지 물어뜯고 발로 찬다.* 그렇게 함으로써 자신의 새끼가 살아가면서 마주치게 될 경쟁을 줄이는 것이다. 마찬가지로 수컷 사자는 경쟁자를 제거하고 그가 거느렸던 암컷들을 빼앗고 난 뒤에, 가장 먼저 다른 수컷의 새끼들을 모두 죽인다. 그래야 새로 차지한 프라이드(pride. 사자들의 공동체—옮긴이)를 자신의 새끼들로 채울 수 있기 때문이다.** 다른 수컷의 새끼들을 죽인다는 것은 (곧 생기게 될) 자신의 새끼를 위해 더 많은 먹이를 확보한다는 의미가 있다. 그와 동시에 암컷이 새끼를 기르고 있을 때보다 훨씬 빨리 발정기에 들어 간다는 이득을 덤으로 얻게 된다. 동족의 새끼를 죽이는 것이 상상도 못할 잔인한 일처럼 보이지만, 많은 동물에게 이 행위는 자신의 이기적인 성취를 도모하는 하나의 방법일 뿐이다.

놀랍게도 새끼들은 자신의 형제자매에게 죽임을 당하기도 한다. 흰올빼미snowy owl를 예로 들어 보자. 북극권에서 볼 수 있는 이 순백의 대형 조류는 나그네쥐lemming를 먹이로 삼는다. 소형 설치류인 나그네쥐는 가끔씩 개체 수가 크게 증가한다. 어떤 해에는 나그네쥐가 아주 드물다가 어떤 해에는 발에 채일 정도로 많아진다. 문제는 이런 개체 수 폭증을 예측할 수가 없다는 것이다. 그래서 올빼미는 앞으로 알을 몇 개나 낳아야 할지 전혀 알 수가 없다. 어떤 해에는 둥지에 있는 새끼들을 모두 먹이고 남을 정도로 나그네쥐가 풍

• 이런 행동은 얼룩말들이 갇혀 지내는 동물원에서 큰 문제가 된다. (Waters 외, 2012)
•• 새끼 사자가 생후 9개월까지 생존할 확률은 보통 56퍼센트다. 그러나 만약 새로운 수 컷이 프라이드를 넘겨받으면 새끼의 생존율은 14퍼센트로 급격히 떨어진다. (Packer, 2000)

부하지만, 어떤 해에는 씨가 마른다. 그런데 다행스럽게도 올빼미는 나그네쥐의 개체 수를 점칠 필요가 없다. 새끼들 스스로 먹이를 놓고 그냥 싸우게 두면 된다.

먼저 어미 올빼미는 한 개의 알을 낳는다. 그리고 이틀 뒤에 알을 하나 더 낳는다. 그런 식으로 모두 5~10개의 알을 낳는다. 첫 번째로 알을 까고 나온 새끼는 부모가 가져다주는 먹이를 모두 받아먹고 무럭무럭 자라기 시작한다. 두 번째 새끼가 알을 까고 나올 무렵에는 첫 번째 새끼 올빼미가 꽤 많이 자란 상태이기 때문에 막 알을 까고 나온 둘째는 무척 불리한 상황에 놓인다. 어미가 둥지로 돌아와 새끼들에게 나그네쥐를 게워 줄 때마다, 첫째는 약한 동생을 제치고 원하는 만큼 충분히 먹이를 받아먹는다. 첫째가 배불리 먹은 후에야 어린 동생이 먹이를 먹을 수 있다. 이 체계는 다른 알들이 부화하는 동안에도 계속 유지된다. 둘째가 충분히 먹고 난 다음에 셋째가 나머지를 먹고, 그다음은 넷째, 이런 식으로 이어진다. 이는 대단히 기발한 체계다. 먹이가 부족한 해에 여섯 마리의 새끼가 모두 굶주려서 한 마리도 살아남지 못하는 대신(알들이 한꺼번에 부화하면 이런 일이 벌어질 것이다), 아주 건강한 한두 마리의 새끼가 살아남을 수 있기 때문이다. 나그네쥐가 풍족한 해에는 건강한 새끼들이 더 많아진다. 흰올빼미는 이 체계를 이용해서 나그네쥐의 개체 수에 관계없이 해마다 적당한 수의 새끼를 기를 수 있다. 어미가 할 일은 새끼들이 태어난 순서에 따라 서열을 지키게 하는 것뿐이다.[5]

엄밀히 말해 흰올빼미가 형제자매를 죽이는 것은 아니다. 다만 그들 몫의 먹이를 남겨 주지 않아 굶주리게 할 뿐이다. 그러나 아프리카의 흰허리독수리Verreaux's eagle의 경우는 다르다. 손위 형제들에게 폭행을 당해 본 경험이 있는지 모르겠지만, 흰허리독수리가 당하는 폭행에는 비할 바가 아닐 것이다. 암컷 흰허리독수리는 항상 두 개의 알을 낳지만, 살아남는 알은 오직 하나뿐이다. 손위 형제는 동생에 비해 사흘 정도 빨리 알에서 깨어난다. 그리고 두 번째 알이 부화되자마자 물리적인 폭력이 시작된다. 이 폭력은 대단히 잔혹하다. 한 연구에 따르면, 먼저 부화된 새끼는 나중에 부화된 새끼를 1569번 쪼아서 태어난 지 3일 만에 죽음에 이르게 했다. 이런 폭력은 어디서나 일어난다. 200개 이상의 흰허리독수리 둥지를 관찰한 결과, 동생 독수리가 살아남은 경우는 딱 한 번뿐이었다.[6]

이건 조류만의 이야기가 아니다. 새끼 샌드타이거상어sandtiger shark는 채 태어나지도 않은 상태에서 자신의 형제자매들을 잡아먹는다. 먼저 이 새끼들은 어미의 자궁에 있는 난낭egg capsule 속에서 발생한다. 난낭 속에 들어 있는 각각의 배胚들은 발생에 필요한 에너지를 각자의 난황으로부터 공급받는다. 그러나 안타깝게도 계란 노른자와 비슷한 이 난황은 상어가 태어날 준비가 되기 전에 다 고갈되어 버린다. 그러면 발생이 가장 빠른 첫째 새끼 상어는 자궁 속을 헤엄쳐 다니면서 다른 난낭과 그 안에 들어 있는 형제들을 먹어 치운다. 사실 이 새끼 상어는 아무 난낭이나 닥치는 대로 먹는 게 아니라 두 번째로 큰 난낭을 찾아내 먼저 먹어 치운다. 그렇게 함으로써 훗날 자궁 내에 생길 수 있는 강력한 경쟁자의 싹을 제거하는 것이다.[7]

동물이 형제자매조차 죽일 수 있다는 사실은 동물이 선한 본성을 타고나는 게 아님을 잘 보여 준다. 동물은 자신의 종을 보호하려고 하지도 않고, 주위에서 함께 살아가는 생태계의 다른 종을 걱정하지도 않는다. **동물들은 모두 자기만 생각한다.** 생태계는 자연의 모든 동물이 스크루지의 철학을 따를 때 유지되는 것이다.(사실 스크루지는 흰허리독수리에 비하면 한참 착한 사람이다.)

그러나 『크리스마스 캐럴』의 결말에서(스포일러 주의!) 스크루지는 완전히 다른 사람이 된다. 과거와 현재, 미래의 유령이 힘을 합쳐 그를 겁주고, 욕심껏 벌어들인 돈이 결국 그를 해칠 것이라고 설득한 덕분이다. 유령들은 스크루지에게 계속 욕심을 부리다가는 천국에 가지 못하고 자신들과 같은 유령이 될 것이라고 말한다. 크게 두려움을 느낀 스크루지는 곧바로 태도를 바꾸고, 스크루지의 충직한 직원 밥 크래칫을 포함한 모두가 더 행복한 크리스마스를 맞는다.•

그렇다면 세상의 모든 이기적인 동물들은 어떨까? 동물들이 탐욕을 부리다 뒤통수를 맞는 일은 없을까? 과거와 현재, 미래의 유령들은 동물들에게는 무슨 말을 할까? 진실부터 말하자면 탐욕으로 인해 벌을 받지는 않지만, 근시안적인 전략이 파국을 초래하는 경우도 있다. 그 대표적인 사례가 고프 섬의 거대 육식 생쥐다.[8]

고프 섬은 남대서양의 한가운데에 위치한 춥고 비가 많이 오는 험한 바위섬이자, 바닷새의 수백만 마리의 번식지다. 이 새들은 대부

• 어찌 보면 스크루지는 유령이 찾아온 뒤에도 여전히 이기적인 태도를 유지하고 있는 것 같다. 일단 유령은 스크루지에게 죽은 다음에는 돈이 아무 소용이 없다고 지적했고, 스크루지는 편안한 내세를 확보하기 위한 노력을 결심했을 뿐이다. 그는 사익을 쫓는 일을 결코 멈춘 게 아니다. 다만 더 부자가 되는 것에서 천국에 들어가는 것으로 목표만 바꾼 것이다. 나는 스크루지가 다른 사람들에게 갑자기 친절을 베풀게 된 것은 그의 이기심의 부산물일 뿐이라고 생각한다.

분 대양 한복판에 살고 있는 물고기를 먹기 때문에 알을 낳을 수 있는 곳이 별로 없다. 고프 섬은 면적이 65제곱킬로미터에 불과하지만 (네브래스카 주 링컨의 절반밖에 되지 않는다), '세계에서 가장 중요한 바닷새 서식지'로 불린다. 20종 이상의 조류가 번식을 하고 있으며, 그 중 일부는 지구상 다른 어디에서도 볼 수 없는 종류이기 때문이다.[9] 고프 섬에는 나무가 없다. 그래서 새들은 땅 위에 그냥 알을 낳고, 새끼들이 날 수 있을 때까지 그곳에서 키운다. 이 포란 전략은 고프 섬에 포식자가 없었던 수천 년 동안 잘 작동해 왔다. 그러나 약 200년 전에 인간이 배를 타고 이 섬을 찾아와 생쥐들을 떨구고 간 이래로 모든 것이 변했다.

생쥐들은 대개 초식이지만 먹을 것이 귀해지면 동물의 사체를 먹기도 한다. 흔한 일은 아니지만 아주 드문 일도 아니다.

1810년 무렵, 이 생쥐들이 고프 섬에 처음 당도했을 때는 일부 생쥐만이 주위에 널려 있던 새의 사체를 처리했을 것이다. 그러나 어느 시점에 다다르자, 몇몇 생쥐들은 바닷새의 새끼가 죽을 때까지 기다릴 필요가 없다는 사실을 알아냈다. 오랜 세월 동안 포식자가 없는 섬에서 살다 보니, 바닷새들은 육상의 포식자로부터 자신을 보호하기 위한 전략이 아무것도 없었다. 생쥐들은 바닷새의 새끼들이 살아 있을 때에도 얼마든지 먹어 치울 수 있다는 것을 깨달았다.

섬을 찾아온 생물학자들은 이런 일이 벌어지고 있는 모습을 목격했다. 새끼 바닷새가 무방비 상태로 둥지에 있으면 생쥐 한 마리가 기어 올라가 몸통을 뜯어먹는다. 그러면 다른 생쥐들이 몰려들고, 이내 10~15마리의 생쥐들이 서로 다투며 바닷새 새끼의 살과 결합

조직을 먹어 치운다. 그리고 마침내 새의 등에는 지름 5센티미터가 넘는 구멍이 생기는데, 그 구멍은 내부 기관이 훤히 들여다보일 정도로 크다. 당연히 새는 그 상처로 인해 죽고 만다. 그래도 생쥐들은 전혀 아랑곳하지 않고 뼈만 남을 때까지 계속 먹는다.*

이 새들의 크기가 작은 것도 아니다. 새끼 새들은 대부분 몸무게가 최소 500그램 이상이며, 연구자들은 몸무게가 9킬로그램이 넘는 어린 앨버트로스를 먹고 있는 생쥐도 보았다! 이런 어린 새들은 비교적 크기가 크기 때문에 목숨이 끊어질 때까지 며칠이 걸릴 수도 있다. 이는 듣기에도 끔찍하지만, 무엇보다 고프 섬의 바닷새 개체수가 급감하는 결과를 초래했다. 그러나 이기적인 생쥐들은 이런 사태를 쥐똥만큼도 신경 쓰지 않는다.

생쥐들에게 고프 섬은 먹을 것이 넘쳐 나는 천국일 거라는 생각이 들 수도 있지만, 사실 생쥐들의 사정도 그리 좋지는 않다. 생쥐들이 도착하고 얼마 지나지 않아 고프 섬은 육식 생쥐로 완전히 뒤덮였고, 결국 생쥐들은 동족간의 경쟁으로 점점 더 힘들어졌다. 이제는 고기를 소화시킬 수 있는 것만으로는 충분하지 않았다. 살아남기 위해, 이제는 다른 육식 생쥐 패거리와 싸움을 할 수 있어야 했다. 일반적으로 이런 싸움에서는 몸집이 더 큰 생쥐가 유리하기 때문에, 몸집이 클수록 먹이를 더 많이 차지하고 새끼를 더 많이 낳게 된다. 그 결과 고프 섬의 생쥐들은 세대를 거듭할수록 몸집이 점점 더 커

* 생쥐들이 새끼 앨버트로스albatross를 산 채로 먹는 우울한 장면은 Wanless 외(2007)의 논문에 수록된 '부가 자료'에서 볼 수 있다.

지고 말았다. 오늘날 고프 섬 생쥐의 평균 체중은 35그램 정도다. 이는 보통 생쥐 무게의 2~3배에 해당한다. 이런 변화는 불과 200년 만에 일어났다. 탐욕으로 인한 급격한 변화는 생쥐들을 한층 강하게 만들었지만 이제는 그 탐욕이 생쥐들을 진화의 막다른 골목으로 내몰고 있다.

생쥐들이 새끼 새들을 다 먹어 치우는 바람에 바닷새의 개체 수가 급감하고 있다. 이제 머지않아 바닷새들이 사라지게 되리라는 것은 자명하다.[10] 그러면 고프 섬의 거대 육식 생쥐들은 갑자기 매우 난처한 처지에 놓일 것이다. 처음에는 서로를 잡아먹겠지만*, 결국 고프 섬은 더 이상 육식동물이 살 수 없는 곳이 될 것이다. 일부 생쥐들이 다시 채식으로 돌아갈 수도 있겠지만, 몸집도 커졌고 육식과 관련된 다른 신체 변화도 일어나서 채식으로는 충분한 열량을 얻기 힘들지도 모른다. 생쥐들이 약간의 계획만 세웠더라면 식물과 새끼 바닷새의 사체를 먹으면서 수세기 동안 바닷새와 행복하게 공존할 수 있었을지도 모른다. 하지만 이 생쥐들은 미래를 계획하지 않았고, 그렇게 할 수도 없었다. 자연선택의 과정에는 장기적인 계획이 들어 있지 않다. 이기적인 행동이 당장은 개체에게 이로울지라도, 결국 종 전체에 해로울 수 있는 까닭은 바로 이 때문이다.**

- 보통 쥐도 다른 쥐를 잡아먹는 것으로 알려져 있다. 어미 생쥐들이 자신의 새끼들을 먹는 일도 빈번하고(Rowe 외, 1964), 다 자란 생쥐들 사이에서도 포식 행위가 일어난다.(Resender 외, 2009)
- ●● 이처럼 동물이 자신을 궁지로 몰아넣는 방향으로 진화하는 것을 '선택에 의한 자가 멸종selection-driven self-extinction'이라 부른다.(Parvien과 Dieckmann, 2013)

지구상에 생명이 시작된 이래, 고프 섬 생쥐와 같은 현상은 다른 시기와 장소에서 다른 종으로 인해 수없이 반복되었다. 동물은 새로운 환경에 들어와 번성하지만, 그 동물들이 존재함으로 인해 주위 환경은 그들이 더 이상 살아갈 수 없는 곳으로 변한다. 그리고 우리 인간도 한번 발을 들이면 그곳의 환경을 변화시킨다.

　5만 년 전에 처음 오스트레일리아에 당도한 인간은 그곳의 모든 거대 동물을 조직적으로 제거하기 시작했다.[11] 체중 90킬로그램이 넘는 19종의 포유류가 인간이 도착하고 얼마 지나지 않아 모두 사라졌다. 체중 9킬로그램 이상 90킬로그램 미만인 종도 절반 넘게 사라졌다. 우리는 오늘날 오스트레일리아에 살고 있는 캥거루와 코알라와 웜뱃을 사랑한다. 그러나 만약 인간이 오스트레일리아에서 그런 재앙을 일으키지 않았다면 몸무게 1.8톤에 어깨 높이 1.8미터인 하마만 한 크기의 웜뱃과, 너무 무거워서 뛸 수 없는 몸무게 200킬로그램 이상의 캥거루, 캥거루처럼 육아낭이 있는 사자도 볼 수 있었을 것이다. 일부 동물은 인간에게 직접 사냥을 당하기도 했지만, 많은 초식동물이 인간이 농사를 짓기 위해 넓은 지역을 불태우고 나무를 베어 내는 과정에서 먹이와 터전을 잃고 사라졌다.[12] 오스트레일리아는 오늘날에도 자연 그대로의 모습을 잘 간직하고 있는 것처럼 보이지만, 처음 인간이 그곳에 당도했을 때와 비교하면 지금 남아 있는 동식물은 일부에 지나지 않는다. 이 말의 의미를 잘 파악하지 못했을까 봐 한 번 더 이야기하겠다. 오스트레일리아에 살던 크고 매력적인 동물의 절반 이상이 사라졌다.

　북아메리카의 동물들도 인간이 처음 도착했을 때인 2만 년 전부터 비슷한 운명을 겪었다.[13] 매머드mammoth, 검치호saber-toothed cat, 땅늘보ground sloth가 인간이 당도한 지 몇 천 년 만에 모두 사라졌으며, 오늘날 남아 있는 동물들은 그중 일부에 불과하다. 체중이 900킬로그램 이상인 동물 전체와 체중이 30~900킬로그램인 종의 절반 이상이 사라진 북아메리카의 멸종 양상은 오스트레일리아와 매우 비슷하다. 들소bison와 회색곰grizzly bear, 엘크elk도 무척 멋지지만, 캐나다의 재스퍼 국립공원을 걷다 보면 매머드와 낙타가 이곳에 있었다면 정말 멋졌으리라는 생각이 드는 것은 어쩔 수 없다.*

남태평양의 여러 섬에서도 지난 4000년 동안 인간이 정착하는 과정에서 동물들이 사라졌다. 인도양에 위치한 모리셔스에서 1600년대에 멸종한 도도새dodo bird에 관한 이야기를 한 번쯤 들어 보았을 것이다. 한때 남태평양 일대의 섬에서는 날지 못하는 거대 조류를 흔하게 볼 수 있었다. 사모아, 피지, 하와이, 뉴질랜드, 라파누이(이스터 섬) 같은 섬에서도 인간이 당도하면서 멸종이 일어났다.[14] 이 섬들에서 사라진 거대 조류는 (도도새를 포함해) 대략 1000종이 넘고, 오늘날에도 박쥐와 뱀을 포함한 많은 동물의 멸종이 진행되고 있다.

새로운 땅에 당도한 인간은 똑같은 전철을 밟고 있으며, 이런 우리의 모습은 마치 고프 섬의 생쥐처럼 끔찍하게 보인다. 그러나 인간도 그저 동물에 불과하기 때문에 눈앞의 이익만 생각하는 우리의 탐욕은 인간의 동물적 색채가 빛을 발하고 있는 것일 뿐이라 말하는

* 흥미롭게도, 북아메리카의 멸종에는 인간의 활동과 기후 변화가 동시에 작용했던 것으로 보인다.(Faith 2011; Prescott 외, 2012) 그러나 당시의 기후 변화는 오늘날의 기후 변화와 달리 인간이 초래한 것이 아니었다.

게 옳을 것 같다. 현대 사회에서는 예의를 차리면서 본색을 감추고 있는지 모르지만, 우리는 모두 본질적으로 거대한 생쥐다. 그 증거는 갑작스러운 공포의 순간에 본능에 따라 행동하는 인간의 모습에서 찾아볼 수 있다. 잘 믿기지 않는다면, 배가 침몰하는 순간에 동물적인 행동을 하는 인간의 모습을 한번 살펴보자.

배가 바다에 가라앉고 있는 상황에서 모든 사람이 알고 있는 규칙이 있다. 남자들은 '여자와 아이들'을 먼저 도와야 한다는 것이다. 그렇지 않으면 여자와 아이들이 공평한 기회를 얻지 못하기 때문이다. 가라앉고 있는 배에서 도망쳐 구명 뗏목에 올라탈 때는 몸집이 크고 강할수록 유리하다. 파편과 다른 사람들로 아수라장이 된 복도와 계단을 신속하게 통과해야 하고, 어쩌면 차가운 바닷물 속에서 높은 파도를 헤치고 수영을 해야 할지도 모른다. 대개 남자는 여자와 아이들에 비해 더 강하고 공격적이기 때문에, 이런 상황에서는 남자가 훨씬 유리할 수도 있다. 따라서 '여자와 아이들 먼저'라는 규칙은 남자가 이기적으로 행동하지 않도록 방지하는 구실을 한다.*

여기 자연 실험이 하나 있다. 만약 인간이 근본적으로 고결하다면, 해양 재난 시 남자는 항상 여자를 도와야 한다. 따라서 이 시나리오에서는 여성의 생존율이 남성에 비해 높게 나타날 것이다. 반면에 만약 인간이 이기적이라면 남자의 생존율이 여자보다 더 높을 것

---

* 이런 종류의 경쟁에서 평균적인 남자보다 우월한 여자도 많다는 것을 분명히 밝힌다.(이를테면 내 아내 셸비는 나보다 달리기가 더 빠르다.) 그러나 일반적으로는 남자가 여자에 비해 우월하다. 남자와 여자의 무작위 표본을 만들면 가장 빠른 10퍼센트를 구성하는 인원은 대부분 남자일 것이다.

이다. 과연 어떤 결과가 나왔을까?

1850년대부터 2010년대까지 일어난 18건의 해양 재난에 대한 연구에서, 여성의 생존 가능성은 남성에 비해 약 절반에 불과한 것으로 밝혀졌다.[15] 이 결과는 남성이 여성의 목숨을 구해 줄 때도 있지만 자신을 구하는 경향이 훨씬 더 강하다는 것을 암시한다. 비슷한 맥락에서, 선원의 생존율은 승객에 비해 더 높다. 선원들은 구명 뗏목이 어디에 있으며 어떻게 작용하는지를 잘 알고 있기 때문이다. 이를 단순히 과거의 문제로만 치부할 수도 없다. 2011년에 러시아의 불가리아호가 침몰했을 때, 남자는 60퍼센트의 생존율을 보인 반면, 여자의 생존율은 27퍼센트에 불과했다. 2012년에 이탈리아의 유람선 코스타 콩코르디아호가 토스카나 해안에서 좌초되었을 때, 선장은 승객들이 탈출하기 훨씬 전에 해안에 도착해 비난을 받기도 했다. 이 사고로 32명이 목숨을 잃었다.

누구나 잘 알고 있는 해양 재난으로는 타이타닉호 침몰이 있다. 타이타닉호는 1912년 어느 추운 밤에 북대서양에서 빙산에 충돌한 후 서서히 침몰했고, 그로 인해 1500명이 넘는 사람들이 사망했다. 엄청난 비극이었음은 말할 것도 없지만, 사람들은 몇 가지 이유에서 이 사건을 비극으로 받아들이지 않는 것 같다. 만약 당신이 타이타닉호 사건에서 훈훈한 뭔가를 찾고 있다면 이것을 보라. 타이타닉호는 위 연구에 등장하는 18건의 해양 재난 중에서 '여자와 아이들 먼저'라는 규칙을 실제로 따른 단 두 건의 사고 중 하나다. 이 사고에서 여성의 생존율은 70퍼센트였던 반면, 남성의 생존율은 20퍼센트에 불과했다. 그렇다면 타이타닉호를 특별하게 만든 것은 무엇이었을까? 여기서는 규칙을 따랐던 남자들이 왜 다른 재난에서는 그렇게 하지 않았을까?

그 해답은 불세출의 영웅이었던 타이타닉호의 선장, 에드워드 스미스Edward Smith에게서 찾을 수 있을 것 같다. 빙산과 충돌한 직후, 스미스 선장은 선원들에게 여자와 아이들을 먼저 구해야 한다고 명령했다. 선원들은 배를 탈출하는 내내 이 명령을 철저히 수행해서, 혼자 살려는 이기적인 남자들의 행위를 효과적으로 방지했다. 심지어 선원들이 구명정에 먼저 탑승하려던 남자에게 발포를 했다는 기록도 남아 있다. 선원들이 '여자와 아이들 먼저'라는 규칙을 강요했기 때문에 이기적인 남자 승객들은 본능적으로 행동할 수 없었다.

이런 역사 기록을 보면 "그래, 하지만 난 그렇게 행동하지 않을 거야!" 하고 말하고 싶은 유혹을 느낀다. 그러나 나는 당신에게 정말 그런지 자문해 보라 말하고 싶다. 물에 빠져 죽게 된다면 정말 끔찍하게 무서울 것이다. 당신이 남자든 여자든, 모르는 사람을 위해 구명정의 자리를 솔직히 양보할 수 있겠는가? 만약 구명정에 빈자리가 하나 눈에 띄었는데, 생판 모르는 남이 살 수 있도록 정말 뒤로 물러서겠는가?

그런 상황에 처하지 않은 이상(그런 일은 절대로 일어나지 않길 바란다) 내가 어떻게 행동할지 정말 모르겠지만, 만약 내가 타고 있던 배가 난파된다면 나도 남자답게 최대한 많은 여자와 아이들을 구하기 위해 내가 할 수 있는 모든 것을 다할 것이라고 생각하고 싶다. 그러나 한편으로는 내 목숨이 위험하다고 느끼면 구명정에 엉덩이를 들이밀겠다고 말하는 게 옳다고 생각한다. 당신은 그렇지 않은가? 물론

나도 좋은 사람이고 싶지만, 본질적으로는 내가 모르는 누군가보다는 나 자신의 행복에 훨씬 더 관심이 많다. 그러나 그 상황이 바뀌는 순간이 있다.

아빠가 되면 모든 것이 뒤바뀐다.

만약 내가 아들과 함께 침몰하고 있는 배에 있다면, 샘을 살리기 위해 다른 사람들이 죽게 내버려 둘 뿐 아니라 필요하다면 내 손으로 누군가를 죽일 수도 있을 것이다. 사실 샘이 살 수만 있다면, 내 목숨도 내놓을 수 있을 것이다.

어떤 부모라도 자식을 위해서라면 나와 똑같이 할 것이다. 그리고 동물들 역시 이런 결정을 한다. 명금류songbird의 어떤 새는 알을 구하기 위해서라면 자신의 목숨이 위태로워지더라도 다가오는 고양이를 향해 급강하를 한다. 어미 물소는 새끼에게 사자가 달려들면, 사자의 공격 대상이 새끼 대신 자신으로 바뀌더라도 뿔로 사자를 들이받는다. 부모들은 생사의 갈림길에 놓이면 본능적으로 자식을 위해 목숨을 내놓는다. 그것이 가장 탐욕스러운 행동이기 때문이다. 어쨌든 그들이 간절히 바라는 것은 생존이 아니라 자신의 DNA를 전달하는 것이기 때문이다.

나는 여기서 한 걸음 더 나가고자 한다. 조금 불편하게 들릴 수도 있으니 이해하길 바란다. 동물은 DNA를 보호하는 존재가 전혀 아니다. 오히려 DNA가 스스로를 보호한다. 동물의 몸은 뼈와 살로 이루어진 정교한 로봇이며, DNA가 자신을 보호하기 위해서 만든 것이다. 이것이야말로 동물을 묘사하는 가장 적확한 방법이다. 동물은 일종의 '고깃덩이 로봇meat-robot'이다.

우리를 포함해 지구상의 모든 동물은 일종의 'AT-AT 워커'다. 〈스타워즈 에피소드 V-제국의 역습The Empire Strikes Back〉에 등장하는 거대한 AT-AT 워커들은 멀리서 보면 독립된 생물처럼 보이지만, 실제로는 사람이 다른 사람과의 전투를 위해 만들어 조종하는 네발 달린 기계일 뿐이다. 우리 몸도 같은 방식으로 생각할 수 있다. 우리 각자는 DNA 분자로 이루어져 있다. 이 DNA 분자는 다른 DNA 분자와 전쟁 중이다. 동물의 몸, 우리 몸은 전쟁을 치르고 있는 DNA 분자의 고깃덩이 로봇일 뿐이다.

그러나 AT-AT 워커와 동물 사이에는 중요한 차이가 있다. 전투가 벌어지는 동안 AT-AT 워커는 그 안에 타고 있는 사람의 조종을 받는다. 반면 DNA는 밖에서 벌어지는 일을 전혀 모르기 때문에 그렇게 하지는 못한다. 대신 DNA는 동물이 자율적으로 작동하게 만들었다. 즉 호흡하려는 욕구, 고통을 피하려는 욕구, 섹스를 하려는 욕구와 같은 선천적인 욕구와 본능을 동물의 몸속에 내장시켰다. 동물은 이런 본능의 지배로 인해 생명을 유지하고 번식을 계속한다. 그 결과 DNA는 살아남아서 다음 세대로 전달되고, 차세대 고깃덩이 로봇을 만들 수 있다.

높은 난간에 올라 아래를 내려다볼 때 당신의 영혼이 당신의 몸을 뒤로 잡아당기는 것 같은 느낌을 받는다면, 그게 바로 DNA의 프로그램이 작동하는 순간이다. 누군가에게 홀딱 반해서 세상이 완전히 달라 보일 때, 그 사람과 손을 잡고 있으면 심장이 터질 것 같을 때, 그게 바로 DNA가 당신의 스위치를 누른 것이다. 이를 단순히 '욕구'라 부르는 것은 DNA의 능력을 과소평가하는 것이다. 생존, 사랑, 섹스 같은 우리에게 가장 중요한 본능들은 모두 우리 안에 있는 DNA가 인간이라는 고깃덩이 로봇의 내부에 작성해 둔 프로그램에 지나지 않는다.

나는 약 20년 전에 리처드 도킨스Richard Dawkins의 『이기적 유전자The Selfish Gene』에서 이런 사고방식을 처음 접했다. 그리고 그 책을 읽은 후부터 나 자신을 다른 관점에서 바라보게 되었다.* 이를테면 중요한 강연이 있거나 상사와의 면담 때문에 스트레스를 받고 있을 때는 나 자신을 신경이 날카로운 고깃덩이 로봇이라고 생각하면 그 상황에서 한발 벗어나는 것 같은 느낌이 든다. 나 자신을 프로그램된 기계라고 생각하면 스트레스가 훨씬 줄어드는 것 같다.

그러나 샘이 태어난 이후 이 사고방식은 내게 큰 충격으로 다가왔다. 나는 내 부성애가 DNA에 설정되어 있는 욕구라고 생각하기는 싫다. 아들에 대한 내 사랑이 한갓 DNA의 지시 때문이라고 생각하면 기분이 울적하다. 내가 샘을 사랑하는 것이 진정한 내 의지가 아니라는 뜻이기 때문이다. 내 DNA는 샘의 몸속에 들어 있는 자신의 복사본이 살아남기를 원하고, 그 때문에 나는 샘을 보살피는 좀비가 되었다니 참 서글프다.

특히 샘과 함께 시간을 보낼 때 우리를 고깃덩이 로봇이라고 생각

---

* 『이기적 유전자』(Dawkins 1976)는 최고의 자연선택 입문서 중 하나다. 도킨스는 개체에서 DNA 분자로 시각을 전환시켰고, 내가 이 책에서 두루 활용하게 될 '고깃덩이 로봇'이라는 개념도 그의 시각에서 영향을 받았다. (그 이유 하나만으로도 이 책은 충분히 읽어 볼 만한 가치가 있다.) 또한 이 책에서는 밈meme이라는 용어가 처음으로 쓰였는데, 그런 이유에서도 흥미로운 책이다.

하면 더욱 괴로웠다. 샘은 믿을 수 없을 정도로 경이롭고 명랑하고 순수하고 영리한 한 인간이며, 바로 내 눈 앞에서 살아 숨 쉬면서 무럭무럭 자라고 있지만 나는 이따금씩 지나친 생각에 빠져 우리 둘을 로봇으로 바라보고 있는 것이다. 이야기책을 읽어 주고, 술래잡기를 하고, 샘을 웃게 하면서 함께 놀아 주지만, 나는 때때로 온전히 놀이에 몰입하지 못한다. 실제로 무슨 일이 벌어지고 있는지 알기 때문이다. 샘은 내 DNA의 절반을 갖고 있고, 내 DNA는 내가 샘을 사랑한다고 생각하게 함으로써 자신의 생존을 확보한다. 내가 누군가의 조종을 당하는 꼭두각시라는 것을 깨달았을 때, 그 놀음을 신나게 따라 하기란 쉽지 않다.

비참함은 여기서 끝나지 않는다. 샘이 내게 입을 맞추고 나를 보며 웃는 것도 샘의 DNA가 자신의 생존을 확실히 하기 위함이라는 것을 나는 알고 있다. 우리는 한 쌍의 고깃덩이 로봇일 뿐이다. 다른 동물들과 마찬가지로, 샘과 나는 우리의 DNA가 정해 놓은 대로 서로를 이용하면서 이기적으로 살아가고 있을 뿐이다. 우리가 서로에게 느끼는 사랑과 우리의 모든 아름다운 관계는 결국 이기적인 탐욕으로 요약된다.

2

색욕

고깃덩이 로봇, 서로를 탐하다

어쩌면 당신은 내가 동물에 미치는 DNA의 영향을 지나치게 부풀리고 있다고 생각할지도 모르겠다. 또 어쩌면 고깃덩이 로봇이라는 발상 자체가 너무 지나치다고 생각할지도 모른다. 어쨌든 동물도 뇌가 있지 않은가? 그런 동물을 눈에 보이지도 않는 꽈배기 분자 하나의 지배를 받는 처지에 놓이게 하다니? 나도 내 주장이 무척 대담하다는 것을 알고 있다. 그래서 이를 대변할 동물의 이야기를 해 보려고 한다. 이 이야기를 통해 DNA가 정말 조종석에 앉아 있다는 것을 알게 될 것이다. 그리고 그 가장 확실한 증거는 섹스에 관한 이야기에서 나온다.

섹스는 대단히 흥미롭다. 인간을 포함한 동물은 생식生殖과 수명을 맞바꾸고 있기 때문이다. 만약 유기체가 정말로 자신을 잘 통제하고 있다면 생존을 위해 최적화된 결정을 내릴 것이고, 그러면 수명이 감소하지 않을 때에만 섹스를 할 것이다. 그러나 자연에서 우리가 보는 현상은 이와 정반대다. 동물은 DNA를 전달하기 위해 몇 번이고 되풀이해서 자신의 몸을 해친다. 심지어 섹스를 위해 죽음을 불사하는 동물도 있다. 이런 동물의 수많은 사례가 모여, 생식이 생존보다 더 중요하다는 사실을 설득력 있게 보여 주는 방대한 증거들을 형성한다. DNA는 정말 유기체를 통제하고 있고, 유기체는 정말 고깃덩이 로봇일 뿐이다. 대단히 정교한 고깃덩이 로봇이기는 하지만, 어쨌거나 고깃덩이 로봇이다.

나는 어릴 적에 동물들이 짝짓기 하는 법을 처음부터 알고 있다는 사실이 대단히 놀라웠다. 동물들이 본능적으로 위험을 피한다는 것은 그리 놀랍지 않았지만, 그들이 본능적으로 짝짓기 하는 법을 알고 있다는 사실은 왠지 이해하기가 어려웠다. 동물들은 훈련을 받지 않아도 몸의 특정 부위를 다른 동물의 몸속에 대단히 특별한 방식으로 밀어 넣는 법을 알고 있었고, 그 결과 정자와 난자가 결합하게 되는 것이다. 게다가 본능적으로 무작정 덤벼들기만 하는 것도 아니다. 수컷 푸른풍조satin bowerbird는 발정이 나면 나무 열매, 꽃, 볼펜 뚜껑을 가리지 않고 파란색 물건이라면 뭐든지 긁어모아 둥지 주변을 장식한다. 그렇게 하면 암컷 푸른풍조의 관심을 끌 수 있기 때문이다.[*] 발정기의 수컷 큰뿔양bighorn sheep은 다른 수컷과 박치기를 하

[*] 푸른풍조의 수컷은 잔가지를 모아서 '정자bower'를 만든다. 이 정자는 약 10센티미터 간격으로 두 개의 벽이 나란히 서 있는 구조이며, 수컷 푸른풍조는 정자 주변의 바닥을 깨끗이 치우고 파란색 물건들로 장식한다. 주로 파란색 물건을 얼마나 많이 모았는지에 따라 암컷과의 짝짓기 횟수가 결정된다.(Borgia, 1985) 파란색 물건을 찾기에 가장 좋은 장소는 당연히 다른 풍조의 정자다. 따라서 도둑질은 수컷들 사이의 경쟁에서 큰 부분을 차지한다.(Wojcieszek 외, 2007)

는데, 이렇게 해야 암컷을 얻을 수 있기 때문이다.* 이 모든 일은 본능적으로 일어난다. 동물이 포식자를 피해 달아나도록 프로그램되어 있다는 사실은 전혀 놀랍지 않다. 그러나 동물이 섹스를 하기 위해 프로그램된 행동들은 대단히 경이롭다.

내가 열 살쯤이었을 때는 인간에 대해서도 같은 생각을 갖고 있었다. 잠자리에서 무엇을 해야 할지를 어떻게 알 수 있었을까? 아기를 만드는 비법이 대대로 전해진 덕분에 우리가 멸종되지 않는 것이라고 생각했던 기억이 난다. 그렇지 않으면 음경을 질 속에 넣을 생각을 도대체 누가 할 것인가? 누가 그런 짓을 생각이나 하겠는가? 나는 배가 난파되어 아무것도 모르는 10대들이 무인도에 고립되면 무엇을 해야 할지 전혀 모를 것이라고 상상했다. 심지어 이런 생각도 했다. "만약 이 10대들이 서로 몸을 포개야 한다는 것을 알아냈다 하더라도 옷을 벗어야 한다는 것을 모르면 어떻게 될까? 어떻게 그걸 알아낼 수 있을까?"

그러나 사춘기가 닥치자 내가 전혀 쓸 데 없는 걱정을 하고 있었다는 것을 깨달았다. 예전에는 어른들 사이의 대단히 이상한 의식이라고 생각했었는데, 이제는 그 생각밖에 들지 않았다. 솔직히 말해서 중학생 때는 섹스에 대한 욕구가 생존 욕구만큼이나 강력하게 느껴졌다. 내 DNA는 내 고깃덩이 로봇에게 격렬한 호르몬의 형태로 새로운 지령을 보냈고, 나는 온 힘을 다 해 필사적으로 그 명령을 수

• 박치기는 짝짓기를 하려는 숫양에게 반드시 필요한 행동이지만(Martin 외, 2013), 충돌은 포유류의 뇌에 무척 위험할 수 있다. 그러나 숫양은 박치기를 할 때 머리에 가해지는 에너지를 분산시킴으로서 충격을 피한다.

행하려고 했다. 갑자기 여자애들이 내 유일한 관심사가 되었다. 아마 푸른풍조나 큰뿔양의 욕구도 그렇게 강력할 것이다.

이 장의 주제는 색욕이다. DNA의 조종을 받는 이 엄청난 욕구 때문에 동물은 다른 동물을 다치게 하고, 자신을 다치게 하거나, 심지어 자신의 목숨을 희생하기도 한다. 나는 생식을 위해 가장 가혹한 희생을 치르는 동물들부터 먼저 살펴보려고 한다. 산 채로 먹히는 동물도 있고, 클리토리스가 찢어지는 고통을 겪는 동물도 있다.(어떤 것이 더 끔찍한지는 각자의 판단에 맡기겠다.) 자연적인 출산이란 것은 존재할까? 동성애는 자연적인 것일까? 강간은 어떨까? 우리는 자연이 대단히 음란하고 저속하며 철저하게 사악하다는 사실을 곧 확인하게 될 것이다. 따라서 자연적인 행동은 절대로 우리 자신을 위한 규범이 될 수 없다. 이 과정에서 자연과 성에 관한 당신만의 가설을 세우는 데 도전해 보기를 바란다.

그럼 시작해 보자.

섹스를 위해 수컷 안테키누스*Antechinus*(이 이름을 정확히 발음하고 싶다면 'Acts of kindness'의 운율에 맞추면 된다)만큼 큰 희생을 치르는 동물도 없다.[1] 안테키누스는 눈이 크고 털이 보송보송한 게 꼭 생쥐처럼 생긴 귀여운 동물이다. 하지만 육아낭을 갖고 있는 포유류인 유대류로, 생쥐보다는 캥거루나 코알라와 더 가깝다. 이 안테키누스가 그렇게 특이한 이유는 해마다 대단히 격렬한 짝짓기 철을 보내고 나서 수컷이 모조리 죽어 버리기 때문이다.

짝짓기 철은 8월에 시작되어 3일에서 2주 정도 지속된다. 수컷 안테키누스에게는 이 짧은 기간이 자신의 유전자를 전달할 수 있는 유일한 기회이므로 모든 것을 희생하며 최선을 다한다. 테스토스테론 수치가 정상치보다 10배나 치솟고, 열성적으로 정자를 생산한다. 짝짓기 철이 시작되면 수컷의 몸에는 정자가 가득해서 소변을 볼 때마다 찔끔찔끔 새어나올 지경이다. 그러나 안테키누스에게는 이 많은 정자가 다 필요한데, 그들의 짝짓기는 마라톤을 방불케 하기 때문이다. 안테키누스는 12시간 동안 교미를 한다.

그렇다, 무려 12시간이다.

크기가 생쥐만 한 작은 털북숭이가 마치 탄트라의 종마처럼 사랑을 하는 것이다. 그러나 그렇게 오랜 시간을 들여 짝짓기를 하면 다른 수컷의 접근으로부터 암컷을 지킬 수 있다. 짝짓기 철이 무척 짧기 때문에 그 기간 내내 암컷과 붙어 있음으로써 다른 수컷이 자신의 암컷에게 얼씬도 못하게 하는 것이다. 게다가 암컷의 생식 기관 속 깊은 곳까지 상당량의 정자를 전달할 시간도 확보할 수 있다. 다음 세대로 전달될 유전자가 자신의 것이 될지, 아니면 다른 수컷의 것이 될지는 짝짓기 철 동안 그 수컷이 어떻게 하느냐에 달려 있다. 안테키누스 수컷은 누군가에게 감동을 주려는 게 아니다.(그러나 나는 대단히 큰 감명을 받았다.) 그저 자신의 DNA를 전달하기 위한 일을 할 뿐이다.

짝짓기가 중요한 이유를 안테키누스 수컷이 아는지 모르는지에 관해서는 논란의 여지가 있지만, 짝짓기가 수컷에게 엄청난 스트레스인 것만은 분명하다. 짝짓기 철 동안 수컷 안테키누스의 몸에서는 스트레스 호르몬의 수치가 엄청나게 높아진다. 이와 같은 종류의 호르몬이 사람의 몸에서도 분비된다. 이 호르몬은 내전 때문에 고향을 떠나 피난을 갈 때처럼 대단히 큰 스트레스 상황에 처했을 때 분비된다.* 부신副腎에서 분비되는 이 호르몬은 힘든 상황일 때 에너지를 몸 전체에 어떻게 분배할지를 결정한다. 이를테면 이런 식이다. "뇌와 신장과 면역계는 너무 많은 에너지 소비를 중단하라. 저장 지방을 분해하고, 근육은 움직일 준비를 하자!" 이 호르몬은 동물이 힘든 시기를 헤쳐 나가는 데 잠깐은 도움이 되지만, 높은 수치가 지나치게 오랫동안 유지되면 신체에 손상을 줄 수도 있다.

암컷과 짝짓기를 하려면 수컷 안테키누스는 먼저 다른 수컷과 싸워 이겨야 하는데, 이렇게 스트레스 수치가 높아지면 싸움에 필요한 에너지를 추가로 얻는 데 도움이 된다. 그러나 진화 과정에서, 안테키누스 수컷이 싸움에서 이기는 데 필요한 호르몬의 수치는 통제할 수 없는 수준에 이르렀다. 수컷들은 신부전, 궤양, 면역계 붕괴를 포함해 온갖 질환을 앓게 된다. 그 모든 원인은 스트레스 호르몬의 수치가 몸이 견딜 수 없을 정도로 높기 때문이다. 짝짓기 철이 끝날 무렵이면, 수컷들은 채 1년도 살지 못하고 다 죽는다.

연구자들이 실험을 통해 알아낸 바에 따르면, 고환을 제거하여 거세된 안테키누스 수컷은 짝짓기 철 동안 아무 병에도 걸리지 않고

• 이 호르몬의 이름은 코르티솔cortisol이다. 코르티솔은 외상 후 스트레스 장애post-traumatic stress disorder, 즉 PTSD를 겪고 있는 사람과 수컷 안테키누스의 몸에서 다량이 분비된다. (Naylor 외, 2008)

살아남았다. 간단히 말해서 일종의 맞교환인 셈이다. 만약 짝짓기를 원한다면 수명 단축을 감수해야 하는 것이다. 수컷 안테키누스의 고깃덩이 로봇이 만약 자신을 통제할 수 있었다면, 되도록 오래 살기 위해 섹스의 스트레스를 피해 갔을지도 모른다. 그러나 조종은 DNA가 하기 때문에 수컷 안테키누스는 그런 요구를 할 수가 없다.

수많은 수거미도 섹스를 위해 비슷한 자기희생을 한다. 그러나 스트레스 때문에 죽는 게 아니라 섹스를 하는 동안 암거미에게 먹혀서 죽는다. '자성 동족 포식female cannibalism'이라고 하는 이 현상은 다양한 종류의 거미에서 볼 수 있다. 암거미는 수거미에 비해 거의 항상 몸집이 훨씬 큰 포식자이며, 수거미를 일종의 먹고 싶은 동물쯤으로 여긴다.* 짝짓기를 하려면 수거미는 암거미의 사정거리 안으로 들어가야만 한다. 이는 선택의 여지가 없다. 그래서 일부 거미종의 수컷은 짝짓기를 할 때 먹을 것을 들고 간다. 일종의 '구애 선물'인 셈이다. 이 경우에는 선물의 크기가 클수록 짝짓기 시간이 더 길어지고, 수정시킬 수 있는 알도 더 많아진다.** 할 수만 있다면 수거미에게는 대단히 훌륭한 방식이지만, 대부분의 거미종은 이런 구애

• 검은과부거미black widow의 수컷은 섹스 후에 항상 암컷에게 잡아먹힌다고 생각하는 사람이 많지만, 도망을 치는 경우가 더 일반적이다. 사실 수컷 검은과부거미가 세 마리 이상의 암컷을 수정시키는 경우도 있다. (Breene과 Sweet, 1985) 검은과부거미의 암컷이 항상 수컷을 죽인다는 관찰 결과는 아마 초기 실험에서 나왔을 것이다. 당시에는 수거미가 도망갈 수 없는 폐쇄된 좁은 공간 안에서 실험이 이루어졌지만, 실제 야생에서는 사정이 다르다. (Vetter와 Isbister, 2008)

•• 구애 선물을 하는 거미 중에 닷거미nursery web spider라는 종류가 있다. (Stålhandske, 2001) 닷거미의 수컷은 선물을 들고 있는 동안과 암컷이 그 선물을 받기 위해 다가오는 동안은 죽은 척을 하다가 갑자기 움직이면서 짝짓기를 한다. (Hansen 외, 2008)

선물을 주지 않는다. 따라서 대개의 수거미는 암거미가 배고프지 않기만을 바라는 것 외에는 별다른 선택권이 없다.

자성 동족 포식을 하는 거미 중에 왕거미orb-web spider의 일종인 네필렌기스Nephilengys라는 거미가 있다. 이 거미의 수컷은 선물을 주는 것과는 다른 생존 전략을 진화시켰는데, 짝짓기를 하는 도중에 자신의 음경을 떼어 버리는 것이다.

정확히 말하자면 음경은 아니고, 촉지palp라는 것이다. 그리고 촉지는 한 개가 아니다. 수거미에게는 두 개의 촉지가 있으며, 머리의 양 옆에 각각 하나씩 달려 있다. 어쨌든 다른 거미와 마찬가지로 네필렌기스의 수컷도 자신의 촉지를 암컷의 배에 있는 구멍에 넣고 자신의 정자를 암컷의 몸속에 주입하는 방식으로 짝짓기를 한다. 그런데 수컷 네필렌기스는 짝짓기 도중에 자신의 촉지를 암컷의 배에 꽂아 둔 채로 도주를 시도한다. 이 도주가 늘 성공하는 것은 아니다.(수컷의 생존율은 25퍼센트에 불과하다.) 그러나 네필렌기스 수컷이 암컷에게 잡아먹힌다 해도, 암컷이 먹을 것에 정신이 팔려 있는 동안 수컷의 촉지는 암컷의 몸속에 계속 정자를 주입할 것이다. 그리 산뜻한 계략은 아니지만 효과는 있다.

만약 운이 좋아서 수거미가 어렵사리 탈출을 하게 되면, 상황은 더욱 흥미진진해진다. 이제는 거세된 수거미는 암컷의 바로 건너편에서 기다리면서 다른 수거미가 짝짓기를 할 마음으로 암컷에게 접근하는지를 살핀다. 다른 수거미가 다가오면 거세된 수거미는 이 침입자와 온 힘을 다해 싸운다. 거세된 수거미는 이제 다시는 생식이 불가능하기 때문에, 그의 DNA를 전달할 유일한 희망은 방금 전에 도망쳐 나온 암거미뿐이다. 이제 이 수거미는 암거미가 다른 수거미와 짝짓기를 하지 못하게 방해를 하는 게 자신의 DNA를 위해 취할 수 있는 최선의 전략이 된다. 그렇게 함으로써, 암거미가 낳는 알에 거세된 수거미의 DNA가 전달될 것이다.

거세된 수거미와 멀쩡한 수거미 사이에 싸움이 일어났을 때, 거의 항상 거세된 수컷이 이긴다는 사실을 연구자들이 알아내는 데는 그리 오랜 시간이 걸리지 않았다. 이 결과를 놓고, 연구자들은 생식기 거세가 거미의 체력에 어떤 영향을 미치는지를 궁금하게 여겼다. 그래서 그림붓으로 거미를 괴롭히면서 거미가 지쳐 쓰러질 때까지 탁자 위를 돌아다니게 하는 실험을 했다. 놀랍게도, 거세된 수거미는 정상 수거미에 비해 지구력이 80퍼센트나 더 높았다. 촉지가 온전한 수거미는 다른 암거미를 찾을 수 있기 때문에 포기가 빠른 것으로 추측된다. 반면에 거세된 수컷은 다른 선택권이 없기 때문에 모든 것을 걸고 싸우는 것이다.[2]

남성 인간도 섹스 때문에 수명이 단축된다. 섹스 자체의 스트레스 때문에 죽는 일은 드물고, 여자 섹스 파트너에게 죽임을 당하거나 잡아먹히는 일도 거의 없지만, 그래도 대가는 지불한다. 특히 인간의 경우에는 남성 호르몬이 체내에 있는 것만으로도 기대 수명이 줄어드는 것으로 밝혀졌다. 이 효과에 대한 증거는 거세된 18~19세기 한국 남성들에 관한 대단히 흥미로운 자료에서 나온다.[3] 비빈들을 거느리고 있던 당시의 왕들은 내시를 두어 호위나 궁궐의 여러 잡무를 보게 했다. 사춘기 이전에 거세된 내시들은 제왕들에게 매우 편한 고용인이었는데, 육체노동은 할 수 있어도 궁궐의 여인들과 섹스를 하려 들지는 않을 것이기 때문이다. 내시는 신체적으로는 대단히 건강했지만 정소가 없었다. 정소는 남성 호르몬인 테스토스테론을 생산하는 기관이기 때문에 이들은 체내에 테스토스테론이 없다는 것 말고는 정상적인 생활을 했다.

인간의 남성이 섹스를 하면 수명이 짧아진다는 근거는 이렇다. 동일한 사회에서 비슷한 경제사회적 지위의 일반 남성과 비교했을 때, 내시는 수명이 15~19년 더 길어서 평균 70대까지 살았다. 고환을 갖고 있는 일반적인 노동 계급 남성이 50대 후반까지 살았던 반면, 어떤 내시는 109세까지 살았다! 여성의 수명이 일반적으로 남성보다 길다는 사실까지 감안하면, 이는 남성은 테스토스테론으로 인해 수명이 단축된다는 점을 강하게 암시한다. 테스토스테론이 없이는 정자를 만들 수 없기 때문에 남성은 섹스 때문에 수명이 줄어든다고 말할 수 있다.

남자들에게는 안 된 일이지만, 이는 여자들이 겪는 일에 비하면 아무것도 아니다. 여성은 임신과 출산을 하지 않으면 자신의 DNA를 전달할 수 없다. 물론 출산은 아름답고 인생을 완전히 바꾸는 사건이지만, 대단히 위험하다.

북아메리카에서는 15세 소녀가 산과적인 원인(임신, 분만, 낙태 따위)으로 사망할 확률이 3800명 중 1명 정도인데, 이렇게 놀라운 확률은 대체로 현대 의학 덕분에 가능한 것이다.[4] 내가 말하는 현대 의학이란 아주 기본적인 것들이다. 이를테면 분만 전 혈압 모니터링, 감염 방지를 위한 분만 중 소독, 감염이 일어났을 때를 대비한 항생제 사용, 출산 후 산모가 과다 출혈일 경우에 혈액 응고를 촉진하는 기본적인 약물과 같은 것들이다. 이런 간단한 처치 덕분에 여성의 생존율은 의학의 도움을 받기 전에 비해 획기적으로 높아졌다. 그 증거를 확인하고 싶다면, 처치를 받지 못하는 곳의 사정과 비교해 보면 된다. 사하라 이남의 아프리카에서는 15세 소녀가 임신, 분만, 낙태로 사망할 확률이 150명 당 1명이다. 99퍼센트가 넘는 생존률이 양호해 보일지 모르지만, 북아메리카에 비해 25배나 높은 수치다. 게다가 여성의 수가 수백만 명 이상이라는 것을 생각하면 임산부 사망자의 수는 대단히 급격하게 증가한다.*

잠시 24시간 전에 당신이 어디에 있었는지를 생각해 보자. 책에서 눈을 떼고 시계를 본 다음, 정확히 어디에 있었고 무엇을 하고 있었는지를 기억해 보자.

생각해 냈는가?

그 시간부터 지금까지 대략 800명의 여성이 임신, 출산, 낙태로 인해 고통스럽게 슬픈 죽음을 맞았고, 이 죽음의 95퍼센트 이상은 기본적인 현대 의학으로 예방할 수 있다. 이런 일은 날마다 벌어지고 있으며, 이 수치들을 통해 우리를 어머니처럼 보살펴주는 대자연은 없다는 사실을 똑똑히 보여 준다.**

다른 동물들과 마찬가지로 우리도 동물이다. 따라서 우리 몸에도

---

* 몇몇 서방 국가의 출산 10만 건 당 산모 사망자 수는 미국 21명, 캐나다 12명, 오스트레일리아 7명, 뉴질랜드 15명, 영국 12명이다. 그리고 사하라 이남 국가의 사망자 수는 차드 1100명, 소말리아 1000명, 시에라리온 890명이다. 세계 보건 기구의 쌍방향 지도interactive map를 활용해서 다른 나라의 자료도 살펴볼 수 있다. http://www.who.int/gho/maternal_health/en/index.html

생존과 생식 사이의 거래를 보여 주는 특징들이 있다. 뇌가 큰 인간은 뇌가 작은 인간에 비해 경쟁에서 유리할 가능성이 있기 때문에, 아기의 평균 머리 크기는 분만할 수 있는 한계치에 다다랐다. 진통제도 항생제도 없었던 불과 몇 세대 전의 출산을 생각해 보면, 자연이 무척 험악해 보이기 시작한다. 선진국에 살고 있는 우리는 그런 사실들을 종종 잊기 쉽다.

샘을 임신했다는 사실을 알았을 때, 내 아내 셸비Shelby와 나는 셸비가 죽을 수도 있다는 생각은 아예 해 본 적도 없었다. 실제로 그런 생각을 할 필요도 없었다. 그 문제를 걱정했다고 해도, 아내가 죽을 확률이 약 0.125퍼센트라는 것을 알게 되었을 것이다. 이런 확률 덕분에 우리는 분만의 전 과정을 직접 통제하는 호사를 누렸다. 우리는 분만 과정에서 여러 가지를 선택할 수 있었다. 집에서 아기를 낳을 수도 있었고 병원에서 출산을 할 수도 있었다. 조산원이 아기를 받을 수도 있었고, 의사가 아기를 받을 수도 있었다. 진통제를 전혀 사용하지 않을 수도 있었고, 경막외마취epidural를 이용해 하반신의 감각을 완전히 마비시킬 수도 있었다. 우리는 어떤 결정을 내리든지 아기와 산모 모두 무사할 거라고 확신했다.

이런 결정들은 보통 '자연적인 분만'과 '의료화 된 분만'이 양극단

●● 수천 명의 영아도 죽어 가고 있다. 전 세계적으로 매일 330만 명이 사산되고 있으며, 400만 명 이상의 영아가 생후 1개월 이내에 사망한다. 이 아기들의 사망 원인은 다양하다. 그러나 사망자의 수가 후진국이 훨씬 많은 것을 볼 때, 현대 의학의 혜택을 제대로 받지 못한 것이 사산의 주요 원인이라는 것은 분명하다. (World Health Organization, 2005)

에 있는 연속체를 따라 놓여 있었다. 여기서 나는 섹스와 자연에 대한 당신의 생각에 의문을 제기하려고 한다. '자연적인' 분만의 정의는 무엇인지 잠시 생각해 보자. 아기가 태어나는 장소가 중요할까? 약물의 사용 여부가 중요할까? 아기를 받는 사람이 누구인지가 중요할까? 출산을 더 자연스럽게 만들어 주는 것은 도대체 무엇일까?

예정일이 가까워 올수록, 사람들은 무엇이든지 셸비와 내가 원하는 대로 결정할 수 있다고 말했지만 한 가지만은 분명히 강조했다. 특히 우리 친구들은 되도록 '자연적인' 과정을 선택하라고 했다. 사람들은 '여자들은 오랜 세월에 걸쳐 아기를 낳았다'는 식의 무의미한 이야기를 끊임없이 했다. (그 말이 무슨 도움이 되는가? 출산 중에 죽는 여자들이 지금도 그렇게 많은데!) 심지어 어떤 사람들은 '셸비가 긴장을 풀고 자신의 몸과 교감하면서 자연의 순리를 따르기만 하면 아무 일 없을 것'이라거나 '여자의 몸은 그러라고 만들어진 것'이라는 말로 우리를 안심시키려고 했다.

나는 자연적인 분만이라는 개념의 문제점이 여기에 있다고 생각한다.

'산모가 자연적인 자아와 교감하면 모두 잘 될 것'이라는 말은 만약 뭔가 잘못되면 그렇게 하지 못한 여자에게 비난의 화살이 돌아가야 한다는 의미를 내포한다. 연간 25만 명의 여성이 임신과 출산 과정에서 목숨을 잃는 것도 안타까운데*, 그들의 죽음이 뭔가 '자연적이지' 못해서라는 비난까지 받아야 한다는 것은 너무 부당하다.

• 2010년에는 약 28만 7000명의 여성이 출산 중에 사망했다. (국제 보건 기구, 2012)

게다가 **자연적**이라는 단어를 강요함으로써 현대적인 기술을 이용하고자 하는 여성을 매우 곤란한 처지에 놓이게 한다. 이는 출산 과정에서 하는 어떤 선택이 인생의 다른 결정들과는 어울리지 않는 것처럼 보이게 만듦으로써, 원하는 것을 선택할 수 있는 여성의 권리를 약화시킨다. 가령 유기농 식품을 먹거나 야외 활동을 좋아하는 여자라면 출산에 대해서도 '자연적'이라는 딱지가 붙은 것을 선택해야 한다는 압력을 느낄 것이다. 물론 아기를 낳는 방식은 무엇을 먹는지, 어떤 운동을 하는지와는 아무 관계가 없다. 그러나 상황이 그런 식으로 흘러가면, 그 여자는 결국 자신에게 최선이 아닐지도 모르는 선택을 강요받을 수도 있다.

경막외마취를 예로 들어 보자. 여자는 자신의 몸과 교감을 하기 때문에 경막외마취를 하지 않고 출산의 고통을 감당할 수 있어야 한다는 말은 내가 생각하기에는 정신 나간 소리다. 출산이 인간이 겪을 수 있는 가장 혹독한 경험 중 하나라는 데는 의심의 여지가 없다. 그런데 왜 여자들이 순산에 도움이 되는 현대 의학을 활용하면 '자연적이지 않다'는 딱지를 붙여야 할까? 나는 모든 여자가 경막외마취를 해야 한다고 말하는 게 아니다. 다만 경막외마취를 선택하는 것을 여자답지 못한 행동이라고 생각해서는 안 된다는 말을 하는 것이다. 마취 없이 출산을 하는 것이 진통제를 사용하는 것보다 더 '자연적'이라고 분류하는 것은 부당하다. 인간은 평소에 온갖 다양한 이유로 약을 사용하고 있으며, 마취제도 수세기에 걸쳐 사용해 왔다. 그런데 왜 유독 출산을 할 때만 약물이 금기시되는 것일까? 왠지 내 느낌에는 여자들은 경막외마취를 하는데 남자들은 하지 않기 때문인 것 같다. 나는 머리가 아프면 진통제를 먹는다. 그렇다고 내게 자연적이지 않다고 말하는 사람은 아무도 없다. 그런데 왜 출산을 앞둔 여자들만 갑자기 그 고통을 참고 견디도록 강요를 받아야 하는 걸까?

그다음으로 사람들이 산모에게 선택을 강요하는 것에는 아기를 낳는 장소 문제가 있다. 많은 사람이 집에서 아기를 낳는 것이 병원에서 낳는 것보다 더 '자연적'이라고 생각한다. 나는 그런 사고방식에 화가 난다. 남자가 치료를 위해 병원에 갈 때, 이처럼 자연적이지 않다는 딱지가 붙는 경우가 있는지 하나만 대 보자. 여자에게 생의 가장 힘겨운 날이 될 수도 있는 순간에 대해서는 독단적이고 부당한 기준을 만들어 놓고, 남자에게는 이에 해당하는 규정이 없는 것은 정말 어처구니가 없는 일이다. 여성이 병원에 가는 게 그렇게 자연스럽지 못하다면, 병원에서 여의사가 일하는 것도 막아야 하지 않을까?

분명히 말해서 나는 어떤 특정 선택을 옹호하고 있는 게 아니다. 병원에서 아기를 낳을 수도 있고, 집에서 낳을 수도 있다. 약물을 쓰지 않을 수도 있고 경막외마취를 할 수도 있다. 산파가 아이를 받을 수도 있고 의사가 받을 수도 있다. 제왕 절개를 할 수도 있고 자연 분만을 할 수도 있다. 앉아서 분만을 할 수도 있고 누워서 분만을 할 수도 있다. 출산 후 당신이 태반을 먹는다고 해도 상관하지 않는다. 모두 다 완전히 유효한 선택지다. 다만 나는 이 상황에서 '자연적'이라는 잘못된 꼬리표를 떼자는 이야기를 하는 것이다. 그러면 여성은 어떤 경험이든지 자유롭게 선택할 수 있다.

사람마다 '자연적인 출산'의 정의가 다른 까닭은 그것이 상상의 개념이기 때문이다. 오늘날의 거실이나 병실은 우리 조상이 700년 전에 아기를 낳던 곳과는 다르며, 그 시대의 것들 중에서 100만 년 전 우리 조상의 경험과 일치하는 것은 하나도 없을 것이다. 과거 여성의 분만 절차를 생각해 보는 것이 도움이 될 수도 있겠지만, 현대 사회의 여성들에게 아주 오래전에 살았던 일부 여성의 행동을 그대로 따라 하려고 노력하는 것만이 자연적이라고 말하는 것은 부당하다. 만약 따라해야 한다면, 어느 시대, 어느 문화의 여성들을 따라해야 하는가?

내 생각에는, 국제 우주 정거장에서 아기를 낳는다거나 아니면 숲속에서 시어머니가 곰을 쫓기 위해 솥단지를 두드리고 그 옆에 쪼그려 앉아 아기를 낳는 게 아니라면 어떤 출산이든 상관없다. 아기가 나온다면 그게 출산인 것이다. 여기에서 자연적이라는 단어는 빼도록 하자.

여성에게 출산은 대단히 힘겨운 일이지만, 야생 동물에 비하면 아무것도 아니다. 출산을 이렇게 이야기하는 사람들이 있다. "사람들은 개나 고양이의 임신에서 영감을 받아야 해요. 무엇을 해야 할지를 본능적으로 알고 있는 개나 고양이처럼 자연의 순리에 그대로 따르면 돼요." 그러나 만약 하이에나를 애완동물로 키운다면 그렇게 이야기할 수 없을 것이다. 내가 그 이유를 말하면 사람은 무척 재미있는 표정을 짓는다.

하이에나는 기묘한 동물이다. 개처럼 생겼지만 개와는 전혀 다르다. 사실 개보다는 고양이에 더 가깝다.* 암컷 점박이하이에나 spotted hyena는 특히 더 그렇다. 암컷은 아주 길고 속이 빈 관 모양의 음핵을 갖고 있는데, 어느 모로 보나 수컷의 음경과 똑같이 생겼다. 심지어 음핵은 음경처럼 팽창해서 발기가 되고, 음순은 하나로 합쳐져 마치 음낭처럼 보인다. 게다가 암컷 하이에나는 생식기관의 유일한 입구가 마치 음경처럼 음핵의 끝에 있다. 그곳을 통해 오줌을 누고, 섹스를 하고, 새끼를 낳는다. 그래서 날마다 점박이하이에나를 연구하는 생물학자들조차 암컷과 수컷을 구분하는 게 대단히 어려울 정도다.

섹스를 하는 동안 수컷이 암컷의 음핵에 음경을 밀어 넣을 때, 암컷은 근육을 이용해 음핵 입구를 끌어당겨 마치 소매를 뒤집듯 음핵 전체를 안으로 말아 집어넣는다.** 기묘하기는 하지만 이 방법은 효과가 있다. 짝짓기를 하고 임신을 하는 데까지는 하이에나에게 별다른 문제는 일어나지 않는다. 그러나 새끼를 낳을 때가 되면 거대한 음핵은 거대한 문제가 된다. 새끼의 크기는 음핵 구멍과 맞지도 않고, 탯줄은 태반에서 음핵 끝까지 닿지도 않는다. 새끼가 살아서 나올 수 있는 유일한 방법은 음핵이 파열되는 것뿐이다. 이런 파열은 새끼를 처음 낳을 때 일어난다. 사육되는 하이에나의 경우, 10~20퍼센트의 암컷이 첫 출산을 하는 동안 목숨을 잃는다. 야생에서는 생존율이 훨씬 높을 것으로 추정되지만, 그래도 음핵의 파열은 일어

- 식육목carnivora은 '개와 비슷한' 개아목, '고양이와 비슷한' 고양이아목이라는 두 개의 중요한 무리로 나뉜다. 개아목에 속하는 동물로는 개, 곰, 스컹크, 바다사자가 있으며, 고양이아목에 속하는 동물에는 고양이, 하이에나, 포사fossa, 몽구스mongoose가 있다. (Ignarsson 외, 2010)
- •• 점박이하이에나의 짝짓기 습성에 관한 완벽한 분석은 섹스 후 수컷이 암컷을 꼭 끌어안고 있는 사랑스러운 사진과 함께 Szykman 외(2007)에서 볼 수 있다.

난다. 첫 출산을 한 후에는 파열된 음핵이 그대로 아물어서 이후의 출산은 더 쉬워지는 것으로 보인다.[5]

그렇다면 이런 의문이 들 수도 있다. 문제가 그렇게 심각한데, 점박이하이에나는 왜 그런 우스꽝스러운 음핵을 가지고 있는 것일까? 이는 모두 하이에나 사회의 특성 때문인 것으로 밝혀졌다.[6] 하이에나는 엄격한 서열을 이루며 살아간다. 우두머리인 알파 하이에나가 있고, 그 아래에는 베타 하이에나, 또 그 아래에는 감마 하이에나로 이어진다. 점박이하이에나의 서열이 고릴라 같은 다른 포유류 집단의 서열화 구조와 달리 특이한 점은 암컷들이 최상위 서열을 구성하고 있다는 점이다. 사실상 각각의 암컷은 각각의 수컷보다 모두 서열이 높다. 암컷 점박이하이에나는 태어나는 순간부터 자신의 아버지보다 서열이 더 높고, 새끼임에도 아버지를 괴롭혀도 아무런 벌을 받지 않는다.

암컷은 공격적일수록 엄청난 대우를 받는다. 암컷이 수컷보다 서열이 더 높은 까닭은 수컷보다 더 크고 공격적이기 때문이며, 암컷의 서열이 높을수록 새끼가 살아남을 수 있는 확률이 더 높아진다. 알파 암컷은 가장 서열이 낮은 암컷에 비해 딸의 수가 약 2.75배 더 많다. 이는 엄청난 차이다. 따라서 공격성은 하이에나라는 고깃덩이 로봇을 조종하는 DNA에게 대단히 직접적인 이득이 된다.

대단히 공격적인 점박이하이에나의 뱃속에서 발생 중인 태아는 그런 엄마의 도움을 톡톡히 받게 될 것이다. 그러나 단점도 있다. 엄마 하이에나가 공격성을 띠는 이유 중 하나는 몸속에 어떤 호르몬이 가득 흐르고 있기 때문이다. 바로 안드로겐androgen이라는 호르몬인데, 안드로겐은 주로 수컷 포유류에서 흔히 볼 수 있다. (androgen 이라는 단어는 말 그대로 '남성을 만드는 것'이라는 뜻이다. 그러므로 안드로겐이 무슨 일을 하는지는 짐작이 갈 것이다.) 그 결과, 안드로겐 수치가 높은 자궁 속에서 발생하는 암컷 하이에나 태아에게는 수컷의 생식기처럼 생긴 생식기를 갖게 되는 부작용이 나타난다. 관 모양의 음핵을 갖는 암컷은 더 높아진 공격성 덕분에 이득을 보지만, 출산을 하는 동안 그 대가를 치르게 된다.

점박이하이에나의 출산은 본래부터 편안하거나 안전한 출산 과정이란 없다는 것을 분명하게 보여 주는 사례라고 생각한다. 진화는 공격적인 하이에나를 선호했고, 그런 진화의 부산물인 관 모양의 음핵은 암컷이 출산을 하는 동안 생명을 위협하는 걸림돌이 되었다. 인간의 경우, 진화는 큰 뇌를 선호했다. 따라서 여자들은 출산을 하는 동안 골반 사이에 꽉 끼는 아기의 커다란 머리 때문에 고통을 겪는다. 하이에나나 인간을 어머니처럼 돌보는 대자연은 없다. 그 누구도 안전하거나 안락한 출산을 보장받지는 못한다.

'자연적인 출산'이라는 생각을 둘러싼 문제들은 동성 결혼에 관한 여러 논쟁에서도 똑같이 반복된다. 이 논쟁에서는 찬반 양쪽 모두 자연에 호소한다. 마치 동물적 행동이 우리가 어떻게 살아야 하는지를 보여 주는 행동 지침인 것처럼 생각하는 것 같다. 한편에서는 생식을 위해서는 남자와 여자가 화합하는 게 자연의 이치라는 이유를 들어 동성 결혼을 반대한다. 다른 한편에서는 박쥐, 펭귄, 토끼를 비롯한 다른 많은 동물이 동성애 행위를 한다는 점을 지적하면서 동성 커플을 옹호한다. 그러나 양쪽의 주장 모두 논리적이라고 할 수 없다. 양쪽의 규칙에는 모두 수없이 많은 예외가 있다. 그러나 무엇보다도 중요한 것은, 만약 인간이 어떻게 해야 하는지를 알려주는 행동을 자연에서 찾기 시작하면, 대단히 추악한 상황과 맞닥뜨리게 될 것이라는 점이다.

만약 자연에서 벌어지고 있는 일을 이용해 인간의 행동을 정당화하면, 사람들은 무엇이든 원하는 대로 할 수 있게 될 것이다. 낯선 사람이 당신의 집 근처를 돌아다니는 게 싫으면? 그에게 똥을 던지면 된다. 존의 아이가 당신의 아이보다 더 잘생기고 더 인기가 좋아서 걱정인가? 걱정할 거 없다. 존의 아이를 죽인 다음 그 시신으로 몸보신을 하면 된다. 마음에 드는 집이 있으면 사람들을 내쫓고 바로 이사를 가자. 세상에 못할 일이란 없다.

이런 사례들이 너무 잔혹하게 보일지도 모른다.(아니, 확실히 잔혹하다.) 하지만 실제로 사람들은 언제나 동물의 행동을 예로 들면서 정당성을 주장한다. 이런 사례로는 2012년 미국 선거 기간 중에 공화당 미주리 상원의원 후보인 토드 아킨Todd Akin이 했던 이야기를 들 수 있다. 당시 그는 뉴스쇼에 출연해 낙태 권리와 강간과 여성에 관한 이야기를 한 후 언론의 집중 포화를 받았다. 그는 "진정한 강간을 당하면 여성의 몸은 모든 방어 수단을 강구한다."고 말했다.[7] 대부분의 사람은 깨닫지 못했지만, 여성의 생식 체계에 관한 그의 말은 옳았다. 단 그가 '오리의 경우'를 의미한다고 가정했을 때의 이야기다.

고방오리northern pintail는 수컷이 암컷을 힘으로 제압하고 강제로 섹스를 하는 강제 교미를 한다. 수오리는 유난히 긴 음경 덕분에 이런 교미가 가능하다. 고방오리는 몸길이가 부리 끝에서 (깃털을 제외한) 엉덩이 끝까지 60센티미터에 불과하다. 음경이 발기하면 총길이는 여기서 약 19센티미터가 더 길어진다. 인간에 빗대어 말하면, 키는 180센티미터인데 음경의 길이는 무려 55센티미터가 되는 것이다.[8]

고방오리 수컷이 헤엄을 치거나 걷거나 하늘을 날 때는 음경이 안쪽으로 들어가 있기 때문에 얼마나 큰지 알 수가 없다. 그러나 섹스를 할 때는 이 음경이 반시계 방향으로 돌면서 타래송곳 모양으로 길게 늘어나는데, 완전히 팽창을 한 후에는 사정을 한다. 여기서 가장 놀라운 사실은 이 모든 일이 일어나는 데 3분의 1초밖에 걸리지 않는다는 점이다.*

눈 깜박할 사이다.

정말 당신이 눈을 한 번 깜박할 때 걸리는 시간 동안 고방오리는 음경을 세우고 사정을 한다.

야생 고방오리 개체군을 보면 수컷이 암컷보다 훨씬 많다는 것을 알 수 있다. 이는 암컷 고방오리가 배우자를 선택할 때 매우 까다롭게 굴 수 있다는 것을 의미한다. 그로 인해 수컷 고방오리들은 암컷의 눈에 들기 위해 지독한 경쟁을 벌여야 한다. 수컷은 암컷과 가까운 자리를 차지하기 위해 다른 수컷들과 싸움을 벌이면서까지 암컷

---

* 고방오리의 음경 팽창 방식에서 실로 놀라운 점은 인간처럼 혈압에 의해 일어나는 게 아니라는 것이다. 이 급속한 팽창은 림프계에 의해 일어나며, 이 림프계는 우리 몸의 부어오른 조직에서 천천히 진물이 흘러나오게 하는 그 림프계와 같다. 이 모든 내용은 Brennan 외(2010)의 빼어난 생체역학 논문에 자세히 설명되어 있다. 이 논문은 고방오리 음경의 팽창 과정을 담은 멋진 저속 촬영 영상을 포함하고 있으며, 유튜브에서도 이 영상을 확인할 수 있다. http://www.youtube.com/watch?v=qwjEc12SmiU

주위에서 헤엄을 치다가 고도로 의식화된 구애춤을 출 것이다. 꼬리를 팔랑거리고, 머리를 흔들고, 부리를 가슴 쪽으로 잡아당기고, 하얀 가슴을 물 밖으로 꺼내 부풀리면서 한껏 뽐을 낸다.

일반적으로 암컷은 희고 멋진 가슴과 오색영롱한 깃털을 가진 수컷을 선호하므로, 구애춤은 수컷이 자신의 매력을 드러내는 훌륭한 방법이다. 일단 암컷이 짝을 선택하면, 한 쌍이 된 고방오리는 함께 머리를 뒤로 젖히고 짝짓기를 한다. 암컷은 여러 개의 알을 낳게 되므로, 수컷은 그 알들을 돌보기 위해 암컷 주위에 머물 것이다. 수컷은 새끼는 전혀 돌보지 않는다. 그저 암컷이 다시 짝짓기를 하고 싶어 할 때까지 주위를 서성이면서, 다른 수컷이 암컷에게 접근하는 것을 막는다.

만약 다른 수오리가 짝짓기 상대가 있는 암컷의 옆을 지날 기회를 겨우 얻게 되면, 이 침입자 수오리는 강제 교미를 시도할 것이다. 급속도로 펼쳐지는 음경 덕분에 이 난폭한 수오리는 아주 짧은 시간 안에 강제 교미를 마칠 수 있다. 이 수오리 DNA의 목적은 자신의 복사본을 암컷의 난자에 전하는 것이다. 암오리 DNA의 목적은 우월한 수컷을 직접 골라서 자신의 난자를 위한 아빠로 삼는 것이다. 이런 이유 때문에 수컷과 암컷은 짝짓기를 하는 동안에도 서로 충돌한다.

암컷은 할 수만 있으면 항상 강제 교미를 피하려고 하지만, 설사 강제 교미를 당한다고 해도 방지 대책이 있다. 수오리의 음경이 암오리의 몸속에 들어갈 때 반시계 방향으로 회전한다는 것을 기억할 것이다. 암오리의 생식 기관은 이런 강제 교미에 대응하기 위해 진화했고, 그 결과 시계 방향으로 회전하는 여덟 개의 생식관을 거쳐 난자에 도달하는 구조를 갖게 되었다. 즉 수오리의 음경과는 다른 방향으로 회전된다는 뜻이다. 그러면 강제 교미를 시도하는 수오리는 자신의 정자를 원하는 곳으로 보내기가 매우 어렵게 된다. 게다가 암오리의 질에는 세 개의 막다른 주머니가 있다. 만약 이 주머니에 사정이 되면 그 정자는 난자의 근처에 가 보지도 못한다. 이 방법이 100퍼센트 효과가 있는 것은 아니지만, 암컷의 난자는 강제 교미를 시도한 수컷보다는 자신이 선택한 수컷의 정자로 수정될 확률이 훨씬 더 높다. 정확히 어떤 방식으로 암컷이 자신이 선택한 수컷의 음경을 난자가 있는 곳으로 유도하는지는 알려져 있지 않다. 그러나 해부학적 연구를 통해 암오리의 몸이 정말로 '모든 방어 수단을 강구한다'는 것은 명백하게 밝혀졌다.

암오리의 생식기를 해부하면 시계 방향 타래송곳 모양의 생식관과 막다른 주머니들을 확인할 수 있다. 실제로 오리종들을 쭉 살펴보면, 강제 교미가 많이 일어나는 종일수록 암오리의 질이 더 복잡한 구조를 하고 있다는 사실을 알 수 있다.[9] 그러나 인간 여성의 질에는 이런 막다른 공간이 없다. 사실 인간 여성의 생식기에는 강간의 결과를 여성 스스로 통제할 수 있다고 생각할 만한 구조가 전혀 없다. 낙태를 하거나 (사후 피임약 같은) 응급 피임법을 쓰는 것 외에는 다른 도리가 없다.

인간들 사이에서 강간은 결코 용인될 수 없는 범죄지만, 동물 세계에서는 강제 교미가 수시로 일어난다. 물론 일어나서는 안 되는 행위다. 인간이 다른 인간에게 저지르는 끔찍한 일들을 정당화하는 데 동물의 행동을 활용해서는 안 된다. 가끔은 한 무리의 수오리들에게 괴롭힘을 당하던 암오리가 수오리들의 무게에 짓눌려 익사하기도 한다.[*] 게다가 오리만 그런 게 아니다. 큰돌고래bottlenose dolphin 수컷은 두세 마리가 무리를 지어 암컷 돌고래 한 마리를 며칠 동안 에워싸고 짝짓기를 시도한다. 이들은 암컷이 도망을 치려고 할 때마다 깨물거나 공격을 한다.[**] 수컷 오징어는 질흑 같은 바다 속에서 암컷에게 몰래 다가가서 마치 먹이를 사냥하듯이 갑자기 잽싸게 '정자속sperm packet'이라는 작은 정자 덩이를 암컷의 몸속으로 발사한다.[***]

강제 교미는 어디에서나 일어난다. 강제 교미가 그렇게 흔한 이유는 암컷과 수컷이 짝짓기를 하는 동안에도 서로 경쟁 관계일 수 있기 때문이다. 앞서 나는 동물이 번식을 위해서 자신의 몸이 다치는 것을 아랑곳하지 않는다는 이야기를 했다. 따라서 짝짓기 상대를 해치려는 것도 그리 놀라운 일이 아니다. 이기적인 스크루지 게임의 기본 규칙은 여전히 적용되고 있는 것이다. 동물에게 중요한 유일한 문제는 "어떻게 하면 내 DNA를 전달할 수 있을까?"이다. 동물의 동기가 (사

- 야생보다는 공원에 사는 물새의 암컷들은 특히 수컷의 습격으로 죽을 확률이 더 높다. 공원에서는 보통 야생에 비해 수오리가 더 많은 쪽으로 성비가 나타나기 때문이다. (McKinney와 Evarts 1997)
- •• 그렇다. 돌고래에게도 어두운 면이 있다. (Connor 외 1992)
- •••심해 오징어 사는 곳은 어둡기 때문에 암수를 구별하기 어렵다. 따라서 수컷 오징어는 같은 종에 속하는 다른 오징어와 마주치면, 되도록 잽싸게 다른 오징어의 몸속에 정자속을 주입한다. 만약 그 오징어가 암컷이면, 일부 난자를 수정시킬 수 있을 것이다. 만약 암컷이 아니면, 그냥 아무 일도 없을 것이다. 연구자들은 이 방법에 "어둠 속의 발사shot in the dark (막연한 추측이라는 뜻으로 쓰인다─옮긴이)" 전략이라는 재치 있는 이름을 붙였다. (Hoving 외, 2011)

랑이나 낭만이 아니라) 이런 것일 때는 배신, 물리적 폭력, 강제 교미 같은 일이 일어나기 마련이다.

때로는 합의된 섹스처럼 보이는 것조차도 강제 교미일 경우가 있다. 수십 년 동안, 가터뱀garter snake은 합의된 섹스를 한다고 여겨져 왔다. 가터뱀은 짝짓기를 할 때, 수컷이 암컷 위에 올라가서 자신의 음경(끝이 두 갈래로 갈라져 있다)을 암컷의 총배설강cloaca 속에 집어넣는다. (총배설강은 암컷의 몸에 있는 유일한 구멍으로, 대소변과 알이 이곳을 통해 나온다. 따라서 짝짓기를 할 때는 수컷의 음경이 이곳으로 들어가야 한다.) 그러나 수컷은 일을 치르기 전에, 먼저 암컷의 몸 위에 올라가 자신의 몸을 물결치듯 움직여서 암컷의 몸이 꼬리에서부터 머리 쪽으로 흔들리게 한다. 전에는 이 행동이 암컷을 흥분시켜 총배설강을 열게 하기 위한 것이라고 해석했다.[10]

그러나 약 10년 전, 연구자들은 이런 식으로 암컷의 몸을 움직이게 만들면 암컷은 폐에서 공기가 모두 빠져나가고 숨을 들이쉬지 못한다는 사실을 알아냈다. 암컷은 산소가 바닥나기 시작하면 마치 포식자의 공격을 받고 있는 것과 같은 스트레스를 받는다. 그러면 본능적으로 배설을 하게 된다. 이 반응이 암컷을 잡아먹으려는 포식자의 입맛을 떨어뜨릴지는 모르지만, 안타깝게도 수컷을 쫓아내지는 못한다. 오히려 암컷의 총배설강이 열려서 수컷은 자신의 음경을 삽입할 기회를 잡게 된다.

가터뱀과 고방오리의 성생활이 끔찍할 수도 있지만, 이들은 빈대에 비하면 아무것도 아니다. 빈대는 우리가 잠을 자는 동안 깨무는 기생 곤충이다. 빈대는 (헨리 밀러Henry Miller의 『북회귀선Tropic of

Cancer』에 나올 법한) 지저분한 호텔에서나 걱정해야 했던 생물이었다. 그러나 지난 10여 년 동안 세계 전역에서는 빈대의 개체 수가 급증했고, 오늘날에는 5성급 호텔에서 잡히기도 한다. 빈대가 다시 기승을 부리는 이유는 알려져 있지 않지만, 이는 상당히 걱정스러운 일이다. 빈대는 인간의 피를 빨아먹는다. 그 행위 자체도 끔찍하지만, 이는 빈대의 짝짓기 습성에 비하면 약과다. 빈대의 섹스는 정말 역겹다.[11]

빈대는 작다. 그리고 대부분의 시간을 벽 틈, 콘센트 속, 옷더미 속, 그 외 침실 곳곳에 숨어 지낸다. 암컷 빈대는 1주일에 한 번 정도 은신처를 나와서 인간이 자고 있는 침대 속으로 기어들어온다. 빈대는 인간을 깨물어 20~30분 정도 영양을 섭취한 다음 은신처로 돌아간다. 배불리 먹고 은신처로 돌아가는 암컷 빈대는 번식을 위한 최적의 상태가 된다. 따라서 여러 수컷의 접근을 받는다.

이때 추악한 일이 벌어진다.

빈대는 외상성 사정traumatic insemination이라는 기이한 형태의 짝짓기를 한다. 수컷이 암컷의 몸에 음경으로 구멍을 뚫고 체강 속에 정자를 집어넣는 것이다. 암컷의 몸에는 알을 낳는 구멍이 있지만, 수컷은 거기에 음경을 넣지 않는다. 대신 암컷의 몸 한 가운데를 찔러 새로운 구멍을 만든다. 이로 인해 암컷은 몸에 뚜렷한 손상을 입어서 처녀일 때에 비해 수명이 약 30퍼센트 감소한다. 짝짓기를 너무 많이 하면 암컷이 죽음에 이를 수도 있다.

암컷은 자신의 유전자를 전달하기 위해 짝짓기를 해야 하고, 외상성 사정은 임신을 하는 유일한 방법이다. 따라서 몸에 구멍이 뚫리는 중상을 입더라도 짝짓기는 암컷에게 도움이 된다. 그러나 문제는 이 일이 한 번으로 끝나지 않는다는 것이다. 인간의 피를 빨고 벽 틈에 있는 은신처로 돌아오는 동안, 암컷 빈대는 보통 다섯 마리 정도의 수컷으로부터 외상성 사정을 당한다. 암컷은 한 번의 짝짓기로도 자신의 난자를 모두 수정시키고도 남을 충분한 양의 정자를 얻을 수 있다. 그러나 다섯 번의 외상성 사정을 통해 암컷은 필요한 양보다 20~25배 많은 정자를 얻고, 짝짓기를 할 때마다 암컷의 수명이 점점 더 줄어든다. 암컷에게는 딱한 상황이다.

그러나 수컷은 이런 사정을 개의치 않는다. 수컷에게는 자신의 정자로 암컷의 난자를 수정시키는 것만 중요하며, 마지막으로 짝짓기를 하는 수컷은 암컷이 낳을 알들의 아버지가 될 확률이 68퍼센트 정도다. 따라서 그 암컷이 오늘 네 마리의 다른 수컷과 짝짓기를 했더라도, 짝짓기를 한 번 더 하면 암컷이 죽음의 문턱에 이르게 된다 할지라도, 수컷은 다섯 번째 짝짓기 상대가 되고 싶은 유혹을 뿌리치기 어렵다.

암컷의 처지에서는 외상성 사정에 대해 거의 아무런 대처도 할 수 없다. 대신 암컷의 몸에는 사후처리를 도와주는 정자유도관 spermalege이라는 기관이 진화했다. 이 기관은 주로 상처 부위에 면역 세포를 불러들여서 수컷의 음경에 있던 세균과 곰팡이에 의한 감염을 방지하는 역할을 하지만, 정자를 난자가 있는 곳으로 이동시키는 일을 하기도 한다. 여러 수컷에 의한 외상성 사정이 암컷에게 최선이 아닌 것은 분명하다. 그러나 암컷 빈대의 몸은 잔혹한 현실을 견딜 수 있도록 진화했다.

강제 교미와 외상성 사정은 양성의 충돌에서 남성이 우위를 차지하는 사례지만, 이런 수컷들 못지않게 험악한 암컷의 사례도 많다. 짝짓기에서 더 지배적인 위치에 있을 때, 암컷은 몇 가지 특징을 선택해서 수컷을 판단하고 그 기준에 부합하는 수컷과만 짝짓기를 한다. 수컷에게는 안타깝지만, 암컷이 주로 선택하는 특징은 수컷을 죽음으로 몰아가곤 한다.

이를테면, 암컷 텅가라개구리túngara frog는 한밤중에 크고 아름다운 소리로 우는 수컷과만 짝짓기를 한다.[12] 그 결과, 한밤중에 파나마 열대우림 속으로 들어가면 저마다 암컷의 호감을 사기 위해 낮고 굵은 소리를 내고 있는 텅가라개구리 수컷들의 우렁찬 울음소리를 들을 수 있다. 문제는 다른 동물들도 그 소리를 들을 수 있다는 것이다. 트라코프스Trachops도 그 소리를 엿듣는 동물 중 하나다. 그 지역에 서식하는 동물들 중에서 내가 가장 좋아하는 트라코프스는 개구리잡이박쥐라는 이름으로 더 많이 알려져 있다. 이 박쥐는 먹이, 즉 개구리를 찾기 위해 그 울음소리에 귀를 기울인다.*

한밤중에 이런 소리를 내는 것은 기본적으로 "날 잡아먹어라!" 하고 소리치는 것이나 마찬가지지만, 암컷 텅가라개구리는 수컷들에게 다른 선택권을 주지 않는다. 암컷의 논리는 다음과 같다. 만약 수컷이 박쥐의 공격이라는 끊임없는 위험 속에서 살아남을 수 있다면,

---

* 이 박쥐의 가장 멋진 점은 울음소리만 듣고 독이 있는 개구리와 독이 없는 개구리를 구별할 수 있다는 점이다. 그래서 독이 없는 개구리만 선택적으로 공격하고, 독이 있는 개구리의 울음소리는 무시한다. (Page와 Ryan, 2005) 안타깝게도 수컷 텅가라개구리는 독이 없다.

좋은 DNA를 가진 게 분명하다는 것이다. 이런 위험을 감수하지 않는 수컷은 짝짓기를 할 가치가 없고, 박쥐에게 잡아먹히는 수컷도 마찬가지다. 아마 그 수컷들은 별로 좋은 DNA를 갖고 있지 않을 것이다. 과연 그럴까?

이런 암컷의 평가 체계는 암컷이 선택한 임무가 수컷에게 정말 위험할 때에만 효과가 있다. 만약 쉬운 임무를 선택하면 모든 수컷이 똑같이 잘하게 될 테고, 결국 암컷은 뛰어난 수컷을 만날 확률과 별볼일 없는 수컷을 만날 확률이 비슷해질 것이다. 따라서 쉬운 경쟁 방법으로 수컷을 고르는 암컷은 애초에 그 경쟁을 벌이게 함으로써 얻는 이득이 아무것도 없다. 그 결과 종에 관계없이, 짝짓기를 하기 위해 수컷이 반드시 해야 하는 행동들은 거의 정신 나간 짓들이다. 이런 연구 사례들은 대부분 조류에서 나온다.

큰 소리로 지저귀면서 복잡한 춤을 추는 화려한 색깔의 새들은 무척 아름답게 보인다. 그러나 생각해 보면, 이들이 그렇게 아름다운 모습을 보란 듯이 과시하려면 엄청난 양의 에너지를 소모해야 한다.[*] 게다가 이런 과시는 잠재적인 포식자의 눈에 띄기 위해 안간힘을 쓰는 것이나 다름없다. 또한 수컷이 암컷에게 인기를 얻기 위해 밝고 아름다운 형형색색의 깃털을 만드려면 물질대사적으로 엄청난

---

[*] 우리가 볼 수 있는 가장 화려한 과시를 하는 새는 아마 극락조birds of paradise의 수컷일 것이다. (Scholes, 2008) 극락조에 관해 잘 모른다면, 5분만 시간을 들여 유튜브에서 에드 숄스Ed Scholes와 팀 레이맨Tim Laman이 찍은 영상을 한 번 보자. 정말 깜짝 놀라게 될 것이다. 소개 영상은 여기서 볼 수 있다. http://www.youtube.com/watch?v=YTR21os8gTA

비용이 들기 때문에 수컷의 생존을 더 어렵게 만든다.*

짝짓기 상대를 잡아먹는 암거미도 수컷보다 우위를 차지하는 암컷의 사례를 잘 보여 준다. 그러나 수거미는 짝짓기 상대의 근처에 얼씬도 못해 보고 큰 대가를 치르는 경우가 종종 있다. 이를테면, 암컷 무당거미golden silk spider는 자신의 거미줄에 앉아 한가로이 식사를 즐기면서 수컷이 자신을 발견하기를 기다린다. 암컷이 포식사에게 잡아먹힐 확률은 하루에 0.3퍼센트에 불과하지만, 암컷을 찾아 파나마 열대 우림을 헤매는 수컷 무당거미가 포식자에게 잡아먹힐 확률은 하루에 약 8퍼센트다. 이는 26배나 더 높은 수치다. 일단 수컷 무당거미가 암컷을 발견하면, 둘은 짝짓기를 할 것이다. 그다음에 암컷은 어쨌든 수컷을 잡아먹으려고 들 것이다.**

어떤 암컷들은 수컷 없이 모든 과정을 치러왔다. 섹스 대신 클론clon을 형성하는 방법을 통해 모두 암컷으로만 구성되는 종을 만든 것이다. 이런 현상은 80종 이상의 동물에서 볼 수 있는데, 이에 속하는 동물로는 뉴멕시코채찍꼬리도마뱀New Mexico whiptail lizard과 몇 종류의 어류와 일부 도롱뇽이 있다. 우선 이 현상은 대단히 흥미롭다. 그러나 암컷으로만 이루어진 도롱뇽에서 특별히 재미난 점은, 유전적으로는 수컷이 전혀 필요 없지만 난자의 발생을 자극하기 위해서는 여전히 정자가 필요하다는 점이다. 다시 말해서, 이 도롱뇽

---

* 이런 붉은색, 노란색, 주황색 색소를 카로티노이드carotenoid라고 한다.
** 수거미는 작은 반면 암거미는 크고 눈에 잘 띄는 이유는 암거미와 수거미의 생활사 차이에서 찾을 수 있다. 암수의 크기 차이는 수컷이 암컷을 찾는 동안 포식자의 눈에 띄어 잡아먹히는 것을 방지한다. (Vollrath, 1998)

의 암컷은 섹스 상대를 찾고 있지만 상대 수컷은 이 짝짓기에서 아무 유전적 이득도 얻지 못한다.[13]

이런 부당한 대접을 하다가는 그 종의 수컷들이… 아… 수컷들은 이미 다 사라져 버렸다는 것을 깜박했다. 유전자를 전달하지 못하면 우리에게도 이런 일이 벌어질 것이다. 그러나 암컷에게는 아무런 해가 없다. 암컷은 필요한 정자를 얻기 위해 다른 도롱뇽종의 수컷과 짝짓기를 하기만 하면 된다. 이 짝짓기는 난자의 발생을 자극하고, 암컷은 성공적으로 자신의 클론을 복제할 수 있다. 그렇게 나온 새끼는 두 종 사이의 잡종이 아니라 어미 도롱뇽의 클론일 뿐이고, 이 암컷과 짝짓기를 한 수컷 도롱뇽은 아무런 이득을 얻지 못한다.*

어떤 동물은 남성과 여성의 생식기를 모두 갖고 있지만, 섹스가 더 쉽지는 않다. 편형동물인 프세우도비케로스*Pseudobiceros*의 사례는 충격적이다. 이 이름은 '두 개의 가짜 뿔'이라는 뜻인데, 그 이유는 곧 알게 될 것이다. 프세우도비케로스 속에 속하는 종들은 모두 오스트레일리아의 그레이트 배리어 리프Great Barrier Reef에 살고 있다. 이 동물은 길이가 몇 센티미터에 불과하지만, 대단히 아름답다.

이들은 조그만 마법의 양탄자처럼 나풀나풀한 타원 모양을 하고 있으며, 가장자리를 따라 밝은 색의 주름이 있는 것도 있다. 모든 프세우도비케로스의 배 부위에는 두 개의 작은 돌기가 달려 있다. 이

---

* 수컷 도롱뇽이 즐거운 시간을 보낼지는 모르지만, 이 과정에서 새끼는 전혀 만들지 못한다. 수컷 도롱뇽 DNA의 관점에서 보면, 이는 에너지의 낭비이고 정자의 낭비다. 수컷 도롱뇽이 짝짓기를 통해 어떤 실제적인 이득을 보려면, 같은 종의 암컷과 짝짓기를 해야 한다.

돌기들 때문에 그런 이름이 붙은 것이다. 그리고 이름에서 알 수 있듯이, 그 돌기들은 진짜 뿔이 아니다. 그 돌기들은 바로 음경이다.

편형동물은 자웅동체다. 두 개의 음경도 갖고 있지만, 완벽한 자성 생식기도 갖추고 있다. 따라서 프세우도비케로스 두 마리가 짝짓기를 하기 위해 만나면, 어느 쪽이 아버지가 되고 어느 쪽이 어머니가 될지를 결정해야 한다는 뜻이다. 어머니가 되는 쪽은 많은 에너지가 요구되는 임신을 하게 될 것이다. 아버지는 사정만 하면 된다. 이 두 마리의 프세우도비케로스는 모두 이기적이기 때문에 어느 쪽도 임신을 원치 않는다. 그러면 어떻게 결정을 할까? 간단하다.

바로 음경 칼싸움이다.[14]

이 두 마리의 편형동물은 서로의 음경을 피하면서 자신의 음경으로 상대의 몸을 찌를 때까지 싸움을 벌인다. 승자는 상대의 몸에 정자를 주입하고, 패자는 임신을 한다. 문제는 해결되었다.

이 모든 색욕의 사례를 살펴보면, 섹스는 남성과 여성 모두에게 엄청난 **비용**이라는 사실이 분명해진다. 암컷에게 교미를 강요하는 수컷, 수컷에게 목숨을 강요하는 암컷, 누가 아빠가 될지를 놓고 싸우는 자웅동체, 섹스는 기이하게도 이 모든 동물을 괴롭히고 있다. 그런데도 왜 동물은 섹스를 버리지 못하는 것일까?

지구상에 섹스가 생기기 전, 모든 생물이 무성생식을 하던 때가 있었다. 당시에는 암컷도 수컷도 없었고, 진정한 부모와 자식도 없었다. 오로지 유기체들만 존재했다. 모두 단세포생물이었고, 모두 물속에 살았다. 가끔씩 한 세포가 둘로 갈라지면, 따로 떠다니는 두 개의 세포가 되었다. 이 두 세포 중 어느 하나를 부모라고 부를 수도 없고, 자식이라고 부를 수도 없다. 이 두 세포는 클론일 뿐이다. 복제는 이기적인 DNA를 위해 완벽한 역할을 수행했다.

그러다 약 10억 년 전에 한 작은 단세포생물 집단에서 유성생식이 진화했다.[15] 유성생식은 성공적인 전략이었고, 그 후손은 번창했다. 오늘날 지구상에 살고 있는 모든 식물과 균류와 동물은 이 최초의 유성생식 생물의 후손이며, 섹스는 그들의 계속적인 성공을 위한 필수 요소로 남아 있다.

섹스는 어디에나 있다. 해파리, 불가사리, 몇몇 지렁이 같은 동물들은 클론 복제를 활용해서 그들의 성생활을 보충하기도 하지만, 오로지 클론 복제만 하고 섹스를 완전히 멀리하는 동물은 극히 일부에 지나지 않는다. 무성생식 동물이 대단히 드물기 때문에, 여기서 생물학자들이 좋아하는 중요한 의문이 하나 생긴다. 도대체 왜, 섹스의 어떤 점이 그렇게 대단한 것일까? 어쨌든 섹스를 하면 자신의 DNA가 50퍼센트만 자손에게 전달된다. 대신 클론 복제를 하면 DNA를 100퍼센트 전달할 수 있는데, 왜 그렇게 섹스가 인기가 있는 것일까?

우리는 알 수 있는 범위 내에서, 그 해답은 두 가지다. 첫째, 유성생식 생물의 자손은 클론 집단에 비해 예측 불가능한 환경 변화에 더 잘 대처한다. 만약 당신이 유성생식을 통해 다섯 명의 자녀를 두었다면, 그 자녀들은 당신의 형제자매가 서로 다른 것처럼 그렇게 서로 다를 것이다. 가령 앞으로 홍수가 나게 된다고 해 보자. 아마 힘이 더 세거나 높은 곳을 더 잘 기어오르거나 숨을 더 잘 참을 수 있는 동물들이 갑자기 유리해질 것이다. 그러나 만약 홍수가 아니라 새로운 포식자가 나타난다면, 달리기를 더 잘하거나 위장을 더 잘하는 동물이 생존에 유리할 것이다. 어쩌면 단순히 냄새가 더 고약한 동물이 살아남을지도 모른다.

미래에는 어떤 일이 벌어질지 알 길이 없기 때문에 부모로서는 다양한 특징을 지닌 새끼들을 한 묶에 갖는 게 올바른 선택이다. 그러면 적어도 알맞은 특징을 지닌 새끼 한 마리는 살아남게 될 것이기 때문이다. 이는 마치 룰렛 테이블에서 베팅을 여기저기에 분산하는 것과 같다. 클론 복제를 하면 새끼들이 모두 똑같을 것이다. 유성생식에서는 유전자라는 카드가 고루 뒤섞인다. 무성생식에는 없는 이 방식은 예측이 불가능한 변화무쌍한 세계에서 유용하다.

유성생식이 클론 복제에 비해 월등히 우월한 두 번째 특징은, 다른 개체의 DNA와 뒤섞임으로써 부모의 DNA가 미래에 살아남을 확률을 높일 기회를 준다는 점이다. 유성생식이 진화할 때까지, 클론 복제를 하는 동물은 어떤 DNA를 타고났든지 그대로 전달하는 것 외에는 다른 선택권이 없었다. 유성생식을 하게 되면서, 동물은 세상살이를 잘 할 것 같아 보이는 상대를 찾을 수 있게 되었고, (다른 누구도 아닌) 그 상대와 짝짓기를 함으로써 마음에 드는 유전자를 가족 내에 들일 수 있게 되었다. 그래서 유성생식은 지구상 생명체에게 판도를 완전히 뒤바꾸는 패가 되었다.

클론 복제를 하는 동물은 서로를 무시할 수 있지만, 유성생식을 하기 위해서는 모두가 다른 상대를 계속 지켜봐야 한다. 우리 DNA는 우리가 단순히 짝짓기를 하기를 원하는 게 아니다. 우리가 찾을 수 있는 최고의 짝(또는 짝들)과 짝짓기를 하길 원한다. 우리 자손이 경쟁을 할 수 있을지 없을지는 대체로 우리 짝짓기 상대의 DNA에 의해 결정될 것이다. 당신의 성생활이 당신이 살아가는 데 중요한 만큼, 당신의 DNA에게도 중요하다는 말은 결코 과장이 아니다.

궁극적으로, 훌륭한 DNA를 찾으려는 이 욕구는 짝짓기 게임 전체의 기반이 된다. 인간에게는 낭만적인 사랑이 필수적인 요소지만, 낭만은 '자연적인' 것이 아니다. 대부분의 동물에게는 낭만이 성생활의 일부가 아니라는 것이다. 스스로 살아갈 수 있을 때까지 인간의 아기를 양육하려면 10년 이상이 소요된다. 부모가 한 팀이 되어 함께 아이를 돌보는 것은 양육 과정의 성공을 보장하는 훌륭한 전략이다.

인간 고깃덩이 로봇인 우리의 DNA에는 섹스를 했던 상대와 함께 짝을 이뤄 그 일을 하도록 우리를 독려하는 데 도움이 되는 욕구가 각인되어 있다. 내가 생각하기에, 우리가 낭만적인 사랑을 하는 유일한 이유는 인간의 유년기가 유독 길기 때문이다. 다른 동물이 이기적인 것처럼, 인간도 근본적으로 여전히 이기적이다. 그러나 인간의 아이를 키우기 위해서는 긴 시간이 필요하기 때문에, 인간은 동물적인 이기심을 포기하지 않고도 좋은 짝이 될 수 있다.

이런 맥락에서 샘의 엄마와 나의 관계를 살펴보는 것도 재미있을 것 같다. 셸비를 처음 만났을 때, 나는 그녀와 이야기를 해 보고 싶어서 참을 수가 없었다. 이야기를 하게 되자 더 오래 함께 있고 싶었고, 함께 시간을 보내게 되자 내 DNA가 생각하는 그것을 처음으로 하고 싶어졌다. 그렇다, 나는 어쩔 수 없는 고깃덩이 로봇이었다.

셸비는 내게 강렬한 인상을 주었다. 그녀는 대부분의 사람들이 그저 생각만 하고 마는 일들을 실행에 옮기는 사람이다. 그녀는 허리케인 카트리나가 지나간 다음, 미시시피 주 빌럭시에서 환경 정화를 도왔다. 대학원을 다닐 때는 프로비던스의 전문 무용단에서 공연을 했고, 그 전에는 미니에폴리스 프린지 페스티벌에서 춤 공연을 연출하기도 했다. 심지어 그녀는 2009년 유튜브 인기 동영상에 출연하기도 했다. 〈JK 결혼식 입장 댄스JK Wedding Entrance Dance〉라는 제목의 이 영상에는 결혼식장에서 축하 공연을 하는 모습이 담겨 있다.*

셸비도 나처럼 과학자다. 우리가 연애를 하던 기간에 셸비는 브라질의 아마존 열대우림에서 박사 학위를 따기 위해 현장 연구를 하고 있었다.** 그녀가 연구하던 현장에는 전화기도 없고 인터넷도 연결되어 있지 않았다. 그래서 그녀는 격주 주말마다 가까운 마을로 나가 호텔방을 잡고 스카이프로 그동안의 일을 얘기해 주었다. 나는 부러워서 견딜 수가 없었다.

당시 셸비는 토양과 물의 표본을 수집하러 떠난 것이었는데, 재규어와 퓨마와 아나콘다와 딱정벌레와 개미와 큰개미핥기와 나무늘보와 맥과 방울뱀과 박쥐까지 보았다. 그러나 이는 그곳에 있는 동안 자연의 더 거친 면도 경험했다는 뜻이기도 했다. 그리고 그런 경험은 별로 부럽지 않았다. 그녀는 벌 떼의 습격을 받기도 했다. 벌 떼로부터 도망을 치는 동안, 엉킨 머리카락 속으로 벌들이 들어가서 다 떼어 낼 때까지 계속 벌에 쏘였다. 그런 일이 세 번이나 있었다.

• 이 영상의 주소는 http://www.youtube.com/watch?v=4-94JhLEiN0다. 가장 최근에 확인했을 때는 조회 수가 8000만 번이 넘었다.

•• 셸비의 박사 학위 연구는 아마존의 열대우림이 거대한 콩밭으로 바뀌면 토질과 수질에 어떤 영향을 미치는지에 관한 것이었다. (Riskin 외, 2013)

어느 날 아침에는 늘 신던 신발인데 바닥에서 뭔가가 발가락을 눌러서 잘 맞지 않는 느낌이 들었다. 그녀는 신발을 벗어서 벽에다 힘껏 내던졌다. 그러자 커다란 타란툴라가 신발에서 튀어나왔다. 한번은 현장 연구소에서 오염된 물을 먹고 지아르디아*Giardia*라고 하는 기생충에 감염되어 지독한 고생을 했다. 항생제로 기생충에 맹공격을 퍼부었지만, 약 1년이 흐른 뒤에야 소화계가 정상으로 돌아왔다.*

셸비와 나는 불과 2~3년 동거 만에 아기를 갖기로 결심했다. 달리 말하면, 우리의 DNA 분자가 자신을 복제하기 위해 우리에게 짝짓기를 강요했다. 내 몸에서는 23개의 DNA 이중나선 가닥이 분리되어 정자 세포 속으로 들어갔다. 셸비의 몸에서는 똑같은 과정을 거쳐 23개의 DNA 가닥이 난자 속으로 들어갔다. 그리고 우리는 (뜨거운 눈빛을 주고받으며) 특별한 종류의 잠을 잤다. 그 순간, 정자와 난자가 만났고, 둘 다 사라졌다. 그 두 세포가 사라진 자리에는 46개(=23+23)의 가닥으로 이루어진 특별하고도 새로운 존재가 남았다.

별안간 샘이 나타난 것이다!

최초의 샘에게 웃는 얼굴이나 눈 따윈 존재하지 않았다. 팔다리조차 없었다. 샘은 하나의 세포에 불과했다. 얇고 둥근 막 하나로 바

• 지아르디아 기생충은 북아메리카에서도 감염될 수 있다. 지아르디아의 별칭인 '비버열beaver fever'은 들어 본 적이 있을 것이다. 이 기생충에 감염되면 극심한(진짜 극심하다) 복통, 설사, 혈변이 나타나고, 때로는 혈뇨가 나오기도 한다. 지아르디아에 감염되기 위해서는, 이미 이 기생충에 감염된 동물(비버, 인간 등)의 배설물에 오염된 물을 먹어야만 한다. 다시 말해서 깨끗한 물을 먹기만 하면 완벽하게 예방할 수가 있다. 이렇게 예방이 가능한데도, 지금도 전 세계적으로 수백만 명의 사람들이 지아르디아에 감염되고 있다.

깥세상과 분리되어 있는 이 세포는 마치 작은 비눗방울처럼 생겼다. 이 세포는 맨눈으로 겨우 볼 수 있을 정도의 크기이며, 그 안에 들어 있는 DNA 가닥은 눈에 보이지 않을 정도로 작다. 그러나 그 DNA 가닥에 쓰인 서열은 샘을 완전히 독특한 존재로 만들었다. 샘의 46 가닥 DNA를 따라 쓰인 염기 서열은 생명 역사 전체를 통틀어 한 번도 나타난 적이 없었다. 이 서열은 무질서한 문자의 나열이 아니다. 저마다 의미를 지니고 있다. 이 DNA 서열에는 현재 샘으로 존재하는 고깃덩이 로봇의 제작 설명서가 암호화되어 있다.

엄밀히 말해서 셸비와 내가 생명을 창조한 것은 아니다. 우리의 난자와 정자는 융합하기 전부터 이미 살아 있었다. 샘은 부모, 조부모, 그 윗대로 시간을 거슬러 올라가며 끊이지 않고 이어지는 생명의 사슬에서 다음 연결고리가 된다. 샘의 조상들은 저마다 다른 DNA 서열을 갖고 있었기 때문에, 그 DNA로 이루어진 몸 역시 다양했다. 샘의 몸은 나와 비슷하고, 내 몸은 내 아버지와 비슷하다.

그러나 과거로 거슬러 올라가는 동안, 이 비슷함은 작은 차이가 되고 그 작은 차이들이 점점 더 쌓여 가기 시작한다. 샘은 나를 거쳐, 빙하기의 수렵채집인, 4족 보행을 하는 영장류, 나무를 타는 다람쥐만 한 크기의 영장류, 선사시대의 파충류, 악어만 한 크기의 양서류, 고대 바다에 살았던 총기 어류lobe-finned fish(지느러미에 살집이 있는 돌기가 있어서 육상에 올라올 수 있었던 최초의 어류—옮긴이), 그 전에 살았던 지렁이처럼 생긴 원생 어류를 거쳐 과거의 시간 속으로 계속 거슬러 올라간다. 사실 이 사슬의 시작점, 즉 성 자체의 시작점으로 거슬러 올라가면, 원시 대양에는 DNA가 들어 있는 단순한 주머니 하나만 떠다니고 있었을 것이다. 이 주머니는 바로 생애 첫날의 샘처럼 장엄한 하나의 세포다. 이렇게 수십억 년의 시간을 거쳐 오는 동안, 바뀐 것이라고는 DNA 분자가 만들 수 있는 고깃덩이 로봇들뿐이다. DNA 자체는 이 모든 시간 동안 거의 변하지 않고 남아 있었다.

그러나 샘은 이제 어린 아이다. 샘을 품에 안고 있으면, 나는 그 아이가 기적처럼 느껴진다. 나는 샘을 사랑한다. 정말 사랑한다. 그리고 이 사실은 DNA가 고깃덩이 로봇에게 그들의 명령을 따르게 하는 방식을 이해하는 데 도움이 되었다. 나는 지금까지 살면서 한 번도 느껴 본 적이 없는 대단히 강력한 감정을 경험하고 있다. 내가 만약 푸른풍조였다면, 내 둥지를 파란 물건으로 장식했을 것이다. 내가 만약 큰뿔양이었다면, 아무하고라도 박치기를 했을 것이다. 그러나 나는 인간이다. 그래서 본능적으로 세상 그 무엇보다도 샘을 극진하게 돌본다.

셸비와 나는 우리가 한 팀이라고 느낀다. 우리는 서로를 보살피고 서로를 돕고 함께 있으면 행복하다. 동물들은 섹스라는 명분으로 서로에게 끔찍한 일들을 저지르고 있지만, 우리는 그 충돌의 이면에 있는 길 하나를 발견했다. 당신은 그것이 자연적인 것이라고 말할 수 있겠지만, 그렇지 않다. 그것은 인간적인 것이다.

대체로 섹스는 나를 꽤 행복한 남자로 만들어 주었다. 그 즐거움과 함께 분비되는 테스토스테론이 나의 수명을 10~20년 감소시킨다고 해도, 그만한 가치는 충분하다고 말하고 싶다.

3

나태

기생충 낙원의 평범한 하루

나태, 즉 게으름은 얼핏 생각하면 사람에게만 나타나는 행동인 것
같다. 어쨌든 우리는 TV, 발걸이가 있는 안락의자, 비디오 게임을
발명했다. 우리는 책상에 앉아 일을 하고, 차를 운전하고, 한 층만
높아도 엘리베이터를 탄다. 비만은 이제 거의 모든 나라의 골칫거리
다. 2008년에는 15억 명의 성인이 과체중이었고, 1억 7000만 명의
어린이가 과체중이거나 비만이었다. 그리고 그 수치는 계속 증가하
고 있다.[1]

　덩치 큰 사람들이 주변에 많아지자, 어디선가 수많은 전문가들이
나타나 체중을 줄이는 방법과 몸매를 유지하는 방법을 떠들기 시작했
다. 이들의 조언은 대부분 **자연적인 생활**과 연관이 있다. 우리 조상은
(우리가 아는 한) 뚱보들이 아니었고, 우리가 자연과의 연결고리를 잃
었기 때문에 이렇게 게을러졌다는 것이 그들의 주장이다. 자연만이
고된 노동의 완벽한 본보기이며, 적자생존의 무대라는 것이다.

시도는 좋다.

댐을 만드는 비버의 모습은 확실히 고된 노동과 근면의 전형적인 본보기다. 그러나 그곳에는 비버만 있는 게 아니다. 비버의 뱃속은 비버의 먹이를 한 입씩 훔쳐 먹는 게으른 피조물들이 하나의 생태계를 이루며 살아가는 보금자리이기도 하다. 심지어 비버의 살을 파먹고 사는 녀석도 있다. 이렇게 공짜로 먹고사는 기생생물들은 비버의 몸속에서 번성하면서 비버가 힘들게 일해서 얻은 모든 혜택을 누린다. 물론 대가는 한 푼도 지불하지 않는다.

이보다 더 게으를 수는 없을 것이다.

사람들은 자연을 사랑한다고 말하면서도, 웬일인지 기생충은 사진으로조차 보려 하지 않는 경우가 많다. 그러나 기생충도 새와 벌처럼 자연의 일부다. 사실 새와 벌도 기생생물로 뒤덮여 있으며, 당신이 알고 있는 다른 동물들도 마찬가지다. 말도 안 되는 소리처럼 들릴지 모르지만, 생물학자들은 기생생물이 건강한 생태계의 신호라고 주장해 왔다.[2]

대부분의 사람과 마찬가지로, 나도 처음에는 기생생물을 좋아하지 않았다. (기생충에 대한 호기심은 있었지만) 나는 박쥐를 연구하기 위해 대학에 들어갔다. 내가 기생생물에 관해 뭔가를 배운 이유는 오로지 이수 학점을 채우기 위해서였다. 나는 기생생물들이 헷갈렸다. 그들의 라틴어 명칭과 생활사를 암기하고, 표본병 속에 들어 있는 기생충들을 구별하기 위해 진땀을 뺐던 기억이 지금도 생생하다. 솔직히 말해서 그 표본들은 모두 하나같이 퉁퉁 불어터진 스파게티처럼 보였다. 필수과목이었기 때문에 어쩔 수 없이 배웠지만 기생생물은 내게 아무런 매력도 없었다.

그래서 만약 누가 그때의 나에게 당신은 조만간 애니멀 플래닛 TV의 기생충에 관한 프로그램인 〈내 안의 괴물들Monsters Inside Me〉에 출연할 것이라거나, 〈크레이그 퍼거슨 쇼Late Late Show with Craig Ferguson〉에 단골 초대 손님으로 나와서 예전에는 이름도 기억 못했던 그 기생충들에 관해 사회자와 대화를 나누게 될 것이라고 이야기했다면 아마 웃었을 것이다. 기생충이 내 삶에서 큰 부분을 차지한 시간은 그리 길지 않지만, 무엇보다도 나는 기생충들이 얼마나 놀라운지를 먼저 깨달아야 했다.

그리고 다행히도 거기에 박쥐가 있었다.

석사 학위를 시작하고 한 달이 안 되었을 무렵, 나는 지도 교수의 지시로 한 프로젝트가 연구할 만한 가능성이 있는지를 알아보기 위해 코스타리카로 떠났다.* 그 여행은 내 생애 첫 열대지방 여행이었는데 그곳에는 박쥐가 대단히 많았다. 그곳에 도착한 다음 날 대학원 선배 마틴 보노프Maarten Vonhof와 함께 박쥐를 찾아 작은 동굴 속으로 들어갔다. 아주 멋진 날이었다. 난생처음 흡혈박쥐와 조우한

---

* 궁극적으로 그 프로젝트는 박쥐들이 매끄러운 나뭇잎 표면을 붙잡기 위해 손목과 발목의 작은 빨판을 어떻게 활용하는지를 밝히기 위해 고안되었다. 그로부터 2년 후, 나는 논문을 발표했고(Riskin과 Fenton, 2001), 10년 후에는 마다가스카르에 사는 비슷한 박쥐에 관한 연구로 두 번째 논문을 내놓았다.(Riskin과 Racey, 2010)
독립적으로 흡착 기관을 진화시킨 이 두 종류의 박쥐는 수렴 진화convergent evolution를 보여 주는 놀라운 사례다. 코스타리카의 박쥐는 흡착suction을 이용해 나뭇잎에 달라붙는 반면, 마다가스카르의 박쥐는 젖은 종이가 유리에 달라붙는 것과 같은 습윤 접착wet adhesion을 활용한다. 이 모든 것을 밝히기까지는 12년 이상이 소요되었고, 그 시작이 바로 코스타리카로 떠났던 이 여행이었다.

날이었기 때문이다.

흡혈박쥐는 다른 동물의 피를 빨아먹기 때문에 기생생물이라고 할 수 있다. 기생생물이란 숙주라고 불리는 다른 동물과 관계를 맺고 있는 동물을 뜻한다. 이 둘의 관계에서 기생생물은 일방적인 이득을 얻고, 숙주는 일방적인 손해를 본다. 기생생물은 숙주로부터 양분을 가로채거나 보호를 받고, 이동 수난을 얻는다. 숙주는 먹이를 빼앗기거나 상해를 입고, 심지어 목숨을 잃기도 한다. 어떤 거래를 하든지 기생생물에게는 이득이고 숙주에게는 손해다. 숙주에 들러붙어 얻어먹고 있는 동물은, 그것이 벌레든 물고기든 박쥐든 관계없이 모두 기생생물이다.*

흡혈박쥐는 피 외에 다른 것은 먹지 않는다. 조금 기괴하게 보일 수도 있지만, 대단히 영리한 전략이다. 생각해 보면 피는 완전식품이다. 우리가 음식을 먹으면 소화관은 그 음식 내에 들어 있는 양분을 흡수해 곧바로 혈관으로 보낸다. 혈액은 몸 전체에 흐르기 때문에 그 양분은 우리 몸의 모든 세포에 전달된다. 따라서 흡혈박쥐가 소의 피를 빨면, 필요한 양분이 모두 들어 있는 칵테일을 마시는 셈이다. 하지만 체중이 1만 4000배나 더 나가는 소의 몸에서 피를 빼

* 기생생물이 되지 않고도 피를 먹을 수 있다. 숙주를 다치지 않게 할 방법만 찾으면 된다. 이를테면, 케냐의 에바르카 쿨리키보라*Evarcha culicivora*라는 거미는 인간의 피를 먹고 살지만, 인간에게 전혀 해를 입히지 않는다. 인간의 피를 먹기 위해 이 거미가 하는 행동은 모기를 잡아먹는 것뿐이다. 인간의 피를 빨지 않는 모기는 이 거미가 원하는 흡족한 먹잇감이 아니다. 이 거미는 정말로 인간의 피가 필요한 것이다. 하지만 인간의 피를 먹기 위해 인간에게 상처를 입히는 것은 아니기 때문에 인간의 기생생물은 아니다. 모기를 잡아먹기 때문에 우리 피를 먹고살지만 이 거미는 우리와 한 편이라고 할 수 있다.

내는 일은 쉽지 않다.

전 세계에는 1200종 이상의 박쥐가 있는데, 그중 피를 먹는 박쥐는 딱 3종뿐이다. 이 박쥐들은 망토를 휘날리며 날카로운 송곳니를 드러내는 유럽 남자로 변신하지는 않지만, 그래도 뱀파이어 박쥐 vampire bat라고 불린다. 이 3종의 흡혈박쥐는 모두 중남미에 살고 있다. 이들 중 2종은 나무 위에서 잠자는 새의 몸 위로 몰래 올라가서 발가락을 물어 피를 먹고, 일반적으로 흡혈박쥐라고 불리는 나머지 한 종은 포유류의 피를 먹는다. 이 흡혈박쥐는 주로 소의 피를 먹지만, 다양한 동물의 피를 먹을 수 있으며 잠자는 인간의 피를 먹은 사례도 있다.*

흡혈박쥐는 크기가 생쥐만 하다.** 이 박쥐는 피를 빨기 위해 잠자고 있는 소의 몸에 몰래 기어 올라간다. 그리고 소와 충분히 가까워지면 코에 있는 열 감지 장치를 이용해 소의 피부에서 가까운 혈관을 찾아낸다. 이때는 큰 경정맥 같은 것을 찾는 게 아니라 작은 모세혈관을 찾는다. 우리 몸에서 뺨이나 정수리나 손가락, 발가락 끝

---

* 흡혈박쥐는 거의 항상 소의 피를 먹는데, 여기에는 놀라운 수수께끼가 있다. 흡혈박쥐는 중앙아메리카와 남아메리카에만 서식하는데 1492년 이전에는 그 지역에 소가 없었기 때문에, 유럽에서 가축이 들어오기 전에 이 흡혈박쥐가 무엇을 먹고 살았는지 아무도 모른다. 생물학자들은 흡혈박쥐가 원래는 열대우림에 살고 있는 모든 포유류의 피를 먹었지만 소가 들어온 이후에는 먹이를 소로 바꿨을 것이라고 추정하고 있다. 몸집이 작고 은신에 능한 열대우림의 포유류로 근근이 연명을 하다가 난데없이 덩치 크고 무방비 상태인 소가 나타났다고 상상해 보자. 이는 차 안에서 주문할 수 있는 드라이브 스루 패스트푸드점이 동네에 생긴 것이나 다름없다. 오늘날에는 소 외에 다른 동물의 피를 먹는 흡혈박쥐를 찾아보기가 거의 불가능하다. 따라서 우리는 흡혈박쥐가 원래 어떤 동물의 피를 먹었는지 끝내 알 수 없을지도 모른다.
** 여기에 고프섬의 생쥐는 해당하지 않는다.

같은 곳을 생각해 보자. 붉게 보이는 곳을 만져 보면, 피부 표면 바로 아래에 혈관이 있어서 따뜻하게 느껴질 것이다. 소의 경우는 발굽 근처, 목 위, 귀 주변, 생식기 바로 위에 모세혈관이 촘촘하게 분포한다. 흡혈박쥐가 깨무는 부위가 바로 여기다.

흡혈박쥐는 드라큘라처럼 송곳니로 물어뜯지 않는다. 대신 물고 싶은 곳 주변의 털을 이빨로 깨끗하게 정리한 다음, 두 개의 윗니로 피부에 얕은 상처를 낸다. 상처는 깊이가 0.6센티미터, 너비가 0.6센티미터에 불과하지만 피가 제법 흘러나온다. 이것은 마치 면도를 하다가 모세혈관을 베어 뺨에 상처가 났을 때와 비슷하다. 흡혈박쥐의 침샘 속에 들어 있는 화합물 덕분에, 소의 피부에 난 상처에서는 박쥐가 식사를 다 마칠 때까지 피가 한 방울씩 천천히 떨어질 것이다.[3] 박쥐는 남는 수분을 계속 오줌으로 배출하면서 20~40분에 걸쳐 한 숟가락 정도의 피를 섭취한다. 충분히 피를 마시고 체중이 50퍼센트 정도 증가한 흡혈박쥐는 날아서 무리가 있는 보금자리로 돌아간다.

중요한 것은 흡혈박쥐가 숙주에게 걸어서 접근한다는 점이다. 박쥐가 걷는 것은 대단히 기이한 행동이다. 흡혈박쥐는 먹이, 즉 피를 먹으러 갈 때만 땅 위를 걷는다. 대부분의 박쥐는 땅에 앉는 일이 거의 없고, 어쩌다 땅에 앉게 되었을 때는 되도록 빨리 날아오르려고 한다. 그러나 흡혈박쥐는 땅 위에서 완벽하게 편안한 자세로 걷고, 낙엽과 부엽토로 뒤덮인 숲 바닥에서 놀라울 정도로 민첩하게 날아오를 수 있다. 사실 흡혈박쥐의 도약에 관한 유명한 생체역학 연구가 있다. 이 연구에서 증명된 바에 따르면, 흡혈박쥐는 우리가 눈을 깜빡이는 시간보다 짧은 시간에(이미 알고 있듯이, 고방오리가 음경을 펼치는 시간도 이만큼 빠르다) 1미터 넘게 뛰어오를 수 있다. 생쥐만 한 크기의 동물이라는 점을 생각하면 믿기 어려운 일이다.[1]

흡혈박쥐가 있을지 모르는 코스타리카의 한 동굴로 하이킹을 가게 되자, 내 가슴은 저스틴 비버 콘서트의 '백스테이지'에 초대받은 12살 아이마냥 두근거렸다. 이미 몇 달 전부터 코스타리카에 있던 마틴은 그 동굴을 확인할 때마다 항상 흡혈박쥐가 있었다고 말했지만, 내가 무척 들떠 있다는 것을 알고는 재빨리 말을 바꿨다. "지난 몇 주 동안 그 동굴에 간 적이 없어서 장담은 못 하겠어."

우리는 배를 타고 작은 강을 건넌 뒤 어느 지점에 배를 묶어 놓고 산길로 걸어갔다. 숲은 갈수록 울창해졌다. 나뭇가지에서 나는 소리는 십중팔구 원숭이나 나무늘보가 내는 소리였다. 날씨는 후텁지근했고 진흙에서는 향신료 냄새 같은 것이 끼쳤다. 매미가 쉴 새 없이 울어 대고 숲 바닥은 곤충 천지였지만, 신기하게도 모기는 거의 없었다. 우리 머리 위로는 알록달록한 새들이 쏜살같이 날아다녔다. 그 순간 나는 언제나 궁금해했던 열대우림, 그 한가운데에 있었다.

우리는 동굴 밖 약 1킬로미터 지점에서 걸음을 멈췄고, 마틴은 동굴의 전체적인 구조를 설명하면서 박쥐가 놀라서 달아나기 전에 먼저 살펴보아야 할 곳을 알려주었다. 동굴 입구의 벽에는 주머니날개박쥐가 있었다. 곤충을 먹고사는 이 박쥐는 짝짓기를 하고 싶은 암컷에게 침을 뱉고 오줌과 정액을 던지는 것으로 유명하다.(이 박쥐에 관해서는 질투에 관한 장에서 좀 더 살펴볼 것이다.) 그곳을 지나 높이가 1.2미터에 불과한 동굴의 주실로 들어가려면 몸을 낮춰야 했다. 동굴 주실의 천정에는 짧은꼬리박쥐short-tailed fruit bat가 있었다. 짧은꼬리박쥐는 배불리 먹고 동굴로 돌아오는 다른 박쥐의 숨 냄새를 맡고 근방에 있는 과일의 종류를 알아낸다. 마틴은 그 주실을 지나면 동굴이 점점 좁아지고 입구에서 약 2.5미터 떨어진 뒷벽에 다다르면 바닥 높이에 작은 구멍이 있을 거라고 말했다. 벽난로 위에 난 굴뚝처럼 하늘로 통하는 그 구멍에 머리를 넣고 위를 올려다보면, 약 1미터 위에서 흡혈박쥐 몇 마리를 볼 수 있을지도 모른다는 것이었다.

최선을 다해 살금살금 동굴로 다가간 나는, 먼저 주머니날개박쥐를 발견하고 사진을 몇 장 찍었다. 그리고는 동굴 속을 보기 위해 몸을 웅크렸다. 그 속에서 뭔가가 움직이고 있는 게 느껴졌지만, 무슨 일이 벌어지고 있는지를 제대로 보려면 몸을 더 낮춰야 했다. 그래서 나는 배낭을 내려놓고 등으로 기어서 동굴 속으로 들어갔다. 동굴 바닥은 축축했고 끔찍한 냄새가 났다. 박쥐 배설물 속을 미끄러져 나아가는 동안, 질척질척한 것이 내 머리를 지나 목을 타고 셔츠 속으로 들어오는 것이 느껴졌다. 동굴 속으로 절반쯤 들어와 헤드램프를 켜자 짧은꼬리박쥐 몇 마리가 옹기종기 모여 나를 쳐다보고 있는 모습이 눈에 들어왔다. 빛을 비추자 한 마리가 날아갔다가 이내 원래 있던 자리로 돌아와 앉았다. 짧은꼬리박쥐들은 매달린 채로 발가락을 축으로 삼아 내 쪽을 향해 몸을 돌렸다. 그 박쥐들은 눈으로 나를 쳐다보고 있었고, 내 귀에는 들리지 않지만 초음파를 이용한 반향 위치 측정법을 이용해서도 나를 관찰하고 있었을 것이다. 그런 경험은 난생처음이었다. 고등학생 시절 박쥐에 관한 책을 처음 읽은 이후로 늘 꿈꿔 왔던 순간이었다. 벌레가 우글우글한 박쥐 똥이 내 뒷덜미를 타고 흘러들어 오지 않았더라면 더 좋았겠지만, 그럼에도 불

구하고 지금까지 내가 해 봤던 일 중에서 가장 근사한 경험이었다.[•]

홉혈박쥐는 밤마다 꽤 많은 양의 피를 섭취하지 못하면 죽을 수도 있다. 그래서 만약 먹잇감을 찾지 못하고 보금자리로 돌아오면 다른 홉혈박쥐에게 피를 구걸한다. 배고픈 박쥐는 다른 박쥐가 피를 조금 게워 줄 때까지 이 박쥐 저 박쥐의 입을 핥으며 돌아다닌다. 홉혈박쥐의 프렌치 키스에서 대단히 놀라운 점은(프렌치 키스를 통해 피를 교환한다는 사실은 제외다), 친척이 아닌 개체들에게까지 이 방법으로 피를 나눠 준다는 것이다. 어미가 새끼에게 먹인다거나 형제자매가 서로를 돕는 것이라면 별로 놀랍지 않겠지만, 동물이 가족 구성원이 아닌 개체를 돕는 상황은 예상치 못했을 것이다. 이런 모습을 보면, 모든 동물은 스크루지 같은 이기심의 지배를 받는다는 규칙이 들어맞지 않는 것처럼 보인다. 그러나 이와 같은 먹이 나눔 방식은 그들이 영리하기 때문에 가능한 것이다. 홉혈박쥐는 과거에 자신을 도왔던 박쥐와 그렇지 않았던 박쥐를 기억한다. 만약 어떤 박쥐가 끈질기게 애원했는데도 먹이를 나눠 주지 않았다면, 무리의 다른 박쥐들은 그 박쥐에게 더 이상 피를 게워 주지 않을 수도 있다. 오늘 나눠 줌으로써 다음에 허탕을 쳤을 때 도움을 보장 받을 수 있는 것이다. 인간을 제외하고, 홉혈박쥐처럼 만약을 대비해서 친족이 아닌 종의 일원에게 먹이를 나눠 주는 동물은 거의 없다.[5]

• 나는 브록 펜턴Brock Fenton의 『박쥐들Just Bats』(1983)을 읽고, 그에게 연락을 해서 박쥐에 관해 더 배우고 싶다고 말했다. 그는 응원을 아끼지 않았다. 몇 년 후, 그는 나를 불러 그의 지도 아래 석사 과정을 밟을 수 있게 해 주었다. 나를 코스타리카로 보낸 장본인이 바로 펜턴이었다.

나는 헤드램프를 끄고 어둠 속에서 몸을 밀면서 앞으로 나아가 동굴 끝에 있는 구멍 속으로 머리를 들이밀었다. 과일 배설물로 뒤덮인 바닥에서 피 배설물로 범벅이 된 바닥으로 나아가는 동안 냄새는 더 지독해졌다. 나는 움직임을 멈췄다. 그러자 머리 위에서 크고 날카로운 소리가 들려왔다. 한 번도 들어 본 적 없는 소리였지만, 그게 흡혈박쥐의 소리라는 것을 단박에 알 수 있었다! 나는 헤드램프를 켜기 위해 오른손을 들어 올리다가 손등을 바위에 세게 부딪혔다. 그때야 내 머리가 흡혈박쥐의 은신처로 들어가는 유일한 입구를 막고 있다는 것을 깨달았다. 무슨 일이 벌어지고 있는지 보려 했지만 너무 어두웠다. 나는 가슴을 거쳐서 얼굴 쪽으로 손을 올려보려고 안간힘을 썼고, 마침내 헤드램프를 잡아 불을 비췄다.

세 마리의 흡혈박쥐가 거기 있었다!

나는 녀석들의 얼굴을 곧바로 알아보았다. 데스모두스 로툰두스 *Desmodus rotundus*였다. 불빛이 비치자 흡혈박쥐들은 시끄러운 소리를 내면서 내 머리 위를 날아다니기 시작했다. 나를 향해 뾰족한 삼각형 이빨을 드러내고 날카로운 소리를 지르는 모습은 마치 작은 용을 연상시켰다. 머리를 들이밀고 있는 구멍으로 카메라까지 집어넣을 수는 없었기 때문에, 나는 거기 누운 채로 모든 것을 머릿속에 담아야만 했다. 솔직히 불쾌하고 심지어 무섭기까지 했지만, 그런 경험 하나하나가 모여 인생을 바꾼다고 생각한다. 나는 꼼짝도 할 수 없었고, 심지어 얼굴은 흡혈박쥐들에게 노출되어 있었다. 당시 내가 얼마나 무방비 상태였는지는 바다에 나가 처음 수영을 하는 느낌에 비할 수 있을 것이다. 무척 두려웠지만 그 두려움을 기꺼이 감수하고도 남을 만큼 아름답고도 짜릿한 경험이었다.

세 마리의 흡혈박쥐에게는 이국적인 매력이 있었다. 그러나 그들을 한층 더 돋보이게 한 것은 과학적 배경이었다. 그동안 접했던 모든 과학적 배경 탓인지 나는 마치 유명 연예인을 본 것처럼 친숙한 느낌을 받았다. 흡혈박쥐를 잘 알고 있었던 만큼 여느 박쥐와는 느낌이 사뭇 달랐다. 다른 것에는 입도 대지 않고 오로지 피만 먹고 사는 습성 때문에 흡혈박쥐는 다른 냄새를 인식하는 능력을 상실했다.[*] 한 번에 체중의 절반에 해당하는 피를 먹어 치우기 때문에 흡혈박쥐의 위에는 곁주머니가 달려 있다. 이 곁주머니에 빠르게 피를 채우고 나중에 천천히 소화관으로 흘려보내는 것이다.[6] 다른 박쥐에게 피를 나눠 줄 때 쉽게 게워 낼 수 있는 것도 이 곁주머니 덕분이다. 이처럼 먹이를 나누는 습성은 흡혈박쥐가 기생생물이라는 사실을 증명한다.

그날 나는 흡혈박쥐가 그토록 기이하고 카리스마 넘치는 까닭이 피를 먹기 때문임을 문득 깨달았다. 다시 말해, 흡혈박쥐가 그렇게 놀라운 생명체인 까닭은 바로 녀석들이 기생생물이기 때문이었다. 동굴 속에 드러누워 있던 그 순간은 박쥐 생물학자가 되기 위한 내 여정의 결정적 순간이자, 기생생물이 얼마나 대단할 수 있는지를 처

• 흡혈박쥐가 향을 느끼지 못한다는 사실은 내 석사 과정 동기인 존 레트클리프John Ratcliffe가 밝혔다. 그의 실험은 꽤 간단한 편이었다. 어떤 동물에게 강한 향을 풍기는 먹이를 먹여 탈이 나게 한다. 그러면 나중에는 그런 냄새가 나는 것은 먹지 않으려고 할 것이다. 데킬라 냄새를 못 견디는 사람은 데킬라에 관한 좋지 않은 기억이 있기 때문이 아니겠는가? 같은 이치다. 지금까지 탈이 나는 경험을 반복하고도 특정 냄새를 피하지 못하는 동물은 흡혈박쥐뿐이었다. (Ratcliffe 외, 2003)

음으로 절실히 깨달은 순간이었다. 그때의 경험은 다른 게으른 기생생물 중에도 다시 생각해 볼 만한 게 있을지 모른다는 호기심에 불을 붙였다.

그리고 과연, 그럴 만한 게 있었다.

기생생물은 생명체가 있는 곳이라면 어디에든 산다. 당신의 집 뒷마당에 있는 다람쥐의 몸에는 눈에 보이지 않는 생물들이 가득하다. 당신이 모이를 주는 새는 작은 기생곤충들로 뒤덮여 있다. 판다도 기생충이 있고, 남극의 추위를 피하기 위해 허들을 이루는 펭귄도 마찬가지다.[7] 사실 내가 아는 한, 생물학자들은 기생생물이 없는 동물을 한 번도 발견한 적이 없다. 기생이라는 게으른 생활방식은 엄청난 성공을 거두었다. 지구상의 모든 생명체를 완전히 조사할 수만 있다면, 기생생물종의 총수가 기생생물이 아닌 종의 총수보다 더 많을 것이라는 게 생물학자들의 생각이다.[8]

인간의 몸에도 기생생물이 있다. 누구나 모기에 물려 본 경험이 있을 것이다. 그 가려움을 기억하는가? 가려움이 생기는 이유는 모기가 물 때 우리 피부 속으로 모기의 침이 들어오기 때문이다.[*] 암모기는 당신의 피를 빨기 전에 먼저 피 속에 침을 주입해 피의 응고를 방지한다. 그러면 당신의 면역계는 그 침을 정화하기 위한 행동에 돌입하고(면역계의 행동은 모기를 멈추기에는 너무 느리지만, 며칠 동안 가려움을 유발할 수 있을 만큼은 빠르다), 그 결과 생긴 염증으로 인해 가려움

---

[*] 인간을 무는 모기는 모두 암컷이다. 모기는 암수 모두 과일즙과 꽃의 꿀을 먹지만, 암모기는 철과 몇 가지 단백질을 추가로 얻기 위해 피도 먹는다.

이 나타난다.[9]

　대부분의 경우에는 모기에 물려도 아무 후유증이 없지만, 때로는 모기의 침샘이 플라스모디움*Plasmodium*이라는 기생생물의 집이 되기도 한다. 벌레처럼 생긴 이 기생생물은 적혈구보다도 작다. 플라스모디움에 감염된 모기에 물리면, 플라스모디움이 모기의 침과 섞여 혈관 속으로 들어와 간에 자리를 잡고 번식한다. 어느 정도 시간이 흐르면 간에서 나와 다시 혈관으로 들어간다. 그러고는 적혈구 세포 속으로 들어가 번식을 하고 다시 밖으로 나오는데, 그 과정에서 적혈구가 파괴된다. 이때 숙주인 인간의 몸에는 고열과 간 손상이 나타나고, 때로는 뇌와 척수 주변에 염증이 생기기도 한다.

　플라스모디움에 의해 일어나는 이 질환이 말라리아malaria다. 그 어떤 기생생물(또는 포식자)도 모기의 침샘에 사는 이 작은 기생충만큼 인간에게 고통을 주지는 못할 것이다. 모기를 매개로 하는 플라스모디움에 해마다 수백만 명이 감염되고 그중 수만 명이 목숨을 잃는데, 사망자의 대부분은 어린아이들이다.[10]

　적혈구 속으로 벌레가 들어가는 게 별로 끔찍하지 않은 당신을 위해, 어머니인 대자연은 당신이 마음껏 고를 수 있도록 인간 기생충 종합 선물세트를 준비해 두었다. 모두 저마다의 역겨움을 뽐내는 것들이다. 내게 가장 역겨운 기생생물은 하체를 기괴한 모양으로 부풀어 오르게 하는 상피병elephantiasis을 일으키는 사상충이다.[11] 사상충은 모기의 침을 통해 인간의 몸속으로 들어온 후에는 곧바로 림프관에 자리를 잡는다.(림프관은 부풀어 오른 조직에서 흘러나오는 체액을 혈관으로 보내는 관이다.) 사상충은 일단 림프관을 발견하면, 면역계의 감지를 피해 최대 30년까지 그곳에서 숨어 지내면서 2.5~10센티미터 길이로 성장한다.

무려 30년 동안!

얼마나 긴 시간인지 가늠이 되는가? 10센티미터짜리 벌레가 들키지 않고 몸속에서 숨어 지내기는 면역계가 미치지 않고서는 불가능하다. 단 하루도 건디기 어렵다. 만약 인간이 사상충의 은신 능력을 모방할 수만 있다면, 장기 이식의 획기적인 전환점이 될 것이다. 장기 이식에서는 면역계의 거부반응이 생존에 중요한 걸림돌이 되기 때문이다. 이 벌레들을 사랑해야 한다는 이야기는 아니지만(확실히 아니다), 그들의 능력은 존경스럽다.

결국 사상충은 수명을 다해 죽게 된다. 사상충이 죽어서 그들의 은폐 능력이 마침내 사라지면, 인간의 면역계는 몸속에 거대한 벌레들이 있다는 것을 갑자기 깨닫고 미쳐 날뛰기 시작한다. 곧바로 조직이 엄청나게 부풀어 오르지만, 여분의 체액을 배출해야 하는 림프관은 사상충의 사체로 막혀 있다. 그 결과, 사지가 상상할 수 없을 정도로 부풀어 오르게 된다. 이게 바로 상피병이다.

상피병과 말라리아로도 대자연의 어두운 면을 인정하지 못하겠다면, 우리 몸속에 뚫고 들어가 장기를 파먹고 죽음에 이르게 하는 벌레는 어떤가? 콘택트렌즈 뒤로 들어가 안구를 파먹고 실명을 일으키는 아메바도 있다. 요충이라는 기생충은 직장 속에 살다가 알을 낳을 준비가 되면 당신이 잠든 사이에 몰래 항문 밖으로 나와 알을 낳는다. 그러면 당신은 잠결에 가려워서 항문을 긁게 되고, 요충의 알이 묻은 손으로 아침식사를 준비하면서 자신도 모르게 다른 사람

들에게 그 알들을 옮긴다.[12]

주목할 만한 다른 인간 기생충으로는 거머리가 있다. 거머리는 지렁이계의 동물로 인간의 피를 빨아먹고 산다. 이들은 입과 꼬리에 달린 빨판을 동시에 이용해 자벌레처럼 움직인다. 한 동료 박쥐 연구자는 베트남에 탐사를 갔다가 거머리와 충격적으로 조우했다. 당시 그는 볼일을 보려고 키 큰 풀숲에 들어가 몸을 웅크리고 앉아 있었다. 그때 그의 눈 앞에, 거머리들이 꼬리 쪽 빨판으로 풀 끝에 달라붙어 자신을 향해 몸을 쭉 뻗고 있는 모습이 보였다. 거머리들은 마치 외계의 손가락 인형처럼 꿈틀거리면서 사방에서 그를 둘러싸고 있었다. 그가 자세를 바꾸기 위해 바스락거릴 때마다 거머리들은 꿈틀거리면서 조금씩 다가오다가, 그가 조용해지면 다시 멈추었다.[13] 그는 가만히 있으려고 최선을 다했지만, 볼일을 다 본 후에 몇 마리를 떼어 내야 했다고 한다. 더 자세한 이야기는 물어보지 않았다.

거머리는 인간의 피를 빨지만, 다른 동물의 피도 먹는다. 어떤 거머리는 단순히 동물의 다리에 달라붙어 피를 빨지만, 어떤 거머리는 동물이 시냇물을 마실 때 콧속으로 들어가기도 한다. 그러고는 숙주에게 고통을 주지 않고 들러붙어서 피를 빨기 시작한다.* 이 거머리

---

* "숙주에게 고통을 주지 않는다."고 말한 것은 내가 출연했던 〈내 안의 괴물들〉이라는 프로그램 때문이다. 이 프로그램에서는 코에 거머리가 들어왔던 한 네팔 남성의 사연을 다룬 적이 있었다. 그의 말에 따르면, 코피가 흐르기 시작할 때까지 거머리가 있다는 것을 전혀 알지 못했고, 그 후 거머리가 주기적으로 코 밖으로 나와 그의 눈앞에서 꿈틀거렸는데 그 일을 겪는 내내 고통을 전혀 못 느꼈다고 했다. 이 이야기를 듣고 나는 거머리에게 피를 빨리는 다른 동물도 아무 고통을 느끼지 못할 것이라고 결론 내렸다.

는 일단 숙주에 달라붙으면, 자신의 원래 몸무게의 10배가 될 때까지 피를 빨아들인다. 그리고 그 동물이 다음에 다시 시냇물을 마시러 올 때 떨어져 나와 몇 달 동안 조용히 소화를 시키며 지낸다. 이 과정에서 숙주는 별다른 피해를 입지 않는다.

대개 인간은 거머리에게 피를 빨리지 않기 위해 온갖 방책을 쓰지만, 힝싱 그린 것은 아니다. 거머리는 인간에게 대단히 큰 도움을 주기도 한다. 이를테면 (결코 일어나서는 안 될 일들이기는 하지만) 거대한 백상아리에게 물려서 손가락 몇 개가 떨어져 나갔다거나, 맹견의 공격으로 뺨이 크게 찢어졌다거나, 암에 걸려 얼굴의 일부를 잃었다고 가정해 보자. 외과 의사는 이런 이유로 손가락이나 뺨을 봉합하거나 팔뚝의 피부를 이식해야 할 때, 거머리의 도움을 받기도 한다.[14]

봉합 수술은 그 자리에 피부를 놓고 꿰매기만 한다고 되는 게 아니다. 봉합된 부위에 피가 잘 통하는지, 그 부위의 세포가 죽지 않는지 확인해야 한다. 피부 조각을 다시 붙이기 위해, 의사는 이런 절차를 거친다. 먼저 심장에서 나온 피가 그 피부 조각으로 흘러 들어갈 수 있도록 동맥을 찾아 피부 조각의 혈관들과 연결한 다음, 혈관들이 잘 연결되어 피가 다시 흘러나오는지를 확인한다. 그러나 혈관 연결은 대단히 까다롭고, 어떨 때는 피가 완벽하게 흘러나오지 않아 혈액이 고이기도 한다. 피부 조직에 고인 피를 방치하는 것은 좋지 않다. 이때 봉합한 피부 표면에 거머리를 붙여 둠으로써 피가 고이는 것을 방지할 수 있다. 거머리를 자주 새것으로 갈아 주기만 하면, 그 부위의 혈관계 전체가 아물게 된다. 거머리는 그저 피를 빨지만, 그로 인해 환부에는 피가 고이지 않는 것이다.

거머리는 그 어떤 정교한 기술보다도 봉합 부위에서 피를 잘 빼내는데, 여기에는 몇 가지 놀라운 특징이 있다. 100개가 넘는 이빨이 달린 거머리의 빨판은 깔끔한 절단면을 만드는 동시에 고통을 최소화하는 마취 성분을 분비한다. 또 혈액이 굳지 않고 계속 흐르도록 혈액 응고 방지 성분을 내놓기도 한다. 그리고 무엇보다도, 거머리 처치의 가장 큰 장점은 흉터를 남기지 않는다는 것이다.

인간이 거머리를 이런 방식으로 이용할 때, 거머리는 더 이상 기생생물이 아니라는 점을 지적할 필요가 있다. 대부분의 기생생물은 숙주에게 모든 비용을 떠넘기지만, 봉합한 뺨의 치료를 받는 것은 인간에게도 이득이다. 따라서 외과 수술에 이용되는 거머리는 기생생물에 포함되지 않는다. 하지만 내 다리에 달라붙어 피를 빠는 거머리는 여전히 기생생물이다. 기생은 어디까지나 관념적인 관계로서 정의된다. 어떤 의미에서, 우리는 빈대 붙어서 빈둥거리는 게으른 동물들이 우리를 위해 일을 하도록 시키고 있는 것이다.

우리가 거머리에게 시키는 일은 이것뿐이 아니다. 연구자들은 열대 지방의 희귀한 포유류를 보존하는 데에도 거머리를 이용하기 시작했다. 연구자들은 몇 달 동안 헤매도 보기 힘든 희귀 동물을 찾느라 베트남의 밀림을 짓밟고 다니는 대신 거머리를 잡는다. 거머리의 체내에 있는 피의 DNA를 검사해서 어떤 동물의 피를 빨았는지를 알아내는 것이다. 거머리는 섭취한 피를 여러 달 동안 저장할 수 있기 때문에, 어떤 지역에서 하루만 거머리의 피를 채집해도 지난 몇 달 동안 그 지역에 있었던 모든 동물들에 관한 실마리를 얻을 수 있다.[15] 이 방법을 활용해서 연구자들은 안남줄무늬토끼annamite striped rabbit, 중국족제비오소리small toothed ferret badger, 쭈옹손문 착사슴Truong Son muntjac deer, 시로serow라고 하는 특이한 영양을 포함해 베트남에 서식하고 있는 멸종 위기 포유류의 DNA를 발견했 다. 아마 당신은 이름 한 번 들어 본 적 없는 동물들이겠지만(나도 마 찬가지니까 불쾌해하지는 마시길), 바로 그 점이 중요하다. 이 생물들에 관해서는 그 지역에서 연구를 하고 있는 보전생물학자들조차도 거 의 아는 게 없으며, 그나마 정보를 얻을 수 있는 극소수의 자료 중 하나가 거머리인 것이다.

기생생물의 종류는 엄청나게 많지만, 때로는 기생생물인줄 알았 던 생물에 놀라운 반전이 있었다는 사실이 밝혀지기도 한다. 크로이 에르심해아귀Krøyer's deep sea anglerfish라는 물고기는 수심 1~2킬 로미터의 칠흑 같은 심해에 산다. 암컷은 몸길이가 약 60센티미터이 며 머리 앞쪽에 길고 가느다란 촉수가 달려 있다. 촉수의 끝에 있는 작은 주머니에는 빛을 내는 세균이 들어 있으며, 심해아귀의 암컷은 이 세균이 내는 빛으로 작은 물고기를 유인해 잡아먹는다.[16] 심해아 귀는 영화 〈니모를 찾아서Finding Nemo〉에도 등장한다. 이 영화에서 멀린Marlin과 도리Dory가 심해아귀의 발광 기관에 속아서 잡아먹힐 뻔한 장면을 기억할 것이다.[17]

세균은 심해아귀에게 이득을 주기 때문에 기생생물이 아니라는 것을 확실히 알 수 있다. 내가 말하고자 하는 것은 세균이 아니다. 암컷 크로이에르심해아귀를 자세히 살펴보면 배에 거머리 같은 것 이 붙어 있는 모습을 종종 볼 수 있다. 그러나 이것은 거머리가 아니 라 다른 물고기다. 처음에는 이 작은 물고기가 기생생물일 것이라고

생각했지만, 알고 보니 그 작은 물고기는 크로이에르심해아귀의 수 컷이었다.[18]

심해아귀의 암컷과 수컷은 심해의 어둠 속에서 마주치는 일이 극히 드물기 때문에, 암컷이 알을 낳을 때가 되면 수컷이 근처에 있도록 확실히 보장하는 전략을 세웠다. 암수가 만나면, 수컷은 암컷의 배에 구멍을 뚫고 그곳에서 지낸다. 그러다 마침내 수컷 주위로 암컷의 피부가 자라서 둘은 자가수정을 하는 자웅동체 괴물 물고기가 된다. 관점에 따라서는 음낭을 가진 암컷이 된다고 볼 수도 있을 것이다. 어떤 식으로 묘사를 하더라도, 이 관계는 암컷이 사냥을 해서 수컷까지 먹여 살리는 것이 된다. 암컷은 빛을 내는 촉수와 거대한 입을 갖고 있는 반면, 수컷에게는 아무것도 없다. 암컷의 체액을 먹고 사는 수컷은 거의 기생생물이나 다름없다. 그러나 수컷은 암컷을 위해 정자를 생산하기 때문에 기생생물은 아니다. 암컷에게 수컷은 분명히 골칫거리일 것이다. 그러나 이 관계에서는 암컷도 이득을 보기 때문에, 수컷을 기생생물이라고 부르고 싶은 마음이 아무리 굴뚝 같아도 그렇게 불러서는 안 된다.[19]

같은 종의 짝을 찾기 어려운 심해의 환경에 대처하기 위해 기생생물처럼 살아가는 아귀의 생활 방식은 그나마 양반이다. 심해에 살아서 짝짓기 상대를 찾는 게 어렵다면, 숙주의 몸속에 살고 있는 기생충은 어떻겠는가? 그 숙주의 몸속에 같은 종류의 기생충이 없다면 영영 짝을 찾을 수 없는 것이다. 가끔 사람을 감염시키는 기생충 중에 이런 곤경에 처할 가능성이 있는 종류가 있다. 그래서 이 기생충은 사람의 몸속에서 암수가 만나면 결국 하나로 합쳐져 영원한 사랑을 한다.

　주혈흡충schistosome이라고 하는 이 특별한 편형동물의 활동은 담수 고둥에서 출발한다.[20] 고둥의 몸에서 처음 물속으로 나온 주혈흡충은 8시간 내에 인간 숙주를 발견하지 못하면 죽게 된다. 운 좋게 인간을 발견하면, 주혈흡충은 그 사람의 피부를 뚫고 들어가 혈관을 타고 폐로 들어간다. 주혈흡충은 폐에 2~3일 동안 머물면서 면역계가 인식하지 못하도록 단백질 보호막을 만든 다음, 다시 혈관으로 들어간다. 마침내 방광이나 장 근처에 있는 작은 혈관에 도착하면, 주혈흡충은 그곳에서 짝짓기할 상대를 찾는다. 그러나 짝짓기 상대를 찾을 확률은 극히 희박하다.

　만약 암수 주혈흡충이 우연히 그곳에서 마주치면, 몸집이 작은 암컷은 몸을 말아 수컷의 체내에 통하는 홈으로 들어간다.* 주혈흡충 암컷은 길이 1센티미터짜리 핫도그 소시지처럼 생겼고, 수컷은 그보다 조금 긴 핫도그 빵처럼 생겼다. 이들은 이 상태에서 핫도그 섹스를 시작하고, 그 섹스는 30년 동안 이어진다.

　그동안 이들은 하루에 대략 300개씩의 알을 낳을 것이다.(따라서 30년이면 300만 개가 넘는 알을 낳게 된다.) 그중 절반은 인간 숙주의 몸에 흡수되어 혈뇨와 혈변 같은 온갖 종류의 문제를 일으키고, 절반은 대소변을 통해 숙주의 몸 밖으로 배출된다.[21] 이렇게 배설물에 섞여 나온 알이 운 좋게(주혈흡충의 처지에서 볼 때) 물로 되돌아가면, 다

●　사실 주혈흡충의 영어 명칭인 schistosome은 '쪼개지다' 또는 '나뉘다'라는 의미의 그리스어 schistos에서 유래했다.

른 고둥이 감염되어 생활사가 계속 이어진다.

주혈흡충은 암수가 같은 혈관에서 동시에 만날 확률이 대단히 낮기 때문에, 극소수라도 좋은 운을 타고 나길 바라며 무수히 많은 알을 낳는 전략을 선택했다. 주혈흡충에게는 다행스럽게도, 이 전략은 효과가 있는 것처럼 보인다. 2억 명의 인간이 빌하르츠병bilharzia이나 주혈흡충병schistosomiasis이라고 불리는 주혈흡충에 의한 질환에 걸리기 때문이다. 그러나 주혈흡충에게 다행스러운 일이 인간에게는 불행이라는 것은 말할 필요도 없다.

목숨을 앗아갈 수도 있는 말라리아와 달리, 주혈흡충병은 단순히 면역계를 약화시킨다. 그러면 다른 질환이나 감염에 취약해지게 된다. 나는 2008년에 마다가스카르에서 박쥐 연구를 할 때, 주혈흡충병이 무서워서 무더운 날씨에도 시원한 강물에 발을 담그지 못했던 적이 있었다.* 마을 사람들은 강에서 목욕도 하고 빨래도 했지만, 기생충에 대해 알고 있었던 나는 깨끗한 강물이 죽음의 늪처럼 보였다. 당시 나는 말라리아 예방약을 먹고 있었지만, 주혈흡충병에 대해서는 무방비 상태였다. 주혈흡충은 나를 두려움에 떨게 했다.

유럽이나 북아메리카에 살더라도 주혈흡충병에 감염된 적이 있을 수 있다. 만약 '물놀이 가려움증swimmer's itch'을 앓은 적이 있다면, 일반적으로 조류를 감염시키는 주혈흡충이 피부 속에 침투한 것이다.[22] 다행히 이 주혈흡충은 우리 몸의 면역계에 의해 죽기 때문에

---

* 키엔자바토 근처에 있는 작은 마을이었는데, 우리는 사람의 눈에 잘 띄지 않는 마다가스카르빨판박쥐Madagascar sucker-footed bat를 찾고 있었다.

몸에는 아무런 해가 없다. 다리가 가려운 것은 우리 몸의 면역계가 기생충을 공격할 때 이용하는 히스타민histamine 때문이다. 대부분의 기생충이 인간을 감염시키지는 않지만, 그래도 기생충은 정말 어디에나 있다는 것을 이 히스타민의 작용을 통해 잘 알 수 있다.

인간이 아닌 종을 감염시키는 기생충 중에는 인간의 기생충과 매우 비슷한 것이 많다. 조류 주혈흡충병이나 고릴라 말라리아 같은 질환을 일으키는 기생충종은 인간을 감염시키는 기생충과 살짝만 다르지만, 대다수의 동물 기생충은 인간을 감염시키는 종류와는 완전히 다르다.(천만다행이다.) 게으르지만 성공적인 기생생물의 전략은 숨 막힐 정도로 역겨운 광경을 만들어 내기도 한다.

내가 좋아하는(이 단어를 치면서 말 그대로 움찔했다) 기생생물 중에 보석말벌emerald cockroach wasp이라는 말벌이 있다. 이 말벌이 날아와서 바퀴벌레를 쏘면, 바퀴벌레는 걸을 수는 있지만 아무 의지가 없는 상태가 된다. 그러면 말벌은 바퀴벌레의 더듬이를 잡고 가죽끈에 묶인 개처럼 끌고 자신의 굴로 들어간다.[23] 그런 다음 바퀴벌레의 몸에 알을 낳고 땅 속에 묻고 그곳을 떠난다. 알에서 나온 애벌레는 바퀴벌레의 몸을 파먹기 시작한다. 가능한 한 바퀴벌레를 오래 살아 있게 하기 위해, 애벌레는 치밀한 순서에 따라 바퀴벌레의 장기를 갉아먹는다. 게다가 바퀴벌레의 몸 곳곳에 항균 물질을 분비해서 바퀴벌레를 신선한 상태로 유지한다. 바퀴벌레의 몸속에 세균이 증식하지 못하게 함으로써, 먹이가 상하는 것을 방지하는 것이다.[24] 이런 전략 덕분에 말벌의 애벌레는 무방비 상태의 바퀴벌레를 몇 주에 걸쳐 먹을 수 있다. 이 과정에서 가장 끔찍한 사실은, 애벌레가 성체 말벌이 되어 바퀴벌레의 몸을 뚫고 굴 밖으로 나오는 마지막 순간까지 바퀴벌레가 살아 있다는 점이다.

바퀴벌레를 혐오하는 것은 당신의 자유지만, 이 죽음의 방식이 무척 끔찍하다는 것만은 인정해야 한다.

그러나 여기서 중요한 것은, 이 일은 보석말벌이 번식을 할 때마다 벌어진다는 점이다. 보석말벌은 바퀴벌레를 고문해야만 번식을 할 수 있다. 이는 어디선가 말벌 한 마리가 갑자기 악마가 되어 다른 생명체를 무의미하게 고문하기 시작했다는 것과는 다르다. 보석말벌의 알은 부화를 할 때마다 고문을 당한 동물의 사체를 뚫고 나오는 것이다.

이런 종류의 기생 방식은 대단히 잔혹하므로, 살아 있는 숙주의 몸에 알을 낳는 동물을 부르는 특별한 명칭이 따로 있다. 이들은 단순히 기생생물이 아니다. 이들은 **포**식기생자parasitoid다. 사실 많은 종류의 말벌과 파리, 딱정벌레, 나방, 그 외 다른 곤충들이 이런 방식으로 살아간다. 믿거나 말거나, 모든 곤충의 약 10퍼센트는 포식기생자다. 파리 한 종류만 봐도, 모두 1만 6000종의 포식기생자를 찾을 수 있다. 이는 전 세계 모든 파리종의 약 5분의 1에 해당한다![25] 다시 말해서, 살아 있는 숙주의 몸에 알을 낳는 것은 생물학적으로 드문 현상이 아니다. 다분히 일반적인 일이다. 그리고 세계 곳곳에 있는 수많은 동물은 당신이 지금 이 글을 읽는 동안에도 그런 고문을 당하고 있다.

이런 포식기생자의 희생양이 되는 것을 막기 위한 방어 전략도 많다. 알을 낳으려는 공격자들과 맞붙어 싸우는 동물이 있는 반면, 처음부터 포식기생자를 그냥 피하려고만 하는 동물도 있다. 가끔 포식기생자들은 배설물 냄새를 이용해 숙주를 추적하기 때문에, 자신의 배설물과 멀리 떨어져 있는 것도 몸을 숨기는 한 가지 방법이다. 그래서 브라질의 팔랑나비 애벌레는 볼일을 볼 때마다 초속 130센티미터의 속도로 똥을 분사해 75센티미터 높이까지 날려 버린다.[26] 인간에 비유하자면, 키가 150센티미터인 여자가 (드러누운 자세로 무려) 22.5미터 높이까지 자신의 똥을 쏘아 올리는 것과 같다.[27]

몇 년 동안은 '항문 빗anal comb'이라고 하는 털에 똥을 놓고 튕김으로써 이런 놀라운 묘기가 가능했다고 추측해 왔다. 원리는 칫솔을 손으로 문지르면 치약이 거울에 온통 튀는 것과 거의 비슷하다. 그러나 자연은 그보다 훨씬 더 역겹다. 이 애벌레는 빨대에 젖은 종이를 똘똘 말아 집어넣고 쏘는 딱총처럼 공기를 압축해서 똥을 날린다. 예전에 나도 마다가스카르에서 극심한 설사로 고생을 해 본 적이 있지만, 내 뱃속이 아무리 요동을 쳐도 팔랑나비 애벌레의 묘기에 비하면 새발의 피였다.

이런 엄청난 똥싸개가 애초에 진화된 유일한 이유는 목숨을 위협하는 기생생물 때문이었다. 기생생물은 이렇게 중요하다. 동물의 몸과 행동과 진화를 형성하는 것이다. 사람들은 보통 진화를 설명하면서, 동물이 포식자에게 먹히지 않도록 하는 게 얼마나 어려운지에 관해 이야기를 한다. 그러나 대부분의 상황에서는 기생생물이 훨씬 더 중요할지도 모른다.

포식자가 생사를 결정하는 것처럼 보일 때조차도, 때로는 기생생물이 진정한 배후 조종자일 때가 있다. 이를테면 헛간에 있는 어느 특이한 박쥐는 주위의 다른 박쥐들과는 달리 '너구리'에게 잡아먹힐 것이다. 그런데 어쩌면 이 박쥐의 특이한 행동은 기생충 때문에 병이 났기 때문일 수도 있다. 먹이동물의 체내에 있는 기생생물의 입장에서 보면, 포식자에게 잡아먹힌다는 것은 포식자의 체내로 옮겨들어간다는 의미가 될 수도 있다. 갑자기 병의 의미가 달라 보이기 시작한다. 병이 나는 것은 단순히 그 고깃덩이 로봇이 고장 나는 게 아니라, 기생생물의 DNA가 고깃덩이 로봇을 강탈했기 때문일 수도 있는 것이다. 이는 건강함과 병약함을 완전히 새로운 시각에서 바라보게 하기에 충분하다.[28]

이 정도로 충분하지 않다면, 한 걸음 더 나아가 보자. 때로 기생생물은 숙주의 행동을 변화시켜 기생생물 DNA의 생존율을 놀라운 방식으로 끌어올린다. 이런 예는 수없이 많지만, 정신을 조종하는 기생생물 중에서 내가 특히 좋아하는 것은 톡소플라즈마*Toxoplasma*라는 녀석이다.

톡소플라즈마는 고양이 기생충이지만, 생애의 일정 기간은 쥐의 몸속에서 지내면서 쥐의 정신을 조종한다. 톡소플라즈마의 생활사는 다음과 같다. 먼저 쥐가 고양이 배설물에 오염된 뭔가를 먹다가 우연히 톡소플라즈마의 알을 먹는다. 몇 주 후, 이 알들은 쥐의 몸속 곳곳에 포낭cyst을 형성한다. 이 쥐가 고양이에게 잡아먹히면, 톡소플라즈마의 포낭은 고양이의 위속으로 들어간다. 나중에 고양이가 배설을 하고, 그 배설물이 쥐의 먹이에 묻으면 이 생활사가 반복된다. 아주 간단하다. 이 생활사에서 (기생충의 입장에서 봤을 때) 까다로운 부분은 쥐가 고양이에게 잡아먹힐 원인을 찾는 일이다. 확실히 톡

소플라즈마 기생충에게 이 일은 당신의 생각보다 훨씬 까다롭다.[29]

문제(기생충의 처지에서 볼 때)는 쥐들이 고양이를 매우 잘 피한다는 점이다. 가령 쥐가 우연히 고양이 오줌 냄새를 맡게 되면, 쥐의 후각 신경은 뇌에 있는 공포 중추에 곧바로 신호를 전달해 지체 없이 그곳을 벗어나게 한다. 다시 말해서, 쥐의 DNA는 고양이 오줌 냄새에 대한 공포를 쥐의 몸속에 단단히 각인시켜 놓았다. 심지어 우리 속에서만 자란 쥐도 처음 맡는 고양이 오줌 냄새에 공포를 느낀다. 쥐의 이런 본능은 기생충인 톡소플라즈마에게는 진짜 심각한 문제다. 톡소플라즈마는 숙주인 쥐가 고양이에게 잡아먹히기를 바란다. 그렇지 않으면 톡소플라즈마의 DNA는 절대 후대로 전달되지 못한다.

그래서 톡소플라즈마가 찾은 해결책은 이렇다. 쥐의 몸속에 포낭을 형성할 때, 쥐의 뇌 속에 다수의 포낭을 만들고 그중 일부는 고양이 오줌 냄새에 반응하는 바로 그 공포 중추에 만드는 것이다. 놀랍게도, 이 포낭들이 알 수 없는 방법으로 뇌 회로의 배선을 바꿔 놓아, 톡소플라즈마에 감염된 쥐는 고양이 오줌 냄새를 맡으면 신호가 공포 중추로 전달되지 않고 성적 쾌감과 관련된 회로로 전달된다. 다시 말해서, 톡소플라즈마에 감염된 쥐는 고양이 오줌에 대해 단순히 두려움만 없어지는 게 아니라 성적 자극을 받는 것이다.

당연히 이런 쥐는 정상 쥐에 비해 고양이 근처에 더 오래 머물게 되고, 따라서 톡소플라즈마의 생활사가 완성될 확률도 더 높아진다.

바로 이런 이유로 생태계에서는 기생생물도 포식자와 피식자만큼 중요하다. 고양이가 쥐를 잡아먹는 모습을 볼 수는 있지만, 기생생물이 쥐를 조종한다는 사실을 간과하면 실제로 무슨 일이 벌어지고 있는지를 결코 제대로 이해하지 못한다.

잠시 이런 상상을 해 보자. 만약 우리의 행동을 근본적으로 뒤바꿀 수 있는 기생충이 있다면 어떨까? 이런 상상이 황당하게 느껴진다면, 여기서 이 책을 덮고 싶을지도 모르겠다. 우리 뇌 속에 자리를 잡고 있는 작은 기생충에게 우리가 꼭두각시처럼 조종을 당한다는 생각이 감당하기 어려울 정도로 섬뜩하다면, 이 책은 당신과는 잘 맞지 않는 것 같다.

그래도 함께 하겠는가?

그럼 시작하겠다. 우리 인간도 쥐처럼 가끔 우연히 고양이의 배설물을 먹는다. 그러면 인간의 몸에도 쥐와 마찬가지로 톡소플라즈마의 포낭이 형성될 수 있다. 솔직히 말하면 흔히 벌어지는 일이다. 어떤 추정에 따르면, 전 세계 인구의 3분의 1이 톡소플라즈마에 감염되어 있다. 무려 3분의 1이다! 개발도상국만 그렇다는 게 아니다. 미국의 톡소플라즈마 감염률은 8명 중 1명이며, 일부 국가에서는 10명 중 7명에 육박한다. 이런 사실이 충격적일 수도 있지만, 이해는 간다. 고양이(그리고 쥐)는 인간이 사는 곳 어디에서나 쉽게 볼 수 있는 편이다. 만약 당신이 몇 년 동안 며칠에 한 번씩 고양이 화장실을 청소해 왔다면, 미세한 고양이 배설물 먼지가 어느 시점에 당신의 입 속으로 들어왔을 것이다.[30]

임신부가 고양이 화장실을 청소하면 안 되는 이유는 바로 톡소플라즈마 때문이다. 고양이 화장실에 가득할지도 모르는 톡소플라즈마의 알은 성인에게는 비교적 해가 없지만, 임신 중에 감염이 되면 태아에게 심각한 영향을 줄 수도 있다.[31]

이쯤 되면 아마 궁금한 게 많을 것이다. 내 신체 조직에 톡소플라즈마 포낭이 있을까? 아마 그럴 가능성이 높다. 그렇다면, 내가 고양이 오줌 냄새에 흥분을 하게 되는 건가?

흥분에 관한 문제는 아마 '그렇지 않다'가 답일 것이다. 톡소플라즈마가 인간에게 미치는 영향은 쥐와는 다른 것으로 보인다. 뇌 회로의 배선이 바뀌기는 하지만, 고양이 오줌 냄새에 성적으로 끌리게 되지는 않는다.* 그 대신 다른 역할을 한다.

우선, 톡소플라즈마에 감염된 사람은 반응시간이 정상인에 비해 12밀리초 정도 느리다. 미세한 차이지만, 그로 인해 이들은 감염되지 않은 사람에 비해 교통사고를 더 자주 당하는 것으로 추측되고 있다. 게다가 과학자들이 표준화된 질문지로 성격 검사를 했을 때, 톡소플라즈마에 감염된 사람의 점수는 감염되지 않은 사람들과는 다르게 나타났다.[32] 그러나 그 차이는 대단히 미묘해서 해석하기가 까다롭다. 남자들은 규칙을 경시하고 의심과 질투가 더 많은 것처럼 보이는 반면, 여자들은 마음이 더 따뜻하고 느긋한 것처럼 보인다. 양성 모두 새로운 활동을 시도하려는 욕구는 줄어드는 것으로 나타난다. 마치 톡소플라즈마가 우리 마음을 조작하고 있기는 한데 우리 행동을 어떻게 바꾸고 싶은지 결정하지 못한 것처럼, 모든 게 뒤죽박죽이다.

어쩌면 진짜로 정확히 그런 일이 벌어진 것일지도 모른다. 인간의

---

* 만약 고양이 오줌에 성적 흥분을 느낀다면, 미안하지만 다른 원인을 찾아보는 게 좋을 것 같다.

뇌와 쥐의 뇌가 비슷하기는 하지만, 톡소플라즈마가 쥐의 뇌에 썼던 전략을 인간의 뇌에 활용하기에는 두 종의 뇌가 상당히 다르다. 그럼에도 톡소플라즈마는 자신의 DNA의 명령에 따라, 쥐에는 효과가 있었던 방식으로 인간 숙주의 뇌에 아무 의미도 없는 조작을 하고 있는 것이다. 인간의 몸속으로 들어간 톡소플라즈마는 다시 고양이의 몸속으로 돌아갈 수 없기 때문에, 이 조작은 자연선택을 통한 정밀한 조정이 불가능했다.

인간에게 나타나는 이런 행동 변화가 톡소플라즈마에게 어떤 유용한 기능을 수행하지는 않지만, 인간을 달라지게 하는 것은 분명하다. 한 가지 예를 들면, 세계 여러 지역에 존재하는 문화적 차이의 원인이 톡소플라즈마라는 주장이 있다. 일부의 주장에 따르면, 인간의 톡소플라즈마 감염률이 67퍼센트인 브라질은 감염률이 4.3퍼센트인 한국에 비해 '남자는 규칙을 경시하고 여자는 마음이 따뜻한' 경향이 뚜렷하다. 사람들은 고양이가 주인을 어떻게 마음대로 조종하는지에 관한 농담을 좋아하지만, 고양이 기생충을 생각하면 그런 농담이 썩 유쾌하지 않을 것이다.[33]

톡소플라즈마는 숙주인 쥐를 감염시켰을 때, 그 쥐가 죽음에 이르도록 조작한다. 그렇게 하는 것이 톡소플라즈마의 생존에 도움이 되기 때문이다. 그러나 때로는 숙주를 살아 있게 하는 게 기생생물에게 최선의 전략이 되기도 한다. 이런 경우에는 기생생물이 숙주를 보살피게 되는 것인데, 그중에서 내가 가장 좋아하는 사례는 박쥐와 연관이 있다. 정말 멋진 이야기다. 나는 10년도 전에 이 이야기를 아버지에게 했는데, 아버지는 지금도 가끔씩 그 이야기를 떠올리곤 한다.

이 문제의 기생생물은 나방의 귀 속에 사는 한 진드기다. 이 진드기의 숙주인 나방은 귀를 이용해서 포식자인 박쥐가 다가오는 소리를 듣는다. 박쥐는 어둠 속에서 초음파를 내고 그 반향으로 나방의 위치를 측정해 사냥하기 때문에, 나방에게는 박쥐의 소리를 듣는 게 매우 중요한 일이다. 나방은 박쥐가 다가오는 소리를 들으면 교란 작전을 펼칠 수 있다. 야간에 박쥐 소리를 듣지 못하는 나방은 대낮에 사자들 사이를 돌아다니는 눈먼 가젤만큼이나 위험할 것이다.

날개 위쪽에 달려 있는 나방의 귀는 박쥐가 내는 높은 주파수의 소리에 맞춰져 있다. 이 소리는 너무 높아서 인간의 귀에는 들리지 않는다. 나방의 귀는 우리처럼 두 개가 양쪽 날개에 하나씩 있고, 각각 독립적으로 작용한다.[34]

그런데 이 나방의 귀에 진드기가 들어와서 살게 되면(어쨌든 이 진드기들은 다른 곳에서는 살 수 없다) 문제가 발생한다. 진드기는 수백 개의 알을 낳고, 그로 인해 나방의 귀가 작동을 멈추기 때문이다. 나방으로서는 박쥐가 자신을 잡아먹기 위해 다가오는 소리를 들을 수 없어서 안타까운 일이고, 진드기로서는 나방이 잡아먹히면 알은 물론이고 자신도 함께 죽기 때문에 안타까운 일이다.

자, 이제부터가 중요하다. 이 진드기 무리는 꼭 나방의 한쪽 귀만 감염시킨다. 우리 아버지가 지금도 이 이야기를 잊지 못하는 이유도 바로 이것 때문이다. 왼쪽 귀를 감염시킬 때도 있고 오른쪽 귀를 감염시킬 때도 있지만, 일단 한쪽 귀가 감염되어 있으면 진드기는 다른 쪽 귀는 절대 건드리지 않는다. 이유가 무엇일까? 그 방법이 양쪽 모두에게 최선이기 때문이다. 나방은 한쪽 귀로 박쥐가 다가오는 소리를 들을 수 있고, 진드기는 자손을 퍼뜨릴 수 있다. 진드기는 살기 위해 숙주에게 해를 끼칠 수밖에 없지만, 숙주가 살아 있게 하기 위해 세심한 배려를 하기도 한다.[35]

기생생물은 남을 못살게 굴고, 열심히 일해서 얻은 것을 그냥 가로채고, 때로는 숙주를 마음대로 조종하기도 한다. 자연에서는 이런 게으름뱅이들이 잘 먹고 잘 살고 있다. 흡혈박쥐에서 톡소플라즈마에 이르기까지, 기생생물의 존재는 자연을 더 복잡하고 더 흥미진진하고 더 아름다운 곳으로 만들었다.(나는 그렇게 생각한다.) 번식을 위해 기생생물의 시나리오를 무단으로 도용한 심해아귀처럼, 우리 인간의 발생 초기 모습도 기생생물에 대한 '오마주'라고 할 수 있다.

인간의 태아가 산모에게 기생생물처럼 행동한다고 느껴 본 적이 있는가? 태아일 때 샘은 셸비의 혈관을 통해 양분과 산소를 공급받고, 셸비의 몸이 거부 반응을 일으키지 않도록 셸비의 면역계를 억제하는 화학물질을 분비하기도 했다. 최고의 아부는 모방이라는 말이 있다. 이 말에 따르면, 우리 인간은 대대손손 기생생물에게 아부를 하고 있는 셈이다.

별개의 유기체인 임신부와 태아가 9개월 동안 하나의 몸을 공유한다는 것은 양쪽 모두에게 힘겨운 일이다. 이를테면, 임신부의 면역계와 태아의 면역계 사이의 긴장 상태가 동성애를 유발할 수 있다는 놀라운 결과도 있다. 아들을 계속 임신한 엄마의 면역계에서는 남성의 항체에 대해 점점 더 강력한 면역 반응이 발달한다. 이렇게 나중에 임신된 아들일수록 엄마의 면역계로부터 더 강한 공격을 받는다. 이 사실을 근거로 나중에 태어나는 아들일수록 동성애자가 되기 쉽다고 여겨지기도 한다.

이것 때문에 동성애가 존재하는 것은 분명 아니지만, 동생이 형들보다 동성애자가 될 확률이 33퍼센트 높은 까닭은 엄마의 면역 반응 때문일 가능성이 있다. 장남이 동성애자일 확률은 약 2퍼센트다. 차남은 2.7퍼센트이고, 여섯 번째 아들은 8.5퍼센트다. 이런 상관관계는 남성 동성애자에게만 적용되고, 여성 동성애자는 형제자매의 수에 영향을 받지 않는 것으로 나타난다.[36]

태아가 엄마의 면역계로부터 맹공격을 받고 살아남아야 하듯이, 엄마는 그보다 더한 엄청난 고통을 감내한다. 그러나 입덧, 튼살, 출산의 고통, 한 인간을 돌보는 데 들어가는 엄청난 노동, 그 밖의 임신에 따른 모든 비용에도 불구하고, 아기는 엄마에게 결코 기생생물이 될 수 없다. 엄마에게 아기의 존재는 그 어떤 비용과도 견줄 수 없는 크나큰 이득이다. 셸비는 샘을 가짐으로써 이득을 보았고, 나도 아버지로서 똑같은 이득을 보았다. 별개의 존재였던 셸비와 나의 DNA 서열은 샘을 통해 후대로 전해졌고, 덕분에 우리의 고깃덩이 로봇이 사라진 후에도 DNA만큼은 살아남게 될 것이다. 생명의 게임에서 이보다 더 큰 상은 없다.

그러나 기생생물은 고깃덩이 로봇의 사정을 복잡하게 만든다. 개체성이라는 개념 자체를 완전히 뒤바꿔 놓기 때문이다. 쥐가 고양이 오줌에 성적 흥분을 느낄 때, 그래도 쥐의 몸은 쥐의 고깃덩이 로봇으로 행동한다고 말할 수 있을까? 아니면 이제는 톡소플라즈마의 고깃덩이 로봇이 된 것일까? 인간이 배설물을 통해 수천, 수만 개의 주혈흡충 알을 강에 뿌릴 때, 인간은 자신의 DNA를 위해 작동하고 있는 것일까? 아니면 몸속에 있는 주혈흡충의 DNA를 위해 작동하고 있는 것일까? 박쥐의 공격을 피해 살아남은 나방은 자신의 DNA 덕분에 살아남은 것일까? 아니면 진드기의 DNA 덕분에 살아남은 것일까? 아무 이유 없이 새벽 3시에 잠에서 깨어 울고 있는 샘을 달래기 위해서 달려갈 때, 나는 나 자신의 DNA를 위한 고깃덩이 로봇일까? 아니면 샘의 DNA에 조종당하는 꼭두각시일까?

갑자기 세상의 고깃덩이 로봇들을 조종하는 DNA 가닥들이 조금은 연결되어 있는 것처럼 느껴진다. 나태의 극치는, DNA가 자신의 고깃덩이 로봇을 만들 수 없을 정도로 게으를 때 임자가 있는 고깃덩이 로봇을 강탈할 방법을 찾는 것이다.

4

탐식
먹고 먹히는 살벌한 먹이사슬

자연이 우리에게 우호적이라는 것을 증명하기 위해 사람들이 제시하는 근거 중 하나는 자연이 제공하는 풍성한 먹거리다. 우리는 과일, 채소, 빵, 치즈, 계란, 고기를 비롯해 자연에서 나온 모든 것들로 장바구니를 가득 채울 수 있다. 심지어 아이들이 먹는 젤리 속에 들어 있는 고과당 시럽도 식물에서 얻는다. 당연히 이런 의문이 든다. 자연이 정말 이기적이고 폭력적이라면, 우리가 살아갈 수 있도록 많은 것을 내어 주는 까닭은 대체 무엇일까?

대자연이 우리를 돌본다는 생각은 환상에 지나지 않는다. 자연은 우리를 먹여 살리기 위해 아무런 노력도 하지 않는다. 우리 스스로가 자신을 먹여 살리는 일의 달인이 된 것뿐이다. 식물과 동물은 우리를 돌보기 위해 우리 곁에 있는 게 아니다. 우리와 마찬가지로, 그들도 진화의 결과물이다. 그들 역시 자신의 생존과 번식을 위해 최선을 다하는, 우리와 종류가 다른 고깃덩이 로봇일 뿐이다. (식물을

'고깃덩이 로봇'이라고 부르는 게 조금 이상하긴 하지만, DNA와 그 DNA로 만들어진 몸 사이의 관계라는 일관성을 유지하기 위해 계속 그렇게 부를 것이다.)

식물은 이기적이다. 그래서 그들은 먹히는 것을 피하기 위해 기이할 정도로 높이 자란다. 식물은 가시에서 독에 이르는 온갖 방책을 만들어 동물의 접근을 막는다. 그로 인해 우리는 대부분의 식물을 피하게 되었고, 먹을 수 있는 소수의 식물만 먹고 있다. 실제로 우리가 먹는 식물의 종류는 그리 많지 않다. 우리는 해가 없는 극소수의 식물을 선별해서, 그나마도 더 맛있게 만들기 위해 품종을 개량해 왔다.[1] 이를테면 양배추, 케일, 브로콜리, 컬리플라워, 방울양배추 Brussels sprout, 콜라비는 모두 브라시카 올레라케아Brassica oleracea라는 단 한 종의 식물에서 유래했다. 이 식물은 우리를 도우려고 했던 것이 아니다. 우리가 스스로를 도운 것이다.

우리가 먹는 동물에 대해 내가 확실하게 말할 수 있는 것은, 동물들이 우리에게 먹히기를 원한 건 아니라는 점이다. 동물들은 태어나지도 않은 새끼가 오믈렛 속에 들어가는 것도, 자신이 새끼들을 위해 만든 우유가 당신의 커피 속에 섞이는 것도 바라지 않았다. 생선은 풍부한 오메가-3 지방산의 공급원인지는 모르겠지만, 그런 물질이 물고기의 몸속에 들어 있는 것은 우리의 건강을 위해서가 아니라 물고기에게 이롭기 때문이다. 생선회를 먹는 것은 물고기의 고깃덩이 로봇을 일부 훔쳐서 당신의 일부로 편입시키는 것이다.

동식물이 우리를 건강하게 만드는 까닭은, 우리가 먹는 동식물에 직접적으로 반응하도록 몸이 진화했기 때문이다. 우리는 수천 년 동안 자연의 풍요로움을 해치며 그것들을 먹어 왔다. 그래서 인간의 몸은 정확히 자연의 먹거리에 번성하도록 만들어졌다. 자연이 우리를 건강하게 하려고 거기에 있다는 말은 앞뒤가 바뀐 것이다. 우리 몸은 주위의 다른 몸들을 도둑질하도록 만들어졌다. 인간은 동식물과 균류를 먹어야만 살아남을 수 있다.

그러나 우리만 그런 식성을 가진 게 아니다. 인간의 탐식을 명확하게 바라보기 위해, 자연에 얼마나 엄청난 탐식이 존재할 수 있는지를 알아보는 것도 도움이 될 것이다. 이번 장에서는 스스로 먹을 것을 만드는 식물에서 시작해, 초식동물과 육식동물을 거쳐 마지막으로 살육의 현장 속에 남겨진 시체를 먹고사는 동물들을 살펴볼 것이다. 탐식은 어디에나 널려 있다.

프라흐라드 자니Prahlad Jani라는 인도 사람이 있다. 그는 일곱 살 때인 1940년부터 물과 음식을 전혀 먹지 않고 있다. 그런데 우리가 그 사실을 어떻게 알고 있는 걸까? 그가 그렇게 말했기 때문이다. 자니는 모든 에너지를 태양으로부터 얻는다고 주장하고 있다.

불가능한 이야기처럼 들리지만, 인도의 수드히르 샤흐Sudhir Shah라는 의사 겸 **신경학자**가 두 번에 걸쳐 자니의 주장을 확인했다. 2003년에는 10일, 2010년에는 14일에 걸쳐 샤흐 박사와 그의 연구진은 자니를 세심하게 관찰했고 그가 물과 음식을 전혀 입에 대지 않은 것을 확인했다고 발표했다.

뭐, 물을 한 방울도 입에 대지 않았다는 것은 아니다. 그는 날마다

물로 입을 헹궜지만 삼키지는 않겠다고 약속했다. 또 목욕도 했는데, 이 두 가지 예외를 제외하면 두 번의 연구 기간 내내 물과 음식을 전혀 섭취하지 않았다.[2]

샤흐 박사의 두 연구가 과학 학술지에 게재되지 않고 그의 웹사이트에 PDF로 발표된 이유에 대해서는 몇 가지 추측을 할 수 있다. 샤흐 박사는 그이 연구에서 지니가 '대양 진지'를 갖고 있는 '일송의 태양열 조리기' 같은 사람일지도 모른다고 밝혔다.[3] 이 이야기는 전 세계 신문과 TV 프로그램에서 큰 화제를 모았고, 이것을 실제로 믿는 사람들도 있었다.

그러나 당연히 이는 사실이 아니다.

자니가 사기꾼인지, 아니면 정신적인 문제가 있어서 자신이 먹고 마시는 것을 인식하지 못하는 사람인지는 모르겠다. 그러나 나는 인간이 살기 위해서는 에너지를 소비해야 하고, 인간에게는 태양 광선에서 에너지를 얻을 수 있는 방법이 없다는 것만은 알고 있다.

샤흐 박사는 거짓말을 하고 있거나 아니면 별로 훌륭한 의사가 아니거나 둘 중 하나다.(나는 둘 다라고 생각한다.) 인간이 물과 음식을 전혀 섭취하지 않고 수십 년을 살 수는 없다. 이는 의사라면 당연히 알고 있어야 할 인간에 대한 기본적인 정보다. 나는 이런 내 주장이 틀렸다고는 생각하지 않는다.

인간에게는 물이 필요하다. 물을 전혀 마시지 못한 인간은 일주일도 못 버티고 죽을 수도 있다. 우리 몸은 대부분 물로 구성되어 있다. 어느 도시 괴담처럼 물이 99퍼센트를 차지하지는 않지만, 60퍼센트에는 가깝다.(그 비율은 건강과 연령에 따라 조금씩 다르다.)[4] 그리고

물은 끊임없이 우리 몸에서 빠져나간다. 오줌으로, 대변으로, 땀으로, 눈물로, 날숨 속의 수증기로, 여성의 경우는 월경으로도 빠져나간다. 이렇게 많은 양의 물이 빠져나가기 때문에, 우리는 음식을 통해 하루 2~3리터의 물을 보충해야 한다.(물 요구량은 그 수치가 다양하지만, 과학자들은 우주비행사에게 필요한 물의 양을 하루 2.6리터로 추정하고 있다.)[5] 무게로 따지면 약 2.6킬로그램이다. 격한 운동을 하거나 날이 더우면 물 요구량은 두 배 이상 증가할 수 있다.[*]

인간은 물과 함께 음식도 섭취해야 한다. 우리에게 필요한 에너지가 음식 속에 들어 있기 때문이다. 물만 먹으면서 단식투쟁을 하는 사람은 대개 한두 달이 지나면 온몸의 에너지 저장고가 바닥나서 생명이 위험해진다. 사람은 가만히 앉아 있기만 해도 날마다 AA 건전지 약 580개와 맞먹는 열량을 소모한다.[6] 여기에 걷기, 말하기, 일하기와 같은 일상적인 활동을 더하면, 에너지 소모량은 두세 배 더 늘어난다. 이는 간단한 물리학이다. 에너지는 저절로 생기거나 파괴되지 않는다. 자니의 몸도 에너지를 필요로 하기 때문에 그는 에너지를 소비해야만 한다.

자니는 태양광에서 에너지를 얻는다고 주장한다. 식물은 그렇게 할 수 있지만, 자니와 같은 동물은 그럴 수 없다. 식물이 태양광에서 에

● "건강한 사람이 물을 먹지 않고 얼마나 오래 버틸 수 있는가?"라는 질문의 답을 찾기란 대단히 어렵다. 인간에게 탈수가 일어나는 속도는 온도, 습도, 운동량, 전체적인 건강 상태에 달려 있다. Ellershaw 외(1995)의 증명에 따르면, 악성 질환에 걸린 노인에게 물 섭취를 중단하면 1~5일 안에 사망했다. 젊고 건강한 사람은 그보다는 오래 살수 있었지만, 1주일을 넘기기는 어려웠다.

너지를 얻는 과정을 광합성이라고 한다.* 최초의 광합성은 약 24억 년 전으로 거슬러 올라간다. 아주 오래전이라, 지구상에는 단세포생물들밖에 없었고 모든 생명체가 물속에 살았다.[7] 따라서 이 최초의 광합성 유기체는 오늘날 우리가 알고 있는 것과 같은 식물이 아니라, 더러운 연못의 표면에서 볼 수 있는 초록색 더껑이와 비슷한 단세포 조류였다. 오늘날에도 우리 주위에는 많은 종류의 단세포 조류가 있나. 그러나 한 단세포 조류의 계통에서 그때 이후로 많은 변화가 일어나 다세포 조류가 되었고, 그것들이 육상 생활에 적응해 우리가 사랑하는 식물이 되었다.(달리 말하면 식물은 특별한 종류의 조류라고 할 수 있다.)

식물과 조류는 광합성을 할 수 있다. 최초의 광합성 유기체의 직계 자손이고, 태양에너지를 활용하는 데 필요한 복잡한 장치를 물려받았기 때문이다. 동물은 그런 장치가 없기 때문에 광합성을 할 수 없다. 프라흐라드 자니가 그냥 갑자기 태양광으로 당을 만들 수 있게 되었다는 것은 어느 날 갑자기 벽돌 공장에서 스포츠카를 만들 수 있게 되었다는 것과 비슷한 이야기다.

눈을 감고 좋은 생각을 하는 것만으로는 태양에너지를 활용할 수 없다. 광합성은 엄밀한 화학적 과정이다. 광합성이 일어나려면 인간에게는 없는 수십 가지의 특별한 단백질들이 미세한 조립 라인에 있는 로봇처럼 일사불란하게 작동해야 한다. 태양 광선이 잎의 표면을 통과하면, 잎 속에 있는 '엽록소 a'라는 특별한 분자는 들뜬 상태가

---

* 광합성이란 뜻의 photosynthesis에서 photo는 빛을, synthesis는 식물이 태양 빛을 모아서 당을 만드는(합성하는) 과정을 나타낸다.

된다. 보통 들뜬 분자는 가만히 두면 에너지의 일부가 빛의 형태로 방출된다. 붉은 빛을 내면서 에너지가 사라지는 것이지만, 잎에서는 빛이 나지 않는다. 일정하게 배열되어 엽록소를 둘러싸고 있는 단백질들이 곧바로 행동에 나서기 때문이다. 이 단백질들은 태양에너지를 이용해 물(H_2O)과 이산화탄소(CO_2) 분자를 분해한 다음, 그 원자들을 재구성하여 포도당($C_6H_{12}O_2$)을 만든다.

그런데 이 과정에서 산소 분자(O_2)가 방출된다. 식물이 물과 이산화탄소를 분해할 때 산소가 부산물로 남기 때문이다. 그러나 누군가에게는 쓰레기가 다른 존재에게는 보물이 되기도 한다. 산소는 식물에게는 폐기물이지만 우리에게는 생명의 기반이다.(이 내용은 분노에 관한 장에서 좀 더 다룰 것이다.)

속이 빈 고무공을 절반으로 잘라 본 적이 있는가? 이 반쪽짜리 고무공을 까뒤집어 탁자 위에 놓으면 잠시 후 저절로 튀어 오르면서 원래 모양으로 되돌아간다. 나는 포도당도 이런 방식으로 생각하기를 좋아한다. 반쪽짜리 공을 뒤집으려면 에너지가 필요하고, 그 에너지는 반쪽짜리 공의 구조 자체에 물리적으로 저장된다. 반쪽짜리 공이 튀어 오를 때, 에너지가 방출되면서 공은 더 '편안한' 형태로 변한다. 포도당도 기본적으로 이런 방식으로 작용한다. 식물이 포도당의 형태로 원자들을 합성하기 위해서는 에너지가 필요하고, 그 에너지는 나중에 쓰이기 위해 포도당 속에 저장된다. 포도당이 다시 분해되어 물과 이산화탄소가 될 때, 에너지가 튀어나오는 것이다. 식물은 포도당을 만듦으로써 훗날 성장, 번식, 그 외 생존에 필요한 모든 과정에 태양에너지를 이용할 수 있다. 만약 동물이 식물의 일부를 먹음으로써 포도당을 도둑질하면, 동물은 포도당을 분해해서 자신의 목적에 맞게 그 에너지를 이용할 수 있다.

이 책을 읽는 동안 당신의 눈동자는 근육의 움직임에 따라 좌우로 움직인다. 당신의 근육이 연소하는 에너지는 원래는 식물에서 온 것이다. 이에 관해 생각하면 조금 부끄럽기도 하다. 날마다 태양으로부터 엄청난 양의 에너지가 비처럼 쏟아지고 있지만, 동물은 이 에너지를 전혀 활용할 수 없다. 대신 우리는 식물에게 그런 일을 시킨 다음, 그 식물을 먹는다. 마치 점심값도 없이 빈손으로 학교에 가서 매일 점심을 싸오는 꼬마를 혼내고 그들의 점심을 빼앗아 먹는 것처럼 말이다.

모든 생태계는 이런 방식으로 작동한다. 사슴의 체내에 있는 에너지는 광합성 식물에서 유래한 것이다. 쿠거가 사슴을 사냥하면 식물의 에너지는 쿠거에게 전달되고, 이와 더불어 쿠거가 먹다 남긴 사체를 청소하는 소형 포유류, 새, 곤충, 곰팡이, 세균 들에게도 줄줄이 전달된다. 이 모든 생명체(그리고 그들의 기생생물)는 에너지를 얻기 위해 끊임없이 서로 경쟁을 벌인다. 그리고 이 경쟁에서 한 가지 확실한 것은 어떤 동물도 에너지를 손에 움켜쥐고 있지는 못한다는 점이다. 에너지는 자연을 따라 끊임없이 흐르고 있으며, 탐식은 그런 에너지 흐름을 위한 수단이 된다.•

• 꼭 짚고 넘어가야 할 사실은 광합성이 우리 생태계 속으로 에너지가 들어오는 유일한 경로가 아니라는 점이다. 일부 세균은 메탄이나 황화수소 같은 화학물질을 활용해 에너지를 얻을 수 있다. 그러나 이런 세균들은 심해저에 있는 열수 분출공 같은 극단적인 환경에서만 살고 있으며, 이들이 생산하는 에너지의 양은 태양에서 유래하는 에너지에 비하면 극히 미미하다. 그래서 이 책에서는 간단명료하게, 광합성을 통해 생태계로 들어오는 에너지에만 초점을 맞추고자 한다.

태양에너지가 생태계로 흘러 들어올 때, 그 깔때기 역할을 하는 식물의 처지는 꽤 고달프다. 진딧물에서 얼룩말에 이르기까지, 온갖 종류의 동물들이 끊임없이 달려들어 한 입이라도 더 뜯어먹으려 하기 때문이다. 식물은 도망가거나 숨을 수 없기 때문에, 그 자리에서 웅크린 채로 자신을 보호해야만 한다. 그 결과, 식물은 자연의 무기고에서 볼 수 있는 것들 중에서 가장 폭력적이고 가장 무자비하며 가장 치명적인 무기들을 만들어 냈다.

　식료품점의 농산품 진열대를 둘러보면, 우리는 식물이 무해하다고 생각하기 쉽다. 하지만 이는 당연히 식료품점의 진열대에 위험한 식물이 하나도 없기 때문이다. 과거에는 과일과 채소를 채집한다는 것이 수백 가지의 먹을 수 없는 식물종들 사이에서 먹을 수 있는 몇 가지를 찾아낸다는 뜻이었다. 전 세계에는 25만 종이 넘는 식물이 있지만, 우리는 그 가운데 불과 15종을 통해 90퍼센트 이상의 열량을 얻고 있다. 이는 전체 식물의 약 0.006퍼센트에 해당하는 비율이다.* 이 식물들은 대부분 수천 년에 걸쳐 인간에 의해 재배되는 동안 원래 자연에 있을 때보다 우리 입맛에 더 맞게, 또는 더 먹기 편하게 개량되었다. 식료품점에서는 이런 농산품을 광고하면서 '자연'이라

---

* 이 15종의 식물은 밀, 쌀, 옥수수, 감자, 콩 따위다. 인간이 조금이라도 먹었던 적이 있는 모든 식물종의 목록을 작성한다면, 그 비율은 전체 식물의 약 8분의 1로 껑충 뛸 것이다. (Pimentel과 Wilson, 2010)

는 단어를 활용하지만, 식료품점의 농산품 진열대는 먹을 것을 찾기 위해 아프리카의 사바나를 헤매고 다니는 것과는 전혀 다르다.

많은 식물이 자기 방어를 위한 가시를 갖고 있다. (장미 덩굴을 깨물어 본 적이 있는가?) 날카롭고 뾰족한 가시에 찔리면 무척 아프기 때문에 먹는 것은 꿈도 꿀 수 없다. 게다가 식물은 종종 가시 속에 독성물질을 채워 그 효과를 높이기도 한다. 이런 식물을 먹으려다가 물집이 생기고 쓰라림을 겪은 동물은 다시는 그 식물을 거들떠보지도 않게 된다. 지금까지 그 어떤 식물보다도 인상적인 가시를 가진 식물은 소뿔아카시아bull's horn acacia일 것이다. 이 식물은 공격이 최선의 방어라는 원칙에 따라, 때때로 가시 내부에 공격 무기를 보관할 방법을 모색한다. 이 무기는 언제든 가시에서 기어 나와서 접근하는 것은 무엇이든 마구 쏘아 댄다. 더욱 놀라운 사실은 이 방법을 실행하기 위해 이 식물이 분비하는 화학물질에는 아무런 독성도 없다는 점이다. 소뿔아카시아가 분비하는 물질은 바로 꽃꿀nectar이다.

소뿔아카시아의 가지와 가시 속 빈 공간에서는 말벌처럼 쏘아 대는 작고 사악한 개미들이 꽃꿀을 먹으며 살아간다. 이 개미들은 다른 곳에서는 살지 않기 때문에 아카시아개미acacia ant라고 불린다. 아카시아개미는 아카시아 나무에는 해를 입히지 않지만, 필요한 양식을 모두 아카시아 나무에서 얻는다. 아카시아개미는 다른 동물들로부터 자신의 식량 공급원을 지키기 위해 이기적으로 행동하며, 이 행동은 아카시아 나무에 매우 유익한 결과를 가져온다. 가령 사슴이 아카시아 잎을 따먹었다가는 마구 쏘아 대는 개미들만 입 안 가득 들어오게 되는 것이다.[8] 게다가 이 개미들의 침은 특별히 더 고통스럽다.(분노에 관한 장에서 확인하게 될 것처럼, '살이 뚫리는 듯한 특이한 고통'이다.) 아카시아개미는 코끼리도 쫓아낼 정도로 드세다.[9]

이 관계에서는 아카시아 나무도 이득을 얻기 때문에 아카시아개미는 기생생물이라고 볼 수 없다. 양쪽 모두 이득을 보는 이들의 관계를 생물학 용어로는 상리공생mutualism이라고 한다. 나무는 보호를 받고 개미는 집과 먹이를 제공받는다. 그러나 두 종 사이의 관계가 화기애애하기만 한 것은 아니다. 이 두 종이 협동을 하는 동안, 개미는 더 이상 다른 곳에서 먹이를 찾을 수 없게 되었다. 따라서 이 관계에서는 대체로 아카시아 나무가 주도권을 갖는다.

이를테면 아카시아가 만드는 꽃꿀의 양은 초식동물에 대한 염려가 얼마나 큰지에 따라 달라진다. 1년에 걸쳐, 심지어 하루에 걸쳐서도, 식물은 가능한 한 적은 양의 꿀을 감질나게 주면서 방비를 보강하기 위해 개미가 필요한 곳에만 조금 더 꿀을 분비한다. 나무에 살 수 있는 개미의 개체 수는 그 나무의 변덕에 따라 늘어나거나 줄어든다. 비유를 하자면, 아카시아 나무는 공장을 지키는 경비원들에게 굶어 죽지 않을 만큼만 임금을 지불하는 악덕 백만장자인 셈이다. 어떤 경비원들은 침입자와 싸우다 죽고, 어떤 경비원들은 범죄율이 낮은 기간에 해고되어 굶어 죽는다.

소뿔아카시아는 아카시아개미를 떼로 몰려다니는 생체 방어 무기로 바꿔 놓았고, 그 무기를 언제 어디서 사용할지 결정한다. 간단히 말해서, 아카시아 나무는 개미의 고깃덩이 로봇을 자신의 DNA를 위해 일하는 노예로 삼은 것이다. 아카시아 나무의 관점에서 보면, 개미는 상당 부분 아카시아 나무의 일부가 되었다.

노예화된 개미가 방어 체계로서 효과적이기는 하지만, 대부분의 식물에서는 해결책이 이런 식으로 진화되지 않았다. 오히려 대다수의 식물은 더 단순한 방법으로 초식 동물에 대항한다. 그것은 바로 스스로 독을 품는 것이다. 식물에서 나오는 화학물질은 그 종류만 해도 20만 가지가 넘는데, 동물의 몸에 대단히 끔찍한 효과를 일으킬 수 있다.[10] 그러나 한 가지 문제는, 동물에게 치명적인 독은 식물에게도 치명적인 경우가 많다는 것이다. 식물로서는 안타까운 일이다. 동물에게 먹히지 않으려고 만든 독인데, 자신의 목숨을 위태롭게 한다면 아무 의미가 없다.

이를테면 시안화수소hydrogen cyanide는 동물에게 매우 치명적이다. 인간의 경우 시안화물의 치사량은 체중 1킬로그램당 1.1밀리그램이다. 체중이 90킬로그램인 사람이 100밀리그램만 섭취해도 죽을 수 있다.(참고로 이쑤시개 하나의 무게가 약 100밀리그램이다.)[11] 시안화수소는 포도당에서 에너지를 얻는 과정을 방해해서 동물을 죽음에 이르게 한다. 식물도 포도당에서 에너지를 얻기 때문에 치명적이기는 마찬가지다. 그럼에도 2500종의 식물이 초식동물의 공격을 막기 위해 시안화물을 생산한다.[12] 하지만 웬일인지 식물은 자신의 독에 의해 죽지 않는데, 그 방법이 대단히 절묘하다. 기본적으로 식물은 시안화수소 폭탄을 만드는데, 이 폭탄은 식물이 먹힐 때에만 터진다.

폭탄의 작동 원리는 다음과 같다. 식물은 시안화수소를 미리 만들어 두는 대신, 시안화수소를 포함하고 있는 더 큰 분자를 만든다. 시안화수소는 더 큰 분자의 내부에 고정되어 있기 때문에 해로운 화학작용을 일으키지 못한다. 이 부분이 바로 폭탄이다. 이와 동시에,

식물은 이 더 큰 분자에서 시안화수소를 떼어 낼 수 있는 효소도 생산한다. 이 효소는 폭탄의 기폭장치 역할을 한다. 식물의 조직 곳곳에는 이런 폭탄이 담긴 작은 주머니가 있고, 기폭장치 덩어리들이 그 주머니를 둘러싸고 있다. 식물에 상처가 생기지만 않는다면, 독성 물질은 만들어지지 않는다. 그러나 초식동물이 식물을 한 입 깨물기만 하면, 포식자에 의해 주머니가 터지면서 기폭 장치가 작동한다. 그리고 치명적인 시안화수소가 포식자의 입 안에 곧바로 분비되는 것이다. 이 완벽한 체계에서 정말 환상적인 대목은 상처를 입지 않은 식물 부위에는 아무런 해가 없다는 점이다. 초식동물에게 씹힌 부분만 희생을 당하는 것이다.[13]

당연히 시안화수소는 초식동물들의 골칫거리가 된다. 이를테면, 고릴라와 코뿔소는 시안화수소를 만드는 식물을 먹기는 하지만, 이런 식물은 고릴라나 코뿔소가 먹는 수많은 종류의 식물 중 극히 일부에 지나지 않는다. 그래서 섭취하는 독의 양도 해롭지 않을 만큼 소량일 것으로 추정된다.[14]

제임스 본드가 나오는 영화나 애거사 크리스티의 소설을 본 적이 있다면, 시안화물이 인간에게 얼마나 치명적인지 알 것이다. 하지만 인간도 시안화수소를 만드는 식물을 일상적으로 먹고 있다. 감자처럼 뿌리를 먹는 작물인 카사바cassava(매니옥manioc이라고도 불린다)는 전 세계 약 5억 인구의 주식이다.(정확히는 카사바의 덩이뿌리를, 감자의 덩이줄기를 먹는다―옮긴이) 카사바는 주로 아프리카, 필리핀, 브라질에서 주식으로 이용하지만, 유럽과 북아메리카의 식탁에도 오른다.[15] 카사바의 뿌리는 땅에서 캐내어 곧바로 먹으면 대단히 위험하다. 그래서 야생동물이 카사바 농사를 망치는 경우는 극히 드물다. 인간은 물에 우리거나 발효를 시키거나 익혀서 카사바 속에 들어 있는 위험한 성분을 제거한다. 가끔씩 이런 가공을 제대로 하지 않은 카사바를 먹고 사람들이 죽는 사고가 발생하곤 한다. 우리가 주위의 동식물을 배워 나가며 살아가고 있다는 사실을 일깨우는 대목이다. 우리의 건강은 대자연이 지켜 주는 게 아니다. 우리는 자연에서 구할 수 있는 것을 알아서 찾아 먹으면서 자신을 보살피고 있는 것이다.

식물이 자기 중독을 피하기 위해 활용하는 다른 전략으로는 동물에게는 치명적이지만 식물에는 해가 없는 독을 만드는 방법이 있다. 이 방법을 이용하면, 식물은 손상될 염려 없이 마음껏 독성 화학물질을 생산할 수 있다. 이런 화학물질은 대개 식물에는 없는 동물 특유의 신체 부위, 이를테면 신경 같은 곳에 중점적으로 작용한다. 빨강무늬제라늄zonal geranium이라는 식물은 꽃잎 속에 퀴스쿠알산quisqualic acid이라는 물질을 품고 있다. 딱정벌레가 이 꽃잎을 먹으면 처음에는 기분이 좋지만 30분 후에는 뒷다리를 잘 움직이지 못하게 되고 그로부터 얼마 후에는 몸을 전혀 움직이지 못하게 된다. 과학자들은 실험을 통해 이 약물의 효과가 약 24시간밖에 지속되지 않는다는 사실을 알아냈지만, 딱정벌레가 야생의 숲속에서 하루 동안 무방비 상태로 땅바닥에 드러누워 있다가는 얼마 지나지 않아 잡아먹힐 게 뻔하다.[16]

다른 식물 독으로는 붓꽃의 일종인 익시아corn lily가 만들어 내는 시클로파민cyclopamine이라는 물질이 있다. 시클로파민은 식물에는 전혀 해를 끼치지 않지만, 양에게는 매우 기이한 작용을 일으킨다.

어떤 작용일지 한번 맞춰 보자. 힌트는 시클로파민이라는 이름이 그리스 신화에 등장하는 외눈박이 거인인 키클롭스cyclops에서 유래했다는 것이다.

답을 생각했는가? 좋다.

시클로파민은 다 자란 양에게는 아무 영향도 주지 않는다. 그러나 임신한 양이 정확히 임신 14일째인 날에 익시아를 먹으면, 그 안에 있는 시클로파민이 발생 중인 새끼 양에게 반드시 필요한 특별한 유전자 집단의 작용을 차단한다.[17] 이것이 시클로파민이 하는 일의 전부다. 양의 태아가 발생하고 있는 어느 특별한 날에 일어나는 한 작은 단계를 차단하는 것이다. 그러나 그 여파는 엄청나다. 정상적인 양의 임신 14일째에는 태아의 머리에서 훗날 안구가 될 세포 집단이 둘로 갈라진다. 바로 이 단계를 관장하는 유전자를 시클로파민이 차단하는 것이다. 즉 어미 양이 임신 14일째 되는 날에 익시아를 먹으면, 네 달 반 뒤에 외눈박이 새끼를 낳게 된다는 뜻이다. 그 결과, 익시아가 자라는 지역에 사는 양 떼는 번식을 할 수 없게 되고, 몇 년 후 양들이 모두 늙어 죽으면 들판에는 익시아만 남을 것이다.*

정답을 맞혔는가?

시클로파민과 같은 표적 약물은 성능이 대단히 훌륭하지만, 그 식물을 먹으려는 초식동물 중 일부 종류에만 작용한다는 단점이 있다. 이를테면 시클로파민은 양에는 효과가 있지만 메뚜기에는 그렇지

---

* 이런 양 질환을 외눈증cyclopia 또는 단안증synopthalmia이라고 부른다. (Welch 외, 2009)

않다. 표적 약물을 활용하는 많은 식물은 온갖 표적 약물의 칵테일을 만듦으로써 이 문제를 해결하고자 했다. 그 칵테일 속 물질 중 하나가 초식동물들에게 어떻게든 작용하기를 바라는 것이다.

더 정밀한 접근법을 활용하는 식물도 있다. 이 식물들은 자신을 먹는 동물의 종류를 지켜보고 있다가 적절한 독성 물질을 분비한다. 식물이 이렇게 할 수 있다는 사실이 믿기지 않을지도 모르지만, 이는 사실이다. 콩과 식물의 일종인 베럴클로버barrel clover는 애벌레가 잎을 갉아먹고 있으면 자스몬산jasmonic acid을 분비하고, 잎진드기spider mite가 잎에 작은 구멍을 내고 있으면 살리실산salicylic acid을 생산한다.[18] 식물은 조용하고 활기가 없는 것처럼 보이지만, 탐식의 세상에 어떻게 대처해야 하는지를 잘 알고 있다.

놀랍게도 식물은 초식동물에 대해 다른 식물들과 대화를 할 수도 있다. 따라서 식물은 가까운 곳에서 초식동물의 공격이 시작되면, 독을 생산해 대비를 시작한다. 예를 들어 미국 남서부에서 볼 수 있는 쑥의 일종인 세이지브러시sagebrush는 초식동물이 다가와 자신을 씹어 먹기 시작하면, 공기 중으로 화학물질을 방출한다. 이 화학물질이 떠다니면 근처에 있는 식물들은 이에 대한 반응으로 잎에서 항초식동물 독소를 생산해 공격에 대비한다.[19] 이기적인 식물이 이웃한 식물들을 도와야 할 이유가 없는데도 식물이 그런 신호를 방출하는 이유는 확실히 밝혀지지 않았지만, 몇 가지 가능성 있는 설명들이 있다. 이를테면 식물은 초식동물에 해를 입히기 위해 이런 화학물질을 분비하고, 주변의 식물들이 단순히 그 물질에 반응을 하는 것일 수도 있다. 또는 식물이 자신의 다른 가지에 위험을 빨리 알리기 위해 공기 중으로 화학물질을 분비하는 것일 수도 있다. 다시 말해서, 식물의 내부 통신을 다른 식물들이 도청하는 것이다.

그럴싸한 추론이지만 최근 연구를 통해 증명된 바에 의하면, 식물은 유연관계가 먼 식물보다는 가까운 친척이 보내는 신호에 더 강하게 반응한다. 이는 정말 식물이 의도적으로 자신과 같은 DNA를 많이 공유하고 있는 가까운 친척들을 돕기 위해 신호를 보내는 것일지도 모른다는 사실을 암시한다. 이런 단편들이 어떻게 들어맞을지는 앞으로 연구를 통해 밝혀지겠지만, 한 가지 분명한 것은 초식동물에게 먹히지 않기 위해 식물들은 무수히 많은 비법들을 감춰 두고 있다는 점이다. 그리고 대부분의 비법들을 우리는 상상조차 못하고 있다.[20]

서로 대화를 나누는 식물이라는 주제와 관련해서 내게 가장 흥미로웠던 현상은 초식동물에 대항하는 담배의 전략이다. 담배는 담배나방tobacco budworm 애벌레가 생기면 공기 중으로 화학물질을 방출한다. 그러나 이 경우, 담배는 다른 담배를 향해 소리치는 게 아니다. 이 담배는 마치 고든 경감이 고담 시의 음산한 밤하늘에 박쥐 신호를 쏘아 올리는 것과 같은 구조 신호를 보내는 것이다. 화학물질이 공기 중에 떠돌면 포식기생자인 붉은꼬리말벌red-tailed wasp이 갑자기 나타나서 구조에 나선다. 말벌은 잽싸게 담배나방 애벌레의 몸속에 알을 낳고, 담배나방 애벌레는 말벌의 유충에 의해 체내에서부터 산채로 먹히는 고문을 당한다.[21] 말벌과 식물은 함께 힘을 모아 담배나방 애벌레를 물리치고 고담 시는 이내 평화를 되찾게 된다.

포도당을 만드는 식물과 그 포도당을 원하는 동물은 엎치락뒤치락하며 끊임없이 전쟁을 벌여 왔다. 이 전쟁에서는 대체로 식물이 우세한 편이다. 그런데 정말 자신의 한계를 뛰어넘은 초식동물이 하나 있다. 대서양의 따뜻한 바닷속에 사는 길이 2.5센티미터의 이 동물은 마치 껍데기가 없는 달팽이를 닮았다. 바로 푸른갯민숭달팽이 emerald sea slug다.

갯민숭달팽이는 종류가 대단히 다양한데, 어떤 갯민숭달팽이는 다른 피조물과는 비교할 수 없을 정도로 아름답고 화려하다. 그러나 푸른갯민숭달팽이는 그 외모보다는 식성이 더 매혹적이다. 푸른갯민숭달팽이는 광합성 조류(포도당을 생산하는 식물의 일종이지만 단세포 생물이다)를 먹는다. 그런데 여기서부터 놀라운 일이 벌어진다. 푸른갯민숭달팽이는 조류를 먹고 이 조류를 완전히 분해해서 포도당을 얻는 게 아니다. 대신 조류 속에 들어 있는 광합성 장치를 훔쳐서 자신의 투명한 피부의 표면 가까운 곳에 둔다. 조류는 초록색이기 때문에, 푸른갯민숭달팽이의 색도 초록색이 된다. 그러면 놀랍게도, 이 장치가 푸른갯민숭달팽이의 몸속에서 태양 광선을 포도당으로 전환하는 작용을 계속한다. 그래도 푸른갯민숭달팽이는 이따금씩 조류를 먹어야 하는데, 몇 달이 지나면 이 광합성 장치가 낡아서 사용할 수 없기 때문이다. 그러나 어쨌든 이 동물은 광합성을 한다. 자니가 통달했다고 주장한 불가능에 가까운 능력을 갖고 있는 셈이다.[22]

더욱 놀라운 점은 푸른갯민숭달팽이가 조류에서 광합성 장치만 훔치는 게 아니라는 것이다. 방법은 알 수 없으나, 푸른갯민숭달팽이는 조류의 유전체에서 DNA 뭉치를 복사해서 자신의 유전체 속에 끼워 넣기도 한다. 이 'DNA 서열'은 광합성에 필요한 장치의 한 부분을 생산하는 일을 담당한다. 아직까지는 푸른갯민숭달팽이가 조류를 먹음으로써 대부분의 광합성 장치를 얻고 있지만, 그중 몇 조각은 스스로 만들 수도 있다.*

푸른갯민숭달팽이와 먹이인 조류 사이의 관계는 DNA와 고깃덩이 로봇의 관계에 '복잡성'이라는 완전히 새로운 면모를 더한다. 갑자기 DNA 서열이 고깃덩이 로봇들 사이를 넘나들고 있는 것이다.** 이는 생명의 게임에서 진짜 선수는 DNA 가닥이며, 고깃덩이 로봇은 생체 분자 기계 장치에 지나지 않음을 다시금 일깨워 준다.

태양 광선에서 에너지를 얻는 동물은 푸른갯민숭달팽이뿐만이 아니다. 어떤 진딧물은 정상적인 조건에서 자랄 때는 주황색을 띠지만 날씨가 추워지면 초록색이 된다. 이 진딧물이 초록색을 띠는 까닭은 날씨가 추워지면 광합성 장치를 만들기 때문이다. 이 광합성 장치를 만들기 위한 청사진은 식물에서 훔쳐 온 것으로 보이는 DNA 서열에서 유래한다.[23] 그러나 푸른갯민숭달팽이와 녹색 진딧물은 먹이를 전혀 섭취하지 않고 살아갈 수 있을 정도로 충분한 에너지를 만들수는 없다.

식물에게 동물은 삶을 더 고달프게 만드는 성가신 포식자인 경우가 많지만, 항상 그런 것은 아니다. 가장 성공적인 식물들 중에는 동물이 자신을 위해 일을 하게 만들 방법을 찾은 경우도 있다. 이미 앞

- 솔직히, 푸른갯민숭달팽이의 먹이 전략은 지금까지 동물이 이룩해 낸 방법 중에서 최고라고 생각한다. (그러나 분노에 관한 장에서 등장하는 푸른갯민숭달팽이의 사촌, 청룡갯민숭달팽이blue dragon sea slug도 만만치 않은 재주를 갖고 있다는 것을 알게 될 것이다!)
- •• 종 사이에 일어나는 이런 DNA 이동을 전문 용어로는 '수평 유전자 이동horizontal gene transfer'이라고 한다. 이에 반해 DNA가 자손에게 전달되는 것은 '수직 유전자 이동vertical gene transfer'이라고 부른다.

에서 개미를 경비원으로 고용한 소뿔아카시아에 관한 설명도 있었지만, 이는 빙산의 일각에 불과하다. 동물을 노예로 삼는 일은 식물에게는 훨씬 더 흔하다. 게다가 그 목적은 훨씬 더 좋은 무엇, 바로 자신의 성적 욕구를 충족하는 것이다.

그렇다. 식물도 섹스를 한다. 식물은 남성적인 부분과 여성적인 부분을 갖고 있으며, 이 두 부분을 활용해 자손을 만든다. 이를테면 소나무는 수꽃의 솔방울에서 꽃가루(기본적으로 정자와 같다)를 바람에 날려 섹스를 한다. 이것은 그 꽃가루가 일부라도 다른 소나무의 암꽃 솔방울 틈새에 있는 씨방 위에 안착하기를 바라는 행위이다.◦ 꽃식물은 꽃꿀을 얻기 위해 꽃을 찾는 꿀벌과 같은 동물을 이용해 섹스를 한다. 이 과정에서 동물은 한 꽃에서 옮겨 온 꽃가루를 다른 꽃에 떨어뜨린다. 본질적으로 꿀벌이 날아다니는 음경, 다시 말해 식물 DNA의 영향을 받는 고깃덩이 로봇이 된 것이다.

섹스는 꽃이 존재하는 유일한 이유다.(나는 사람들이 꽃다발에 코를 갖다 대고 향기를 맡는 모습을 보면 실소가 나기도 하는데, 어쨌든 꽃은 식물의 생식기이기 때문이다.) 꿀벌 외에도 많은 곤충이 식물을 수분시키며, 심지어 몇 종류의 새도 꽃가루를 운반한다. 가장 널리 알려진 꽃가루받이 새는 벌새다. 그러나 박쥐 중에도 꽃꿀을 먹고 꽃가루를 운반하는 종류가 있다는 사실을 아는 사람은 많지 않다. 이 박쥐들은 벌새처럼 정지 비행을 하면서 꽃 속에 얼굴을 파묻고 꽃꿀을 먹는데,

---

◦ 내게는 친한 식물학자 친구가 있는데, 그는 봄철이 되면 꽃가루로 뒤덮인 사람들의 차를 가리키면서 지금 막 어떤 나무가 그들의 차 보닛에 온통 자위를 해 놨다고 이야기하는 것을 좋아한다.

이 과정에서 얼굴에 꽃가루를 뒤집어쓰게 된다. 사실 전 세계적으로 새나 곤충의 도움을 전혀 받지 않고 오로지 박쥐의 도움만으로 수분을 하는 식물도 꽤 많다.

에콰도르의 울창한 숲에 살고 있는 긴주둥이꿀박쥐tube-lipped nectar bat는 꽃꿀만 먹고 산다. 이 박쥐는 식물에 지나치게 의존하다 보니 식물 DNA의 영향을 받게 되었고, 그로 인해 전 세계에서 가장 특이한 박쥐 중 하나가 되었다.

팔을 앞으로 뻗어 보자. 이제 혀를 내밀어 그 혀가 손가락 끝까지 닿는다고 상상해 보자. 긴주둥이꿀박쥐의 혀는 이보다 세 배 더 길다. 이 박쥐는 자신의 머리에서 발끝까지 길이의 1.5배까지 혀를 내밀 수 있다.

긴주둥이꿀박쥐는 초롱꽃과 식물인 켄트로포곤 니그리칸스 *Centropogon nigricans*를 먹는다. 처음에는 이 박쥐도 정원에서 볼 수 있는 꽃과 비슷한 꽃에서 꿀을 얻었을 것이다. 그러나 켄트로포곤 니그리칸스에 먹이를 의존하기 시작하면서, 박쥐의 몸은 이 식물의 이기적 요구에 맞춰 변했을 것이다. 밝혀진 바에 따르면, 박쥐가 꽃 속으로 얼굴을 깊이 들이밀수록 꽃가루가 더 많이 전달된다. 길이가 긴 꽃은 길이가 짧은 꽃에 비해 박쥐의 머리가 꽃 속으로 더 깊숙이 들어오기 때문에 번식에 더 유리했을 것이다. 시간이 흐를수록 꽃의 길이는 점점 더 길어졌고, 동시에 박쥐도 코와 혀의 길이가 길어야만 살아남을 수 있었기 때문에 꽃의 변화에 맞춰 함께 변했다. 오랜 진화를 거쳐 박쥐의 주둥이와 혀는 점점 길어졌다. 오늘날 긴주둥이꿀박쥐는 포유류 중 몸길이에 비해 가장 긴 혀를 가진 박쥐가 되었

는데, 이는 찾아오는 박쥐에게 가능한 한 꽃가루를 많이 전달하려는 식물의 힘겨운 노력의 결과다.[24]

긴주둥이꿀박쥐의 혀는 식물이 진화를 통해 동물의 몸과 행동을 어떻게 변화시키는지를 보여 주는 훌륭한 예다. 동물이 진화하는 까닭은 다름 아닌 식물의 이기적 요구를 충족시키기 위해서다. 식물은 동물이 필요로 하는 당을 만들 수 있기 때문에, 동물을 어느 정도 자신의 뜻대로 조종할 힘을 갖는다. 간단히 말해서, 동물은 먹성의 노예다. 동물은 먹어야만 한다. 탐식은 생존을 위한 유일한 방법이다.

안전을 보장받거나 짝짓기를 할 방법을 찾는 것 외에 식물이 동물에게 시키는 다른 임무가 또 있다. 바로 식물의 이동을 돕는 일이다. 이 부분에서는 자연의 그 어떤 동물보다도 인간이 가장 많이 조종당하고 있다.

식물의 가장 큰 문제는 걸을 수 없다는 것이다. 만약 식물이 번식을 위해 씨앗을 그저 땅에 떨어뜨린다면, 결국 그 씨앗은 자신의 바로 옆에서 자라게 될 것이다. 그 결과, 빛과 양분과 물 같은 자원을 두고 자신의 자손과 경쟁을 해야 하는 비극적인 상황이 벌어지게 된다. 그래서 많은 식물이 씨앗을 바로 땅에 떨어뜨리는 대신, 즙이 많고 당분이 가득한 맛난 것을 만들어 그 속에 씨앗을 숨겨 둔다. 동물은 먹을 것을 찾으러 왔다가 결국 씨앗도 함께 가져가게 되는 것이다. 이것이 바로 과일의 정체다. 자연이 인간을 행복하게 하려고 아보카도나 사과, 오렌지와 바나나를 만들어 낸 것처럼 보이지만, 이 식물들은 그저 자신의 씨앗을 퍼뜨리려 했을 뿐이다. 인간과 같은 동물에게 열매를 내주는 것은 그 목적을 달성하기 위한 편리한 방법

중 하나다.

동물이 과일을 다른 곳으로 가져가서 먹고 씨앗을 떨어뜨리는 경우도 있고, 과일과 함께 씨앗을 먹고 나중에 멀리 떨어진 다른 곳에서 배설을 하는 경우도 있다. 사실 동물의 소화관을 통과했을 때가 그렇지 않았을 때보다 발아가 더 잘되는 씨앗도 많다.[25]

종자를 퍼트리려는 식물에 이용당하는 동물은 수천 종류에 달한다. 그중 대다수는 흔히 떠올릴 수 있는 큰부리새, 앵무새, 원숭이, 과일박쥐 등이다. 그러나 과일을 먹는 어류만 해도 200종이 넘는다. 불가능한 이야기 같지만, 해마다 홍수로 인해 아마존 열대우림의 수위가 20미터 이상 증가한다는 것을 생각하면 물고기가 나뭇가지 위까지 헤엄쳐서 열매를 먹는 모습을 어렵지 않게 상상할 수 있다. 어떤 어류는 5킬로미터 이상 떨어진 곳까지 이동해서 씨앗을 배설하기도 한다. 식물의 입장에서 보면 날짐승 못지않게 씨앗을 잘 운반하는 셈이다.*

씨앗을 운반하는 동물을 끌어들이려면 열매는 최대한 매혹적이어야 한다. 그래서 과일이 그렇게 맛있는 것이다. 게다가 시안화수소도 없고, 외눈박이 돌연변이도 일으키지 않고, 마비도 일으키지 않는다. 파파야, 수박, 망고, 체리…. 맛있는 과일의 종류는 끝도 없다. 우리 인간이 자연에 있는 과일을 그냥 선택한 경우도 있지만(이를테면 망고), 선택적 교배를 이용해서 자연 상태보다 과일을 더 맛있게

---

* 피라니아의 사촌 격인 콜로소마 마크로포뭄Colossoma macropomum은 피라니아와 비슷한 외모와는 달리 칼날 같은 이빨 대신 과일을 먹기 좋은 둥근 이빨을 갖고 있다.(Anderson 외, 2011)

만든 경우도 있다.

이것이 사과와 오렌지와 그 밖의 많은 과일의 진실이다. 이를테면 야생 바나나 속에는 엄청나게 크고 돌멩이 같은 씨앗이 들어 있다. 인간이 수천 년에 걸쳐 몇 종류의 바나나를 키우면서, 바나나의 씨는 아무 기능이 없는 검은 점으로 퇴화했다. 이로써 바나나는 열매를 통해 종자를 퍼뜨리는 능력을 상실했지만, 인간에 의해 전 세계에서 재배되고 있기 때문에 바나나 열매는 여전히 생존과 번식이라는 제 기능을 다 하고 있다.[26]

식물은 먹을 것을 스스로 생산하지만, 탐식은 식물의 진화에도 여전히 중요한 요소다. 주위에 있는 동물 고깃덩이 로봇에 대한 영향력을 넓힐 수 있게 해 주기 때문이다. 그러나 자연 세계에서 탐식의 중요성이 한층 더 두드러지는 순간은 한 먹보가 다른 먹보를 잡아먹을 때다.

자연에서 가장 위엄이 넘치는 동물 중에는 포식자가 많다. 포식자들이 멋진 문신의 소재가 되는 것을 봐도 그렇다. 북극곰, 벵골호랑이, 백상아리, 타란툴라 독거미, 가면올빼미barn owl, 바다악어saltwater crocodile, 방울뱀, 범고래, 늑대, 대왕오징어, 사마귀… 세상에는 말 그대로 수천수만 종류의 포식자들이 온갖 서식지에서 날마다 탐식이라는 이름으로 다른 동물을 죽이고 있다.

에너지의 관점에서 볼 때, 고기를 먹는 것은 식물을 먹는 것과 별반 다를 게 없다. 한 생명체의 분자 기계장치가 분해된 다음, 다른 생명체의 분자 기계장치 속으로 편입되는 것이다. 그러나 인간인 우리는 육식동물과 초식동물 사이에 대단히 중요한 차이가 있다는 것을 알고 있다. 우리가 알고 있는 한, 식물은 고통이나 공포를 느끼지 않는다. 그러나 우리가 다른 동물을 잡아먹는 것은, 우리의 생활 방식이 다른 생명체에게 고통을 가하는 것이 된다.

이런 차이는 우리에게 많은 것을 의미한다. 우리는 동물의 감정에 공감한다. 육류 가공 회사에서는 동물들이 도축을 당할 때 받는 스트레스를 줄이기 위해 수백만 달러를 지출한다. 단지 동물이 겪는 고통을 생각해서 고기를 전혀 먹지 않는 사람도 많다. 그러나 자연에서 나온 수많은 증거들로 밝혀진 바에 따르면, 다른 동물들은 (적어도 자신에게 일어난 일이 아닐 때는) 그런 감정에 별로 개의치 않는다. 알 수 없는 노릇이지만, 파리를 잡아먹는 거미가 풀을 뜯어먹는 양 떼보다 먹이의 사정에 대해 더 많이 생각하는 모습은 잘 상상이 되지 않는다.

육식동물은 고기를 먹어야 하기 때문에 항상 동물을 죽이지만, 초식동물도 가끔 살육을 한다는 사실은 기이할 정도로 섬뜩하다. 이를테면 오랑우탄은 주로 과일을 먹지만, 늘보로리스slow loris라고 하는 (아주 귀엽고) 작은 영장류도 잡아먹는다는 것이 1980년대부터 알려지기 시작했다.[27] 이 과정이 자세히 묘사된 한 사례 연구를 보면, 오랑우탄은 늘보로리스를 세게 후려쳐서 나무에서 떨어뜨린다. 그러고는 나무를 타고 내려가서 늘보로리스를 붙잡아 두개골을 부숴서 뇌와 눈알을 빼 먹는다. 그다음 양 손바닥과 생식기를 먹고 마지막으로 내장과 피부를 먹는다. 내게는 이 이야기가 몇 가지 이유에서 무척 섬뜩했다. 독수리가 이런 행동을 한다면 눈 하나 깜짝하지 않겠지만, 오랑우탄이 드러낸 어두운 면은 내게 엄청난 충격을 주었다. 사실 고기는 훌륭한 영양 공급원이다. 왜 오랑우탄에 대해서만 다른 동물들과는 다른 기준을 고수해야 하는지는 잘 모르겠다. 오랑우탄이 주로 초식을 한다는 것이 동물을 전혀 사냥하지 않는 생활 방식을 택했음을 의미하지는 않는다.

육식은 채식에 비해 많은 장점이 있다. 우선 근육조직에 에너지를 많이 저장할 수 있어 초식을 할 때보다 큰 힘을 낼 수 있다. 또한 초식동물은 필요한 영양소를 모두 얻기 위해(그리고 한 식물의 독소가 너무 많이 들어오는 것을 피하기 위해) 종종 다양한 종류의 식물을 먹어야 하지만, 육식동물은 종류에 상관없이 한 마리만 잡으면 필요한 모든 영양소를 얻을 수 있다. 퓨마는 이번에 사슴을 먹었으면 다음에는 토끼를 먹어야 하는 게 아니다. 그저 일정량의 고기만 있으면 된다. 어떤 동물이든 눈앞에 있으면 먹이로 삼을 수 있고, 따라서 예측할 수 없는 세상에 유연하게 대처할 수 있다.

육식동물의 탐식에 대해 이야기하고자 한다면, 그 시작은 분명 울버린wolverine이어야 할 것이다. 울버린의 학명은 굴로 굴로*Gulo gulo*다. 여기서 gulo는 라틴어로 '먹보*glutton*'라는 뜻이다. 울버린은 대단히 난폭하다. 몸무게가 10~20킬로그램에 불과하지만, 체중 300킬로그램이 넘는 말코손바닥사슴moose의 등 위로 뛰어올라 잔인하게 목을 물어뜯어 쓰러뜨릴 수 있다. 당신이 생각하는 울버린은 절반만 들어가는 발톱을 가진 작은 닌자 곰의 모습일 수도 있다.(크게 다르지는 않다.) 그러나 한 마리의 울버린이 하루에 10마리의 순록을 죽였다는 기록도 있다. (때로 울버린은 남은 먹이를 숨겨 두었다가 다시 찾으러 오기도 하지만, 이는 분명한 과잉 살육이다.)

울버린은 사냥술도 뛰어나지만, 금방 죽은 동물의 사체를 찾아내어 먹는 능력은 더욱 뛰어나다. 울버린은 늑대나 스라소니 같은 포식자가 다니는 길목에서 기다리고 있다가 그들을 죽이고 먹이를 빼앗기도 한다.

이렇듯 사냥과 사체 청소를 결합한 방식으로, 울버린은 큰 성공을 거뒀다. 울버린의 위장에서는 대단히 다양한 종류의 동물들이 발견된다. 말코손바닥사슴, 엘크elk, 순록, 사슴, 여우, 스라소니, 토끼, 마못marmot, 땅다람쥐ground squirrel, 호저porcupine, 비버, 들쥐, 나그네쥐, 땃쥐shrew, 까치, 매, 뇌조ptarmigan 등과 각종 어류, 심지어 바다표범, 해마, 고래가 발견되기도 한다.[28] 이것이 바로 육식의 유연성이다. 울버린은 살았든 죽었든 발톱에 걸리는 것은 무엇이든 먹을 수 있다. 하지만 먹보로 명성이 자자한 울버린도 가장 식탐이 많은 포식자에는 못 미친다. 식탐 최고봉의 영예는 첫눈에는 좀 가소로워 보일 수도 있는 땃쥐에게 돌아간다.

땃쥐는 곤충과 지렁이와 큰 동물의 사체를 먹고 살아가는 동물이다. 몸집이 작다고 땃쥐를 얕봐서는 안 된다. 땃쥐는 아마 동물계에서 가장 대식가일 것이다. 물론 체중 1700킬로그램인 코끼리가 먹는 양이 체중 2그램인 땃쥐가 먹는 양보다는 당연히 훨씬 많다. 그러나 몸의 크기에 비해 먹는 양을 따져보면, 상황은 완전히 뒤집힌다. 하루에 대략 100킬로그램을 먹는 코끼리가 자기 체중의 약 6퍼센트에 해당하는 먹이를 먹는 데 비해, 땃쥐는 하루에 체중의 384퍼센트를 먹은 기록이 있으며, 이에 견줄 수 있는 동물은 어디에도 없다.[29]

땃쥐와 코끼리는 일반적인 경향의 한 부분일 뿐이다. 다양한 크기의 포유류를 살펴보면, 몸집이 작을수록 단위 질량당 에너지를 더 많이 소비한다. 땃쥐는 크기가 가장 작은 포유류이기 때문에 식탐이 가장 많은 것이다. 만약 코끼리 한 마리의 무게와 맞먹을 만큼의 땃쥐가 모이면, 이 50만 마리의 땃쥐 무리는 코끼리 한 마리에 비해 64배나 많은 먹이를 먹어 치울 것이다. 단위 무게로 따졌을 때, 땃쥐보다 더 먹성이 좋은 동물은 없다.[30]

그러나 육식동물은 다른 방식으로 식욕을 측정하기도 한다. 이를테면 생존을 위해 다른 동물을 가장 많이 죽이는 동물이 무엇인지 알아보는 것이다. 올빼미 같은 동물은 1주일에 한 마리 정도만 사냥을 하며, 땃쥐는 하루에 몇 마리 정도의 지렁이만 잡아먹으면 된다. 그렇다면 탐식이라는 이름으로 살생을 가장 많이 하는 동물은 무엇일까? 이 해답을 알기 위해서는 몸집이 가장 큰 동물 쪽으로 눈을 돌려야 한다.

흰긴수염고래Blue whale는 단순히 지구상에서 가장 큰 동물이 아니다. 지금까지 지구에 살았던 모든 동물 중에서 가장 큰 동물이다. 이 고래는 공룡보다도 크다. 체중이 무려 16만 5000킬로그램이지만, 이들이 먹는 새우처럼 생긴 작은 동물인 크릴krill은 무게가 30그램도 채 되지 않는다.[31] 이런 크기의 부조화로 인해, 흰긴수염고래는 생존을 위해 엄청나게 많은 크릴을 죽여야만 한다. 고래의 처지에서는 다행스럽게도, 크릴은 언제나 구름처럼 떼 지어 돌아다닌다. 자리를 잘 골라서 입만 벌리고 있으면, 양껏 크릴을 먹는 일은 고래에게 헤엄을 치는 것만큼이나 쉬운 일이다. 그러나 바닷물을 너무 많이 들이마시지 않고 크릴을 먹기 위해서, 고래는 우리가 스파게티 면을 삶을 때 물을 버리는 것과 비슷한 행동을 한다. 먼저 구름 같은 크릴 떼 속으로 헤엄쳐 들어가서 입을 다물고 혀로 물을 밀어낸다. 그러면 입이 닫히는 곳(대부분의 포유류에서 이빨이 나는 자리)을 따라서 나 있는 머리카락 같은 고래수염baleen 사이로 물이 빠져나간다. 물이 빠져나가면 고래는 크릴을 삼킨 다음, 다시 먹을 준비를 시작한다.

이 방법으로 흰긴수염고래는 하루 평균 대략 1130킬로그램의 크릴을 먹는다.[32] 이 양은 고래의 체중에 비하면 1퍼센트 남짓이지만(큰 동물이 작은 동물에 비해 단위 체중당 먹이 소비량이 적은 경향과도 일치한다), 매일 50만 개체 이상의 생명이 단 한 마리의 동물에게 죽임을 당하는 것이다. 일반적으로 흰긴수염고래가 몸집은 거대하지만 순한 동물로 여겨진다는 점을 생각하면, 이는 엄청난 대학살이다.

그러나 사람은 대부분 크릴이 겪는 고통에 대해서는, 오랑우탄에게 잡아먹히는 늘보로리스에 대해 느끼는 것 만큼의 염려를 하지는 않는 것 같다. 그래서 이런 종류의 비교는 늘 까다롭다. 크릴이 몇 마리나 있어야 늘보로리스 한 마리의 가치와 비길 수 있을까? 영리한 동물의 생명이 그렇지 않은 동물의 생명보다 더 소중한 것일까? 아니면 단순히 얼마나 귀엽게 생겼는지에 달린 것일까? 몸의 크기 때문일까? 아니면 뭔가 다른 이유가 있는 걸까?

나는 단순히 수사적인 의미에서 이런 의문을 던지는 게 아니다. 사실 이런 종류의 의문 때문에 나는 학부를 졸업한 후에 몇 년 동안 채식을 했었다. 내가 육식을 피한 까닭은, 박쥐나 돌고래 같은 일부 동물은 절대로 해치면 안 된다고 말하면서 소나 연어는 마치 나무에서 열리는 것인 양 마음껏 먹는 게 위선적으로 느껴졌기 때문이다.

어떤 종을 죽이는 것은 다른 종을 죽는 것에 비해 더 나쁘다고 느끼지만, 이런 감정이 동물을 먹어도 되는 부류와 손을 대서는 안 되는 부류로 나눌 근거는 되지 않는다고 생각했다.

나는 늘보로리스에서 크릴에 이르는 모든 동물이 자신을 해칠 수 있는 것으로부터 도망갈 줄 안다는 사실을 알고 있었다. 이는 모든 동물이 고통과 공포와 괴로움을 어느 정도 느낀다는 사실을 암시한다. 어떤 동물은 그런 경험을 해도 되고, 어떤 동물은 해서는 안 된다는 것은 앞뒤가 맞지 않는 것 같았다. 그래서 육식을 완전히 포기하는 것이 그나마 덜 위선적인 생활 방식이라고 생각했다.

다른 동물들에게 고통을 주지 않고도 고기를 먹을 방법이 있기는 했지만, 나는 그 해결책에는 영 흥미가 생기지 않았다. 바로 자연사한 동물을 먹는 것이다. 인간에게는 며칠 동안 부패가 진행되어 부풀어 오른 사체를 먹는 것보다 불쾌한 일은 없다. 그러나 자연계에는 이 더없이 불쾌한 것을 맛있게 먹는 생명체들이 엄청나게 많으며, 그 먹보들은 생태계에서 중요한 부분을 차지하고 있다.

가령 어떤 사람이 숲속을 걷다가 갑자기 심장마비로 사망했는데 며칠 동안 아무도 발견하지 못했다고 해 보자. 신체 기능이 정지되자마자, 그의 몸속의 열량은 무방비 상태가 된다. 따라서 사후 4분이 채 되지 않아 분해가 시작된다.[33] 사람의 장 내에 살면서 음식의 소화를 돕던 모든 세균 집단은 문득 소화관의 벽이 더 이상 면역계의 보호를 받지 않는다는 것을 깨닫는다. 그러면 이 세균들은 곧바로 인간 자체에 대한 작업에 돌입해, 맹렬한 속도로 먹어 치우면서 번식을 한다. 소화관의 벽이 뚫리면 장내 세균은 몸의 다른 부분으로 빠져나가 내부 장기를 먹이로 삼기 시작한다. 이 세균들이 양분을 섭취하는 과정에서 배출되는 메탄과 황 때문에, 사체는 죽은 포유동물 특유의 냄새를 풍긴다. 인간에게는 너무 역겨워서 구토가 나는 냄새지만, 부패하고 있는 인간의 사체로 만찬을 즐길 수 있는 여우와 까마귀와 파리와 딱정벌레 같은 동물에게는 군침이 도는 냄새다.

인간이 분해되어 뼈만 남는 데 걸리는 시간은 여러 가지 요인에 의해 결정된다. 가장 중요한 요인은 온도인데, 섭씨 20도에서 약 65일가량 걸리는 것으로 추정된다.* 그러나 사체가 물속에 있거나, 대형 청소동물이 사체를 분리할 때는 시간이 단축되기도 한다. 또 큰 상처를 입고 피를 많이 흘리면 미생물이 몸속으로 쉽게 들어갈 수 있기 때문에 분해 시간이 줄어든다.

다른 장소에 있는 다른 동물에서는 분해가 더 빠르게 진행된다. 내가 좋아하는 박쥐 동굴 중에 텍사스 주 샌안토니오 근처에 위치한 브랙큰 동굴Bracken Cave이 있다. 이 동굴은 **수천만** 마리의 박쥐가 서식하는 멋진 곳이다. 이 동굴 바닥에는 딱정벌레들이 우글우글하다. 이 딱정벌레들은 주로 박쥐의 배설물을 먹고살지만, 어쩌다 날지 못하는 새끼 박쥐가 동굴 바닥에 떨어진다면 채 10분도 되지 않아 뼈만 남게 될 것이다. 동굴 속을 걷다 보면 동굴 바닥을 뒤덮고 있는 구아노guano(박쥐 배설물)를 볼 수 있다. 그런데 바닥을 좀 더 자세히 살펴보면 하얀 솔잎 같은 것이 사방에 널려 있는 것도 볼 수

---

* Vass(2001)는 사체가 백골이 될 때까지 걸리는 일수를 결정하는 간편한 공식을 내놓았다. 1285를 섭씨온도로 나누기만 하면 된다. 그러면 섭씨 20도에서는 64.25일이 나온다.

있다. 하지만 브랙큰 동굴 밖 어디에도 소나무는 없다. 그 하얀 솔잎은 청소동물에 의해 분해된 박쥐의 날개 뼈다. 브랙큰 동굴은 분해자의 작용을 가장 잘 관찰할 수 있는 곳 중 하나다.

분해자는 생태계 에너지 흐름의 마지막 연결고리를 차지한다. 동굴 속 딱정벌레의 에너지를 거슬러 올라가며 추적해 보면 매우 복잡하지만 끊이지 않고 연결되는 사슬을 얻을 수 있다. 딱정벌레는 새끼 박쥐의 에너지를 도둑질했고, 새끼 박쥐는 어미 박쥐의 젖에서 에너지를 얻었고, 어미 박쥐는 나방으로부터 에너지를 얻었고, 나방은 애벌레였을 때 옥수수에서 에너지를 얻었고, 옥수수는 태양으로부터 에너지를 얻었다. 이 상황을 거꾸로 돌아가는 영화처럼 계속 이어서 보면, 마지막 장면은 한 줄기 빛이 지구에서 태양으로 8분 18초 동안 여행을 하는 것으로 끝을 맺을 것이다. 나는 이 영화를 정말 좋아한다.

사실 어떤 동물의 어떤 에너지로 영화를 만들어도, 그 영화의 시작은 항상 똑같을 것이다.[34] 우리는 기생생물과 포식자와 피식자 같은 유기체들 사이에서 에너지가 오가는 것을 볼 수 있지만, 결국 그 에너지는 언제나 태양으로부터 온다. 이 영화들을 모두 동시에 거꾸로 돌릴 수 있다면, 모든 것이 드넓은 하나의 빛줄기로 바뀌게 될 것이다. 그리고 영화를 갑자기 멈추고 정 방향으로 돌리기 시작하면, 지금 우리 주위에 존재하는 생태계 속으로 에너지가 흐르는 모습을 볼 수 있을 것이다. 우리가 사는 지구에는 날마다 빛의 소나기가 내린다. 그 빛 중 일부는 식물에 이용되어 먹이사슬 속으로 유입되고, 그 안에서 어디론가 흘러갈 것이다. 이는 완전히 예측이 가능한데,

에너지가 어느 방향으로 흐르는지를 우리가 알고 있기 때문이다. 그러나 특정 태양 광선이 어디로 가게 될지는 아무도 모른다.

　내 채식 생활은 3년 정도 지속되었지만, 조지아를 만난 즈음부터 다시 고기를 먹기 시작했다. 전적으로 말파리 사건 때문은 아니었지만, 어느 정도는 원인으로 작용했다. 생물계에 대해 더 많이 알아갈수록 나와 생물계 사이의 관계는 변화했고, 여전히 내가 동물들에게 고통을 주고 있다는 생각도 들었다.

　어쨌든 말파리를 죽이기도 했지만, 그건 아무것도 아니었다. 여름에는 차를 운전할 때마다, 앞 유리창에 부딪혀 죽은 곤충들이 덕지덕지 달라붙었다. 농장에서 재배한 농산물을 먹을 때마다, 내가 누리는 혜택은 한때 야생 동물이 살았던 서식지를 파괴하고 세운 농장에서 얻은 것이라는 생각도 들었다. 내가 공부하고 있는 과학도 마찬가지였다. 내가 읽는 과학 잡지에 실리는 연구들은 동물의 희생을 통해 얻어낸 결과물이었다. 직접적으로 동물을 먹는 것은 분명 아니었지만, 나는 동물을 괴롭히고 고통스럽게 하는 방식으로 살아가고 있었다. 만약 내가 생각했던 완벽한 채식주의자로 살려고 했다면, 갈 길이 멀었다. 그러려면 단순히 먹는 것뿐 아니라 생활 방식을 모조리 바꿔야 했는데, 솔직히 나는 생활 방식까지 통째로 바꾸고 싶지는 않았던 것 같다.

　나는 채식을 한다고 해서 그 전보다 조금 덜 위선적일 수 있는 게 아님을 깨달았다. 그래서 과감하게 채식을 포기했다. 나는 다시 고기를 먹었지만, 예전에 비해 훨씬 적게 먹었고 육식에 대한 느낌도 확연히 달라졌다. 그 경험은 시간 낭비가 아니라 배움의 한 과정이었다.

자연을 연구하고 벨리즈와 코스타리카의 열대우림 속에서 박쥐를 추적하며 보내는 시간이 늘어갈수록, 나는 먹는 음식을 통해 자연 세계와 내가 이어져 있다고 생각하게 되었다. 박쥐처럼 나도 다른 생명체를 먹음으로써 양분을 얻는다. 개구리의 목숨을 앗아간다고 해서 개구리잡이박쥐에게 화가 나지는 않는다. 이런 관점에서 보면 내가 필요한 열량을 얻는 일에 죄책감을 갖는 것은 좀 이상하다. 개구리잡이박쥐가 무자비하고 인색한 동물이라는 판단은 순전히 인간의 생각이다. 그런 생각이 나쁘다는 뜻은 절대 아니다. 그러나 자연계에는 존재하지 않는 생각이라는 것을 깨닫는 게 중요하다.

유튜브나 신문 기사에 등장하는 프라흐라드 자니의 대중적인 이미지는 그가 자연 세계와 깊게 소통하고 있기 때문에 음식을 먹을 필요가 없다는 것이다. 하지만 이는 모순이다. 먹는 행위는 자연의 일원이 되는 가장 확실한 방법이다.

수천 년 전이었다면 셸비와 나는 우리 세 식구가 먹을 것을 찾기 위해 주변을 뒤져야 했을 것이다. 이제는 직장을 마치고 돌아오는 길에 식료품점에서 닭가슴살을 집기만 하면 될 정도로 간단해졌지만, 우리는 여전히 태양에서 분해자로 이어지는 에너지 흐름의 일부를 담당한다. 그러나 상황이 변하고 있다. 많은 사람이 공장식 농업과 유전자 변형 식품을 우려하지만, 나는 샘이 마주하게 될 영양의 미래에 대해 낙관하는 입장이다. 지난 수천 년 동안 인간은 용설란에서 수박에 이르기까지, 200가지가 넘는 식용 작물을 재배해 왔다. 어떤 것은 영양가를 더 높였고, 어떤 것은 병충해에 대한 저항력을 강화했으며, 어떤 것은 오늘날의 전형적인 농장처럼 단위 면적당 밀도가 높은 곳에서도 잘 자라도록 만들었다.[35]

개미를 파수꾼으로 길들인 덕분에 더 편안한 삶을 사는 아카시아 나무처럼, 우리도 자연의 일부를 개조한 덕분에 번성하고 있다. 인간은 아카시아 나무처럼 수세기 동안 같은 규칙에 따라 살아왔고, 이것이 우리가 성공을 거듭한 유일한 이유다. 최근까지 이런 변화는 선택적 교배를 통해서만 일어났지만, 현재는 유전공학을 통해서도 일어난다. 나는 이런 변화가 두렵지 않다. 만약에 샘이 100년 전에 태어났다면, 기대 수명이 50세에 불과했을 것이다. 그러나 2011년에 태어났기 때문에 샘의 기대 수명은 80세에 가깝고, 샘이 100살까지 산다고 해도 그리 놀라운 일이 아닐 것이다.[36] 샘이 조상들에 비해 오래 살 것이라고 기대할 수 있는 가장 큰 이유는 아마 영양이 풍부한 식품을 접한다는 점일 것이다. (나태에 관한 장에서 다뤘던 기생충 예방도 한몫을 한다.)

그러나 재배 작물과 가축은 다른 이유에서도 필요하다. 2050년이 되면 샘은 다른 90억 인구와 함께 지구에서 살아가야 할 것이다.[37] 이는 식량 생산과 분배 기술의 발전 없이는 불가능하다. 90억 인구가 전부 숲에서 먹을 것을 찾기를 기대한다면, 그들은 모두 굶어 죽을 것이다. 우리는 모두 먹어야 살 수 있다. 자니도 마찬가지다. 샘과 다른 90억 명이 먹고살 수 있는 유일한 길은 작물 개발뿐이다.

5

질투

도둑과 비열한 수컷

이틀간의 진통에도 샘은 아직 나오지 않았다. 셸비는 최선을 다하고 있었지만 뭔가가 물리적으로 샘을 붙잡고 있는 것 같았다. 셸비가 힘을 주면, 샘은 머리가 보일 정도로 내려왔다가 도로 쑥 들어가 버렸다. 두 시간 동안 열심히 힘을 주어도 좀처럼 진척이 없자, 의사와 둘라doula*는 제왕절개를 생각해 보길 권했다.

제왕절개 수술을 선택하는 것은 늘 옛 방식대로 아이를 낳고 싶어 했던 셸비에게는 가슴 아픈 일이었다. 그러나 샘이 태어나기도 전부터 엄마로서의 본능이 차올랐던 셸비는 샘에게 도움이 필요하다는 것을 안 순간, 망설임 없이 수술을 선택했다.

수술실에는 수술 장면을 환자가 보지 못하도록 환자의 목 부분

• 둘라는 분만에 관해 풍부한 경험을 갖고 있는 비의료인으로서, 분만 전후와 분만 중에 산모와 그 가족을 돕는 사람을 지칭한다. 내 경우에 둘라가 있어서 가장 좋았던 점은 "이건 정상이에요." 하고 끊임없이 말해 주는 사람이 곁에 있다는 것이었다.

을 가로질러 커튼이 드리워져 있었다. 수술이 시작되었을 때, 나는 마취과 의사, 둘라와 함께 셸비의 머리 쪽 커튼 너머에 앉아 있었다. 그래서 다른 의사들이 수술을 하는 모습은 내 시야에 들어오지 않았다. (수술실 천장에는 그림 장식이 있었는데, 위생적인 이유에서인지 라미네이트 코팅이 되어 있었다. 그런데 어이없게도 그 플라스틱 코팅 때문에 천장 전체가 거대한 거울이나 다름없었다. 즉 셸비가 맘만 먹으면 자신의 수술 장면을 다 볼 수 있었다는 뜻이다.)

수술은 몇 분 만에 끝났고, 샘이 나오자 의료진은 담요가 깔린 탁자 위에 샘을 올려놓고 나를 불렀다. 나는 자리에서 일어나 샘을 향해 걸어갔다. 내 삶에서 가장 중요한 순간 중 하나일 게 분명했기 때문에 나는 잔뜩 긴장을 했다.

처음에는 샘의 모습을 똑바로 쳐다볼 수가 없었다. 다리는 구부정하고 뼈가 앙상했다. 셸비의 골반에 몇 시간 동안 짓눌려 있었던 머리는 찌그러진 원뿔 모양이었다. 나는 샘의 얼굴을 보자마자 클레어 고모할머니의 입매를 떠올렸다.* 샘은 내 자식이 분명했지만 아직은 낯설었다. 이 아이가 내 아들이라는 게 실감이 나지 않았다. 갑자기 물에 빠진 것처럼 모든 게 나를 엄습하는 것 같았다. 나는 물 밖으로 올라오기 위해 공기 방울이 움직이는 방향을 알아내려고 안간힘을 쓰고 있었다.

샘은 잔뜩 인상을 쓰면서 몸을 꼼지락거렸다. 나는 샘을 둘러싼

---

* 클레어 리스킨Claire Riskin은 내 할아버지의 누이다. 샘의 DNA 중 약 16분의 1은 클레어 할머니의 것과 같다.

의사들이 귀찮게 굴어서 불편해하는 거라는 생각에, 샘의 가슴에 내 손을 올려놓았다. 전에 어떤 친구들이 아기는 엄마 뱃속에 있을 때부터 아빠의 목소리를 구별하고 태어나자마자 그 목소리를 알아들을 수 있다고 했던 기억이 났다. 그래서 샘에게 말을 걸어 보았다.

나는 최대한 부드럽고 조용한 목소리로 말했다. "괜찮아, 아가야."

샘은 곧바로 멈칫하더니 눈을 뜨고 귀를 기울였다. 그것이 우리의 첫 만남이었다. 정말 황홀했지만… 얼마 가지는 못했다.

의사 한 사람이 내게 손을 치워달라고 조용히 부탁했다. 나는 손을 치우면서 수술실에 가득한 의사와 간호사들이 대단히 분주하게 움직이고 있음을 깨달았다. 나는 뒤로 돌아 셸비를 보았다. 셸비는 배가 절개된 채 수술대 위에 누워 있었고 그 옆에는 태반이 담긴 금속 그릇이 있었다. 그리고 다시 샘을 내려다보니 피부가 보라색이었다! 그때까지 나는 눈치채지 못하고 있었는데, 샘이 숨을 쉬지 않고 있었다.

의사들은 점액을 제거하기 위해 샘의 목구멍에 관을 삽입했지만, 흡입기가 제대로 작동하지 않았다. 게다가 여분의 관을 신청하기 위해 전화를 하려 했지만 병원 내선까지 먹통이었다. 샘의 주치의는 샘의 입과 코를 마스크로 부드럽게 막고 소형 손 펌프를 이용해 공기를 주입했다. 펌프질을 할 때마다 샘의 피부에서는 파리한 빛이 조금씩 옅어졌다. 그러나 기구를 치우고 샘이 스스로 숨을 쉬게 하면, 서서히 보라색으로 되돌아갔다. 아무도 허둥대지는 않았다. 전화와 씨름하는 의사도 당황한 것처럼 보이지는 않았다. 그러나 모두 대단히, 아주 대단히 진지해 보였다. 의사들의 모습에서는 지금이 일반적인 상황인지 아니면 내가 두려움에 떨어야 하는 건지를 전혀 읽을 수 없었다.(둘라는 눈에 들어오지도 않았다.) 그래서 나는 멀거니 서서 지켜보기만 했다. 내가 할 수 있는 일은 아무것도 없었다. 내 아들이 죽게 되는 건지도 전혀 알 수 없었다. 몇 초 전만 해도 기쁨이 가득했는데, 갑자기 아버지라는 게 너무도 두려워졌다.

몇 분쯤 지났을까, 마침내 샘이 첫 숨을 들이쉬었다. 그러자 샘을 둘러싸고 있던 의사들이 일제히 안도의 한숨을 내쉬었다. 그제야 나는 그들도 무척 겁을 먹고 있었다는 사실을 깨달았다. 나로 말할 것 같으면 서 있기조차도 어려웠다. 샘은 태어난 지 6분이 지나서야 첫 숨을 쉬었다. 정신이 하나도 없었다. 나는 여전히 방향감각을 상실한 상태였다. 헤엄쳐 올라가고 싶었지만 어디가 위인지 알 수 없었다.

아기는 일단 첫 숨을 내쉬면 대체로 계속 숨을 쉰다. 그래서 샘의 폐가 작동하기 시작하자, 주치의는 웃는 얼굴로 샘을 내게 안겨 주면서 아내에게 데려가 보여 주라고 말했다. 나는 샘을 가슴 쪽으로 당겨 안고 두 손가락으로 샘의 머리를 받쳐 셸비에게 데려갔다. 1분 전까지만 해도 샘이 잘못될까 안절부절못했는데, 지금은 모두 아무 일도 없었던 것처럼 행동하고 있다. 나는 셸비의 곁에 앉아 샘의 쭈글쭈글한 얼굴을 보며 웃었다. 그러다 마치 한 번도 울어 본 적 없는 사람처럼 미친 듯이 흐느껴 울었다.

나중에 주치의가 샘의 첫 호흡이 지연된 것은 지극히 정상적이었다고 말해 주었다. 제왕절개로 태어나는 아기들에게 종종 있는 일이며, 그런 문제로 인해 장기에 어떤 영향이 나타났다는 연구 결과는 없었다고 말했다. 샘이 숨을 쉬지 않던 시간 내내 의사가 샘의 폐로 다량의 산소를 공급했기 때문이었다. 또 셸비의 자궁에서 샘을 꺼낼 때 샘의 목에 탯줄이 두 바퀴 감겨 있었다는 이야기도 해 주었다. 그 탯줄에 샘의 목이 졸리지는 않았지만, 의사는 진통을 하는 동안 샘의 분만이 좀처럼 진행되지 않았던 이유가 이것 때문일 수 있다고 추측했다. 의술의 개입이 없었다면 샘이 무사히 태어날 수 있었을지 나는 잘 모르겠다. 그러나 그 모든 경험은 지금껏 내가 살아오면서 겪었던 그 어떤 일보다도 강렬했다. 샘이 살았다는 것에 대해서는 이루 말할 수 없이 감사했지만, 한편으로 샘이 첫 숨을 내쉬기 전까지 느꼈던 무력감은 어쩌면 아이를 키우는 데 필요한 능력이 내게는 부족할지도 모른다는 걱정을 안겨 주었다. 기대와 부담이 동시에 밀려왔다. 아버지가 된다는 것은 내 모든 감정을 극대화시키는 일이었다.

그러나 나는 그날의 경험을 동물행동학 교과서에 빗대어 볼 수밖에 없다. 여기 아버지 고깃덩이 로봇이 있다. 그는 자식이 위험한 상태에 놓이면, 자신의 DNA 분자가 내리는 명령에 따라 스트레스 호르몬을 분비한다. 예측할 수 있는 모든 생리적 효과를 내기 위해서다.

나는 지금도 나 자신을 그런 식으로 본다. 샘이 뭔가 새로운 행동을 하거나 나를 쳐다보고 웃거나 하는 모든 행동이 내게는 마법처럼 느껴지지만, 이는 모두 생물의 본능에 불과한 것이다. 그 6분 동안 내가 느꼈던 감정이 무엇이든, 샘이 태어난 그날의 내 감정은 새가 둥지를 짓도록 유도하는 호르몬보다 조금도 특별하지 않다는 것을 나는 알고 있다.

질투는 아기를 갖는 데 큰 부분을 차지한다. 우리가 다른 예비 부모들과 자신을 끊임없이 비교하기 때문이다. 셸비의 질투는 제왕절개를 하지 않은 다른 엄마들과 이야기를 할 때 가장 확연히 드러났다. 샘이 태어나고 처음 몇 달 동안 셸비는 자주 그런 이야기를 했다. 탯줄에 관해 의사가 했던 말은 중요하지 않았다. 셸비는 자신이 좀 더 참았더라면 제왕절개를 어떻게든 피할 수 있었을 거란 생각을 좀처럼 떨치지 못했다. 우리와 이야기를 나눴던 많은 엄마들이 그냥 하다 보니 되더라고 말하는 바람에, 셸비의 본능은 자신이 뭔가를 잘못한 거라며 끊임없이 자책했다. 그로부터 2년이 지난 지금은 많이 가라앉긴 했지만, 셸비에게 그 일은 여전히 괴로운 기억이다.

요즘 우리 부부가 다른 가족과 비교를 하는 부분은 아이의 발달에 관한 것들이다. 우리가 알기로는 다른 부모들도 우리처럼 비교를 한다. 샘은 어제 밤에 네 번이나 깼는데, 우리 친구의 딸인 줄리아는 2개월 때부터 밤새 안 깨고 잘 잔다. 샘은 아직 셋까지밖에 셀 줄 모르지만, 올리비아는 10부터 거꾸로 셀 수도 있다. 셸비와 나는 아이의 성장 속도가 저마다 다르다는 것을 알고 있었다.(어쨌든 우리는 과학자였기 때문에 성장에 관한 과학 논문과 책도 몇 편 읽었다.) 하지만 다른 아이의 이야기를 들었을 때 감정적으로 반응하지 않기란 무척 어려운 일이었다. 샘이 앞서면 우쭐한 기분이 들었고, 샘이 뒤처지면 다른 면에서는 발달이 빠를 것이라 짐작했다. 그러나 나는 우리가 이런 비교를 했다는 사실 자체가 무척 당황스럽다.

정말 바보 같은 짓이다. 셀비와 내가 아는 사람들 중에는 안타깝게도 아이가 암에 걸린 사람도 있고 유산을 한 친구도 있다. 그러니 우리도 그저 축복이라고 여기고 만족해야 한다는 사람도 있을 것이다. 샘은 건강하고 행복한 아이이며, 아주 잘해내고 있다. 그러나 아이를 기르다 보면 주위의 다른 아이들은 어떤지에 귀를 쫑긋 세우게 된다.

진화의 관점에서 볼 때, 다른 사람들의 양육 경험에 관심을 기울이는 것은 자신이 아이를 잘 키우고 있는지를 확인할 수 있는 좋은 방법이다. 탐욕에 관한 장에서 다뤘듯이, 어쨌든 샘도 언젠가는 다른 아이들과 경쟁을 해야만 할 것이다. 따라서 내 아이가 다른 아이들에 비해 어떤지가 언젠가는 중요한 문제가 될 것이다. 18개월이 된 샘이 다른 집 아이에 비해 몇 단어를 더 아는지를 걱정하는 것은 에너지 낭비다. 나는 내가 질투를 경험한다는 것이 정말 싫다. 질투는 '다른 사람의 성공에 대한 부정적 감정'으로 묘사된다. 나는 그런 질투가 샘을 기르는 방법의 일부가 되게 하고 싶지는 않다.

전 세계 어디서나 사람들은 시기를 경험한다. 공공 기물 훼손에서 살인에 이르기까지 온갖 범죄가 시기 때문에 발생하기도 한다. 그러나 시기의 속성을 가장 잘 보여 주는 범죄는 역시 절도다. 인간은 다른 사람이 가지고 있는 뭔가를 갖고 싶은 욕망이 생기면, 그 욕망의 대상을 그냥 떨쳐 버리곤 한다. 동물이 질투를 하고 자신을 돌아보는 일은 아마 거의 없겠지만, 동물들 사이에서 도둑질은 공공연하게 일어난다.

돈이나 지적 재산이 없는 동물들 사이에서는 뭔가를 훔친다는 게 불가능해 보인다. 그러나 치타의 경우를 보면 가젤을 죽이기 위해 살금살금 다가가서 쫓고 낚아채기까지 온갖 노력을 기울인다. 그런 치타에게서 가젤의 사체를 빼앗는 하이에나의 행동은 도둑질이라고 보는 게 타당할 것이다. 치타는 가젤을 잡기 위해 시간과 에너지를 들였기 때문에, 생물학자들은 그것을 빼앗는 행동을 절도로 보는 게 옳다고 생각한다.*

어떤 동물은 다른 동물에 비해 도둑질을 더 쉽게 당한다. 뱀이나 개구리처럼 먹이를 곧바로 삼키는 동물은 다른 동물에게 먹이를 날치기 당하는 문제를 별로 겪지 않는다. 그러나 많은 동물이 먹이를 잡은 후에 섭취하기까지 시간이 걸린다. 치타는 그런 동물의 대표적인 사례지만, 개미도 이에 못지않다.

렙토토락스*Leptothorax* 개미는 수백 개체로 이루어진 군집들 속에서 사는데 이 군집들이 기능을 하기 위해서는 먹이 수송 체계가 필요하다. 일개미는 먹이를 삼킨 채 집으로 돌아온 다음, 그 먹이를 다시 토해 내어 자라나는 애벌레들에게 먹인다. 이 애벌레 중 일부는 자라서 일개미가 되고, 일부는 군집을 방어하는 병정개미가 된다. 그리고 그 중심에는 한 마리의 여왕개미가 있다. 여왕개미는 생식

---

* 절도는 전형적인 기생이다. (제3장에서 나왔던 것처럼) 기생은 한 유기체(기생생물)는 이 득을 얻고 한 유기체(숙주)는 비용을 지불하는 두 유기체 사이의 관계로 설명된다. 생 물학자들은 절도에 의한 기생을 절취 기생kleptoparasitism 이라고 하며, 절도를 하는 동물을 절취 기생생물이라고 부른다. 알아챘는지 모르겠지만, kleptoparasitism의 klepto-라는 접두어는 병적으로 도둑질을 하는 질환을 가진 사람을 뜻하는 절도광 kleptomania에서 왔다.

을 할 수 있는 유일한 개미이며, 군집에서 새로 태어나는 모든 개미의 어머니다. 군집 내 모든 개미에게 여왕개미는 자신의 DNA를 후대에 전할 유일한 희망이다. 따라서 군집 내의 모든 고깃덩이 로봇은 궁극적으로 여왕개미의 생존을 위해 일한다. 렙토토락스 개미는 군집이 크고 복잡하기 때문에, 이 개미 군집에서는 먹이를 처리하는 데 시간이 걸리고 도처에 도둑이 활동할 가능성이 있다.

그런 도둑들 중에는 에피미르마*Epimyrma*(라틴어로 '개미보다 우월한'이라는 뜻이다)라는 다른 개미종의 여왕개미도 있다. 마치 좀도둑처럼 렙토토락스 개미집에 조용히 숨어든 이 여왕개미는 첫 번째 렙토토락스 병정개미의 공격을 받으면 제이슨 본Jason Bourne처럼 능수능란하게 병정개미를 제압한 다음, 독침을 쏘아 기절시킨다. 하지만 여왕개미는 병정개미를 죽이지는 않는데, 훗날 자신에게 쓸모가 있기 때문이다. 그리고는 렙토토락스 개미의 분비물을 자신의 몸 전체에 문질러서 낯선 냄새를 감춘다. 일단 냄새를 지우고 나면, 들키지 않고 군집 내를 활보할 수 있게 된다. 자신들과 같은 냄새가 나기 때문에 렙토토락스 개미들은 이 여왕개미가 침입자라는 사실을 확인할 방법이 없다. 완벽하게 변장을 한 이 침입자 여왕개미는 렙토토락스 여왕개미의 방으로 가서, 무방비 상태의 여왕에게 접근한다. 그리고는 큰턱으로 렙토토락스 여왕개미가 죽을 때까지 서서히 목을 조른다.[1]

기존 여왕개미가 죽으면 에피미르마 여왕개미는 그 자리를 차지하고 렙토토락스 군집의 새 지도자가 된다. 그리고 자신의 알을 낳으면 군집의 일개미들에게 그 알들을 먹이고 돌보게 한다. 일개미들은 자신도 모르는 사이에 노예가 되는 것이다. 이는 단순히 군집의 먹이를 훔치는 게 아니다. 이 여왕개미는 군집 자체를 훔친 것이다.

이런 종류의 절도를 하는 개미는 최소 200종에 달한다. 그러나 절도 방식이 모두 똑같지는 않다. 이를테면, 폴리에르구스*Polyergus* 개미는 이른바 '노예 습격'을 벌인다. 1500개체 정도의 폴리에르구스 개미가 포르미카*Formica* 개미 군집으로 쳐들어가 공격을 하는 것이다.[2] 이 약탈자 개미는 포르미카의 애벌레를 닥치는 대로 잡아서 자신의 군집으로 데려온다. 폴리에르구스 군집에서 성체로 자란 포르미카 애벌레는 자신이 그곳의 일원이라고 여기고 일을 하기 시작한다. 문제는 폴리에르구스 개미가 지나치게 노예에 의존하다 보니 포르미카 개미 없이는 살 수가 없다는 점이다. 폴리에르구스 군집에는 항상 포르미카 개미가 있다. 이는 종 전체가 다른 종의 고통에 의존에서 살아가는 것을 보여 주는 한 사례일 뿐이다.

거미는 개미와 달리 대체로 독립생활을 하지만, 먹이를 먹기 전에 저장해 두는 습관 때문에 자주 도둑질을 당한다. 이를테면 거미줄을 치는 왕거미는 먹이를 처리하는 데 비교적 오랜 시간이 걸린다. 거미는 우선 거미줄을 치고 그 중심에 앉아서 곤충이 거미줄에 걸렸을 때 일어나는 진동이 오길 기다린다. 진동이 오면 사투를 벌이고 있는 곤충에 다가가서 거미줄로 동여매 놓고 독을 주입한 다음 그냥 매달아 둔 채 사냥을 계속한다. 거미는 거미줄의 중심에 있는 자신의 자리로 돌아오고, 무기력하게 거미줄에 묶여 있는 곤충의 내부 장기에서는 거미독에 의해 화학적 소화가 일어난다. 거미는 나중에 양분을 섭취하고 싶을 때 죽은 곤충에게 다가가서 이제는 액체가 된

곤충의 내장을 빨아먹으면 된다.

아르기로데스*Argyrodes* 거미는 먹이를 구하기 위해 별다른 노력을 하지 않는다. 대신 이 거미는 왕거미의 거미줄 근처를 배회한다. 왕거미는 길이 약 5센티미터의 대단히 큰 거미인 반면, 아르기로데스 거미는 길이가 그 절반 이하에 불과하다. 가끔씩 작은 곤충이 왕거미의 거미줄에 걸리면, 아르기로데스 거미는 왕거미가 오기 전에 얼른 달려와서 먹이를 훔쳐간다. 그러나 이런 도둑질은 왕거미에게 별로 큰 문제가 되지 않는다. 도둑질의 대상이 되는 곤충은 대체로 크기가 아주 작은데, 이런 먹이는 너무 작아서 왕거미가 거들떠보지도 않기 때문이다.

그러나 가끔 아르기로데스는 더 큰 먹이를 노리기도 한다. 크고 통통한 곤충이 거미줄에 걸리면, 왕거미는 평소처럼 거미줄로 둘둘 말아서 움직이지 못하게 한 다음 독을 주입한다. 아르기로데스 거미는 거미줄의 진동을 통해 이 사냥을 관찰할 수 있다. 그리고는 왕거미의 관심이 다음 먹이로 옮아가기를 기다린다. 왕거미가 다음 먹이를 포장하기 위해 자리를 뜨면, 아르기로데스 거미는 첫 번째 먹이로 다가가서 얼른 거미줄에서 떼어 낸 다음 들고 도망친다.[3]

게다가 아르기로데스 거미는 훔친 먹이를 꼭 먹는 것도 아니다. 어떤 아르기로데스 수컷은 짝짓기를 하는 동안 암컷에게 먹히지 않기 위해 훔친 먹이를 선물로 주기도 한다.[4] 앞서 우리는 색욕에 관한 장에서, 선물을 좋아하는 암거미 때문에 수거미는 짝짓기 허락을 받기도 전에 종종 생명의 위협을 받기도 한다는 이야기를 들었다. 선물을 요구하는 암컷 때문에 자신을 잡아먹을 수 있을 정도로 큰 포식자로부터 먹이를 훔쳐 내야만 하는 수컷은 그 완벽한 본보기다.

아르기로데스 거미가 도둑질할 때 활용하는 전략은 다른 거미에게 가까이 갈 필요가 전혀 없지만, 쿠리마구아Curimagua 거미는 아무런 보호 장치도 없이 몸집이 30배나 더 큰 거미의 바로 앞까지 다가가서 입으로 들어가는 먹이를 훔친다. 쿠리마구아 거미는 길이가 약 1밀리미터에 불과하지만, 3.8센티미터 길이의 디플루라Diplura 거미의 먹이를 도둑질한다. 디플루라 거미는 깔때기 모양의 거미줄을 치고 메뚜기나 딱정벌레, 심지어 개구리 같은 큰 동물들이 거미줄 근처로 다가오면 갑자기 튀어나와서 독니로 공격한 다음, 잡은 먹이를 깔때기 거미줄 입구로 끌고 와 체액을 빨아먹는다.

커다란 디플루라 거미가 먹이를 먹기 시작하면, 쿠리마구아 거미는 디플루라 거미의 입 바로 앞까지 다가와 나란히 먹이를 먹기 시작한다.[5] 사실, 이 작은 도둑은 마음만 먹으면 어디든지 돌아다닐 수 있다. 깔때기 모양 거미집 안은 물론이고, 디플루라 거미의 눈 위로도 기어 다닌다. 디플루라 거미는 전혀 신경을 쓰지 않는 것처럼 보이는데, 아마 쿠리마구아 거미가 워낙 작아서 이 거미가 훔쳐 가는 열량보다 이 침입자를 잡아서 죽이는 데 필요한 열량이 훨씬 더 많기 때문일 것이다.

이런 전략은 작은 거미들에게 효과가 있다. 사실, 효과가 너무 좋아서 다른 곳에서 살 수 있는 능력마저 상실했다. 아르기로데스 같은 거미는 먹이를 훔치기는 하지만, 스스로 거미줄을 치고 먹이를 잡을 수 있다. 그러나 쿠리마구아 거미는 더 이상 자력으로 사냥을 하지 못한다. 내가 아는 한, 이 거미는 전 세계 4만 4000종이 넘는

거미 중에 유일하게 고유의 사냥 기술이 없다.[6]

도둑질을 하는 다른 독특한 거미로는 깡충거미jumping spider에 속하는 바기라 키플린지*Bagheera kiplingi*라는 매우 특별한 거미가 있다.(만약 러디어드 키플링Rudyard Kipling의『정글북The Jungle Book』을 읽어 본 적이 있고 흑표범 바기라Bagheera를 기억한다면, 이 라틴어 학명을 잊을 수 없을 것이다.) 바기라 키플린지는 세계에서 유일한 초식 거미로 알려져 있다. 아카시아 나무가 개미들에게 꽃꿀을 제공하고 그 대가로 보호받았던 것을 기억하는가? 이 거미도 그 아카시아 나무에 살면서 아카시아 나무가 개미를 위해 만드는 꽃꿀을 먹는다. 짐작하겠지만, 개미들은 이 거미를 달가워하지 않는다. 그래서 이 거미는 끊임없이 개미를 피해서 몸을 숨겨야만 한다.

공격을 당할 때는 뛰어서 도망을 치거나 개미가 닿을 수 없는 곳에 매달려 있기도 한다. 이 거미는 엄격한 채식주의자는 아니다. 때때로 개미 애벌레를 잡아먹기 때문에 기술적으로는 개미 포식자도 된다. 그러나 바기라 거미는 개미를 죽이기보다는 개미의 꽃꿀을 훔쳐서 대부분의 먹이를 구한다.[7]

징그러운 벌레들만 도둑질을 하는 것은 아니다. 도둑질은 큰 동물들 사이에서도 일어난다. 이를테면, 아프리카의 포식자들 중에는 스스로 잡은 먹이로 모자라서 다른 포식자의 먹이를 훔치는 동물도 많다. 하이에나는 사자의 먹이를 훔치는 것으로 유명하지만, 사정은 〈라이언 킹The Lion King〉의 내용처럼 그렇게 일방적이지는 않다. 사자도 대단히 적극적으로 사체를 훔치며, 하이에나들이 사냥해서 잡은 먹이를 사자 무리가 훔치는 경우도 종종 있다.[8]

도둑질을 당하는 동물의 입장에서 볼 때, 도둑질은 단순히 성가신 일 정도가 아니라 생존에 위협이 된다. 사냥은 날마다 할 수 있는 게 아니라서, 사냥한 먹이를 도둑질당하면 며칠을 굶고 지낼 수도 있다. 그렇기 때문에 먹이 도둑질은 큰 문제를 낳을 수 있으며, 특히 전력으로 달려서 사냥감을 잡고 먹이를 죽이느라 많은 열량을 소모한 직후에는 더욱 문제가 된다. 예를 들면 치타는 사냥을 한 후에는 가능한 한 빨리 먹이를 숨기겠지만, 경쟁 상대인 다른 육식동물에게 일단 그 먹이가 발각되면 그곳을 떠나야만 한다. 다른 포식자들과의 경쟁 때문이다. 이는 사냥감이 풍부하다고 해도 치타로서는 특정 서식지를 활용하지 못할 수 있다는 것을 의미한다. 사실 치타는 사자나 하이에나의 울음소리가 들리기만 해도 사냥을 중단하고 다른 곳으로 이동한다. 아마도 먹이를 빼앗기는 시련을 당하지 않기 위해서인 것으로 추측된다.[9]

비슷한 사례로는 멸종 위기에 처한 동물인 리카온African wild dog이 있다. 6000마리도 채 남지 않은 리카온은 다른 멸종 위기 동물들과 함께 보호구역 내에 살고 있다. 그러나 하이에나와 사자도 같은 보호구역 안에 살고 있기 때문에 리카온은 그리 편하지 못한 것 같다. 짐바브웨에서 이뤄진 한 연구에 따르면, 보호구역 내에 있는 리카온은 보호구역 밖에 사는 리카온에 비해 먹이를 도둑맞는 횟수가 두 배 더 많다.[10]

자연은 자율적으로 균형을 맞추고 조절을 한다. 자연의 번성에서 중요한 것은, 인간은 뒤로 물러서고 자연이 스스로의 질서를 따르게 해야 한다는 것이다. 그러나 사실 인간을 제외한 동물들에게 질서라는 개념은 찾아볼 수 없으며, 단순히 개체마다 번성을 위해 안간힘을 쓸 뿐이다. 충분히 오랜 시간 동안 동물들이 한 생태계 속에서 살아가다 보면 어떤 균형이 생긴다. 그런데 그 균형이 교란되면 다시는 예전과 똑같은 평형 상태로 돌아가지 않는 경우가 많다. 따라서 만약 우리가 아프리카 사바나의 야생동물들을 관리하지 않으면, 치타와 리카온의 개체 수는 다시 회복되지 않을 수도 있다. 이들의 개체 수를 감소시킨 것은 인간이다. 그러나 인간이 사라진다 해도, 먹이를 훔쳐 가는 다른 동물들이나 그 외 다른 문제가 복합적으로 작용해서 치타나 리카온의 개체 수는 결코 회복되지 못할 수도 있다.

아프리카 사바나 육식동물들의 도둑질 습성은 특별한 의미를 지닌다. 우리 인간도 그들 틈에서 하나의 종으로 진화했기 때문이다. 아주 오랜 옛날로 거슬러 올라갈 수 있다면, 우리는 다른 포식자들에게서 먹이를 훔치고 있는 사자와 하이에나를 보게 될 것이다. 그러나 그들 역시 그 먹이를 두고 제3의 종과 싸움을 벌이고 있었을 것이다. 그 제3의 종은 바로 우리 인간이다.

고기를 찾던 초기 인간에게는 누gnu의 사체를 넘보는 사자들을 쫓는 일이 위험했겠지만, 다른 누를 사냥하는 것보다는 훨씬 매력적인 전략이었을 것이다. 초기 인간들에게 사냥감을 추적하는 것은 뜨거운 한낮의 태양 아래에서 8시간 이상을 헤매야 하는 일이었다.

인간이 대형동물을 이런 식으로 사냥할 수 있다는 것은 얼핏 생각하면 불가능한 일일 것 같다. 그러나 전 세계의 전통 사회에는 지구력 사냥persistence hunting이라고 불리는 사냥법이 남아 있다. 이런 전통 사회로는 남아프리카의 칼라하리 원주민, 동부 아프리카의 하드자Hadza 원주민, 멕시코 북부의 타라후마라Tarahumara 원주민, 미국 남서부의 나바호Navajo 원주민, 오스트레일리아 원주민 등이 있다. 인간은 달리기 위해 태어났다.[11] 하루 종일 책상 앞에 앉아 있는 사람이라도 일주일에 며칠만 조금씩 운동을 하면 10킬로미터 달리기 정도는 별 노력을 들이지 않고도 완주할 수 있다. 실제로 해마다 수천수만의 사람들이 42.195킬로미터의 마라톤 코스를 완주하며, 더 나아가 100킬로미터나 그 이상의 거리를 달리는 울트라 마라톤을 완주하는 사람들도 있다. 우리 조상이 내리 여덟 시간을 달릴 수 있었다는 생각이 그렇게 터무니없지만은 않다. 대형동물은 단거리에서는 인간보다 빠르지만 건장한 인간만큼 오래 달리지는 못한다. 인간은 장거리에서는 지구상 어느 동물보다도 잘 뛰는 동물 중 하나다.

인간이 뜨거운 태양 아래에서 대형동물을 쫓을 때, 쫓기는 동물은 결국 탈진하게 된다. 인간은 달리는 동안 계속 땀을 흘리지만, 네발 동물은 숨을 헐떡여서 열을 식힌다. 그러나 네발 동물은 발걸음에 맞춰 숨을 쉬기 때문에, 달리는 동안에는 발생한 열을 충분히 식힐 수 있을 정도로 빨리 헐떡이지 못한다. 달리기를 멈추고 그늘에서 숨을 헐떡이지 않으면 체온이 너무 올라가서 지쳐 쓰러질 수밖에 없고, 결국 뒤를 쫓던 인간들에게 붙잡히게 되는 것이다.

1980년대에 한 연구진은 농업과 도시화가 아직 휩쓸고 지나가지 않은 동부 아프리카에서 50여 명의 하드자 원주민들과 1년 정도 함께 생활을 했다.[12] 연구진의 발견에 따르면, 이 부족은 지구력 사냥법을 활용했지만 부족의 일원들이 주변을 항상 자세히 주시하면서 다른 포식자가 금방 사냥을 했다는 낌새가 없는지 확인했다. 만약

독수리가 허공을 선회하거나 하이에나나 사자가 밤에 울거나 하면, 하드자 원주민은 곧장 그 방향으로 달려갔다. 표범이나 하이에나는 사람들이 도착하자마자 도망을 갔지만, 사자는 완강하게 버티다가 사람들의 먹이가 되는 일이 종종 있었다. 그해에 마을로 들여온 죽은 동물의 20퍼센트는 다른 동물에게서 빼앗은 것이었고, 여기에는 코끼리, 얼룩말, 멧돼지, 기린, 누, 임팔라가 포함되었다.

카메론과 우간다를 비롯해, 아프리카의 다른 곳에 사는 원주민들도 다른 포식자들로부터 고기를 훔치는 풍습이 있었던 것으로 관측된다. 수천 년 전에 같은 장소에 살았던 사람들과 20세기의 사람들이 비슷한 사냥법을 쓴다고 가정했을 때, 사냥감을 훔치는 습성은 우리가 하나의 종으로서 성공을 거두는 데 일조했을 것이다. 모든 증거가 가리키는 바에 따르면, 우리는 두 다리로 걸을 수 있었던 기간 거의 내내 도둑이었다.

동물은 정말 질투 때문에 도둑질을 할까? 이는 까다로운 질문이다. 동물이 진짜 질투를 경험하는지를 판단하기는 거의 불가능하지만, 그래도 꽤 가능성이 있다. 동물이 질투를 한다는 것을 확실히 증명하기 위해서는 먼저 동물이 자신의 경험을 다른 동물과 비교한다는 것을 증명해야 한다. 그다음, 자신이 가진 것과 경쟁자가 가진 것의 차이를 가늠할 수 있다는 것을 증명해야 한다. 그리고 마지막으로, 이 차이 때문에 동물이 부정적으로 반응한다는 것을 증명해야만 한다. 이는 대단히 어려운 주문이다. 동물이 질투를 할 때 인간이 하는 것과 비슷한 행동을 보인다고 해도, 엄밀한 실험을 거치지 않는 한 그것이 질투인지 정말 알 수는 없다.

그런데 이런 실험이 꼬리감는원숭이capuchin monkey를 대상으로 시행된 적이 있다. 무척 흥미로운 결과가 나왔다.[13] 연구자들은 원숭이들을 훈련시켜 연구자에게 작은 돌멩이를 가져오게 했다. 이에 대한 보상으로 원숭이는 **좋아하는** 포도나 작은 오이를 받았다. 원숭이는 오이보다 포도를 훨씬 좋아했지만 마지못해 오이를 받았다. 놀이에 질투를 도입하기 위해, 연구자들은 원숭이들의 우리를 나란히 놓고 포도와 오이를 먹였다. 따라서 원숭이들은 이웃한 원숭이가 무엇을 받았는지를 항상 볼 수 있었다.

원숭이는 이웃한 원숭이와 같은 것을 상으로 받았을 때는 그것이 포도든 오이든 기꺼이 받아들이고 계속 놀이에 참여했다. 그러나 자신은 오이를 받았는데 이웃한 원숭이가 포도를 받는 것을 보았을 때는 화를 냈다. 때로는 연구자에게 오이를 다시 집어던지거나 놀이를 아예 그만두기도 했다. 같은 일에 대해 누군가 더 많은 보상을 받는 것을 보고, 그 일을 본질적으로 거부한 것이다.

지금까지 내가 묘사한 내용을 보고 원숭이가 질투를 한다고 추측을 할 수도 있지만, 다른 설명도 가능하다. 오이를 받은 원숭이는 아마도 옆 우리에 있는 원숭이가 받은 포도를 보고 포도가 얼마나 맛있는 것인지를 떠올렸을 가능성도 있다. 이는 질투가 아니라 맛있는 음식이 생각날 때 형편없는 음식을 먹는 게 힘든 것이다. 어쩌면 질투라기보다 원숭이는 단순히 실망을 했을 수도 있다.

연구자들은 실망을 배제하기 위한 실험을 설계함으로써, 그들이 관찰한 것이 정말로 질투였다고 확신할 수 있었다. 이들은 두 원숭이가 모두 오이를 받는 실험에서 원숭이들에게 잘 보이도록 우리의 바로 앞에 포도가 놓인 그릇을 놓아두었다. 이번에는 원숭이들이 화를 내지 않았다. 이를 통해 원숭이들은 '더 맛있는' 포도를 먹지 못해서 실망을 한 게 아니라는 사실이 밝혀졌다. 시발점은 분명 두 원숭이가 받은 보상의 차이였다. 이렇게 실험을 세심하게 설계함으로써, 꼬리감는원숭이가 질투를 느낀다는 것이 멋지게 밝혀졌다.

개도 비슷한 경향을 나타낸다. 한 연구에서 연구자들은 여러 쌍의 개를 나란히 놓고 '앞발을 달라'고 명령했다. 개들이 명령을 따랐을 때 두 마리 모두에게 상을 주거나 두 마리 모두에게 상을 주지 않으면, 개들은 연달아 30번 이상 명령에 복종했다. 그러나 만약 한 마리는 상을 주고 다른 한 마리는 주지 않으면, 상을 받지 못한 개는 곧바로 명령을 따르지 않았다. 이번에도 연구자들은 개들이 볼 수 있는 곳에 상을 두고 아무도 상을 주지 않음으로써 이것이 낙담이 아니라 질투라는 것을 확인했다.[14]

나는 다른 동물들 중에도 질투를 느끼는 동물이 많을 것이라고 추측하지만, 다른 동물에 대해서는 아직 실험 결과가 없다.(침팬지를 대상으로 한 실험이 있었지만 결과가 다소 불확실하다.)[15] 자연에는 질투를 하는 동물이 많을지도 모른다. 그러나 이런 실험을 해 보지 않고는 확실히 알 길이 없다. 공원에서 다른 비둘기의 빵조각을 훔치는 비둘기를 보고 다른 비둘기가 가진 게 샘이 나서 그런 건지 그냥 단순히 빵이 먹고 싶어서 그런 건지는 알 수 없다. 그러나 분명한 사실은 자연이란 동물들이 서로 뺏고 뺏기는 살벌한 곳이라는 점이다. 동물의 내적 감정 상태를 너무 세세하게 나누는 것은 이 책의 주제를 벗어난다.

질투는 좋은 자극이 되기도 한다. 어떤 아이가 옆집에 사는 의사가 멋져 보여서 의대에 진학하고 싶다는 목표를 갖게 되었다면, 좋은 일이라고 생각한다. 평화롭고 고요하게 직장 생활을 하는 동료의 모습이 부러워서 그처럼 되기 위해 명상과 요가를 시작했다면, 아주 좋은 일이다! 다른 사람이 무엇을 가졌는지 알기 위해 주위를 둘러보고 자신도 그것을 가지려고 노력하는 것은 인간 사회의 기본적인 작동 방식 중 하나다. 꼬리감는원숭이와 개의 질투는 사회성 동물의 일원이 됨으로써 얻는 모든 장점에 부수적으로 따라오는 작은 비용일지도 모른다.

그러나 질투에는 부정적 작용도 있다. 도둑질은 질투의 명백한 징후이며, 또 다른 징후로는 배신이 있다. 이런 경우를 생각해 보자. 이웃의 배우자를 탐하면 외도로 이어질 수도 있고, 연관된 모든 사람들에게 심각한 마음의 상처를 줄 수도 있다. 동물은 어지간한 바람둥이 인간보다 더 바람을 많이 피우며, 나는 이 가운데 적어도 일부는 질투가 중요한 역할을 한다고 생각한다.

일부다처제인 종을 예로 들어 보자. 이런 경우에는 수컷 한 마리가 한 무리의 암컷 전체와 짝짓기를 한다. 이는 다른 수컷의 처지에서 보면, 주변으로 밀려나서 아무와도 짝짓기를 할 수 없다는 것을 의미한다. 이 수컷들이 질투를 하지 않는 게 어떻게 가능할까? 이런 사례로 내가 즐겨 다루는 동물은 주머니날개박쥐다. 나태에 관한 장에서 잠시 언급했던 주머니날개박쥐는 흡혈박쥐를 처음으로 보기 위해 찾아갔던 코스타리카의 동굴 입구에 살던 박쥐다. 주머니날개박쥐의 수컷은 짝짓기를 하고 싶은 암컷에게 똥과 오줌을 던지는 것으로 알려져 있다.(그렇다, 그들이 주머니날개박쥐다.) 맹세컨대, 자연계에서는 성이 있는 종이라면 반드시 성을 둘러싼 질투가 벌어진다.[16]

주머니날개박쥐는 한 마리의 수컷이 7마리 이상의 암컷으로 이루어진 하렘harem의 짝짓기 상대가 된다. 암컷 주머니날개박쥐들은 서로의 새끼들과 함께 나무나 동굴이나 건물 한 켠에서 살아간다. 위성 수컷satellite male이라고 하는 짝 없는 수컷들은 근처의 횃대에 앉아 있다.

주머니날개박쥐라는 이름의 유래가 된 날개의 주머니는 팔꿈치 바로 위쪽에 위치한다.(여기서부터 역겨워지기 시작한다.) 수컷 박쥐는 곤충을 사냥하기 위해 밤 여행을 나서기 직전에 날개에 있는 주머니를 깨끗이 혀로 핥는다. 그리고는 몸을 아래로 숙여 입안에 자신의 오줌을 머금고, 그 오줌을 날개 주머니 속에 뱉는다. 그다음에는 몸을 뒤로 기울여서 목구멍이 자신의 생식기 앞에 오도록 자세를 취하고 음경에서 나오는 흰색의 액체 방울이 얼굴 털에 들러붙을 때까지 몸을 흔든다. 박쥐는 뺨에 붙어 있는 액체 방울을 오줌이 들어 있는 날개 주머니로 옮기고, 같은 과정을 반복해서 반대편 날개 주머니까지 채운다.

그러면 오줌과 침과 생식기 분비물이 한 데 섞인 일종의 머스크 향수가 만들어지는 것이다. 그다음 수컷은 집단 내의 한 암컷 앞에서 날개를 흔들며 정지 비행을 한다. 마치 사람이 소금통을 흔들어 음식에 소금을 뿌리는 것처럼 수컷 박쥐는 날개를 흔들어서 암컷의 몸에 수컷의 관능적인 향수를 맛보기로 조금 뿌려 준다.

그 냄새를 통해, 수컷은 자신이 얼마나 건강한지를 알리고, 암컷은 그 수컷이 짝짓기를 하고 싶을 정도로 매력적인지를 판단한다. 그래서 수컷은 날마다 주머니를 깨끗이 비우고 새로운 향수를 만들어야 한다. 주머니에 살고 있는 세균이 끊임없이 냄새 분자를 분해해서 호감이 덜한 다른 냄새로 바꿔 놓기 때문이다. 세균으로 인한 이런 냄새는 암컷에게 그 수컷이 건강하지 않다는 신호로 여겨진다.

가끔은 위성 수컷도 암컷 중 하나에게 자신이 만든 향수 견본을 선보이기도 하지만(때로는 하렘의 수컷에게 냄새를 뿌리는 실수를 하기도 한다!), 하렘의 수컷은 그런 위성 수컷에게 자신의 냄새를 잔뜩 뿌려서 하렘 밖으로 쫓아낸다.

위성 수컷이 하렘을 차지할 기회를 기다리고 있다는 것은 어느 정도 분명하다. 연구자들이 시험 삼아 하렘의 수컷을 횃대에서 치우면, 항상 그 자리를 차지하는 것은 다른 하렘의 수컷이 아니라 위성 수컷이었다. 그러나 아무 위성 수컷이나 그 자리를 차지하는 것은 아니고, 원래부터 그 하렘의 바로 옆에 있던 위성 수컷이 차지한다. 여러 개의 하렘이 옹기종기 모여 있는 것을 생각하면, 이런 결과는 위성 수컷이 특정 하렘에만 초점을 맞춰 자리를 꿰찰 기회를 노리고 있다는 것을 암시한다. 내게는 온 세상이 질투처럼 보이지만, 통제된 실험을 수행해 보기 전에는 확인이 불가능하다.

주머니날개박쥐의 일부다처제 체계에서 진짜로 흥미로운 점은 모두가 바람을 피우고 있다는 것이다. 모리 포비치Maury Povich(미국의 방송인, DNA 분석을 통해 출연자 자녀의 친부를 확인하는 〈누가 아빠인가? Who's the Daddy?〉라는 코너를 진행했다—옮긴이)가 부럽지 않을 정도로 열정적인 친부 확인 분석을 한 결과, 연구자들은 주머니날개박쥐의 추악한 비밀을 알게 되었다. 당연히 하렘의 수컷이 위성 수컷에 비해 더 많은 새끼 박쥐를 자식으로 두었지만, 하렘 수컷의 새끼 중 친자식의 비율은 약 30퍼센트에 불과했다. 겨우 30퍼센트였다! 나머지 70퍼센트는 근처의 위성 수컷과 다른 하렘 수컷의 자식이 섞여 있었다.

자연에는 일부다처제가 흔하기 때문에, 다른 수컷과 경쟁을 할 수 없는 수컷의 삶은 무척 고달프다. 그러나 다행히도 다른 전략이 있다. 당당히 싸워 이길 수 없다면 몰래 도둑 교미를 하면 된다. 이런 얌체 수컷은 온갖 종류의 동물에서 볼 수 있는데, 이들의 전략은 창의력을 발휘해서 더 강한 수컷과의 정면 대결을 피하는 것이다.

미국 중부에 사는 평원두꺼비Great Plains toad는 큰 폭풍우가 지나간 뒤에 생긴 물웅덩이에서 짝짓기를 한다. 수컷은 물웅덩이 속에 들어가서 한밤중에 울음을 우는 것으로 짝짓기를 시작한다. 말하자면 "아가씨들, 여기 물 좋아요! 와서 나와 함께 놀아요!" 하면서 암컷을 부르는 것이다.[17]

양서류 수컷의 몸에는 암컷의 몸속에 삽입할 음경이 없다. 대신 물속에서 암컷에게 매달리는 것처럼 뒤에서 끌어안는 일종의 개구리 포옹을 한다.* 그 과정에서 암컷이 물속에 알을 낳으면 수컷은 그 위에 정자를 배출한다. 이것이 바로 양서류의 짝짓기 방식인데, 그 전에 먼저 암수가 만나야 한다.

---

* 양서류가 짝짓기를 할 때 끌어안는 행위를 가리키는 포접amplexus은 라틴어로 '포옹'이라는 뜻이다.

평원두꺼비 암컷은 아무 수컷에게나 접근하지 않는다. 암컷은 몸집이 큰 수컷을 선호한다. 두꺼비의 몸집과 울음소리의 높낮이 사이에는 생체역학적 연관성이 있는데, 몸집이 클수록 울음소리가 굵고 낮다. 따라서 두꺼비가 우렁찬 소리로 굵고 낮게 운다면, 자신이 몸집이 크다는 광고를 하는 것이다. 높은 소리는 암컷에게 좋은 인상을 주지 못하기 때문에, 몸집이 작은 수컷은 손해를 보지만 굵고 낮은 소리를 낼 방법이 없다.(아무리 연주를 잘하는 사람이라도 트럼펫으로 튜바 소리를 낼 수는 없다.)

이 문제를 어떻게 해결할 수 있을까? 큰 수컷의 옆에 바싹 붙어서 아무 소리도 내지 않으면 된다. 굵은 소리를 내는 수컷과 짝짓기를 하기 위해 암컷이 물에 들어오면, 조용히 있다가 얼른 새치기를 해서 암컷을 끌어안는 것이다.

암컷이 이 수컷을 울음의 주인공이라고 생각하는지, 아니면 강제 교미인지, 또 다른 제3의 경우인지는 확실치 않다. 그러나 이 작전이 효과가 있다는 것만은 확실하다. 도둑 교미로도 난자는 수정이 된다. 수정되는 난자의 수로 볼 때 우월한 수컷만큼 효과적이지는 않지만, 이 방법을 쓰면 몸집이 작은 두꺼비도 우회적으로 자신의 DNA를 전달할 수 있다.

또 다른 양체 전략은 스페인 산악 지대에 살고 있는 한 개구리 종류에서 볼 수 있다.[18] 양체 수컷은 이미 수정된 알 덩어리를 찾아 물속을 배회하다가 부모가 떠난 지 오래인 알 덩어리를 찾으면, 마치 암컷과 교미를 하듯이 끌어안고 그 알들 위에 자신의 정액을 방출한다. 유전자 분석 결과, 연못에서 발견되는 개구리 알 중 약 4분의 1은 이런 전략을 쓰는 얌체 수컷의 자손인 것으로 드러났다. 이번에도 역시 우월한 수컷이 자손을 더 많이 남기지만, 상대가 맞붙어 볼 수 없을 정도로 강하다고 해서 게임에서 완전히 떠밀리는 것은 아니다.

양서류의 얌체 수컷 이야기는 여기서 끝나지 않는다. 아마존에 큰비가 내린 후에 개울 옆에 생기는 작은 물웅덩이에서 흔히 볼 수 있는 리넬라*Rhinella*라는 두꺼비가 있다.[19] 물웅덩이가 생기면 수백 마리의 리넬라 두꺼비가 짝짓기를 하기 위해 모여들고, 2~3일 동안 수천 개의 알을 낳는다. 짝짓기 기간이 극히 짧기 때문에, 수컷들 사이에서는 우스꽝스러울 정도로 치열한 경쟁이 벌어지고 그 과정에서 많은 암컷이 다치거나 죽는다. 먼저 한 수컷이 짝짓기를 하기 위해 암컷 위에 올라타면, 다른 수컷이 또 올라타서 먼저 올라탄 수컷을 떼어 내려고 한다. 얼마 지나지 않아, 수많은 수컷으로 이루어진 거대한 덩어리가 암컷의 몸을 내리누르는 형국이 되어 결국 암컷은 익사하고 만다.

이런 아수라장이 지나가면 두꺼비들은 각자의 길을 가고 물웅덩이에는 수정된 알들 사이로 죽은 암컷의 시체들이 군데군데 남아 있다. 바로 이때, 얌체 수컷이 나타나서 죽은 암컷을 끌어안고 짝짓기를 하기 시작한다. 이런 행동은 시간屍姦이기는 하지만, 수컷이 죽은 암컷의 양 옆구리를 누르면 점액질의 줄에 꿰인 끈적끈적한 진주알 같은 난자들이 하나씩 나오기 시작한다. 때로는 다른 수컷이 다가와 첫 번째 수컷을 떼어 내려고 하기 때문에, 첫 번째 수컷은 암컷의 시체를 연못가로 밀어붙이면서 모든 알을 자신의 정자로 수정시키려고 한다.

그런데 놀랍게도 이것이 효과가 있다. 이 시체성애자 얌체 수컷은 자신의 DNA를 전달하게 된다. 죽은 암컷과 짝짓기를 하는 수컷은 펭귄, 오리, 갯가재 같은 다른 동물 무리에서도 많이 관찰되었지만, 시간을 통해 실제로 자손을 보는 동물은 리넬라 두꺼비가 유일하다.

내게 이 이야기는 자연이 인간 행동의 모범이 되어서는 안 된다는 것을 특히 잘 보여 주는 이야기다. 아마존 밀림 속 어딘가에 있는 물웅덩이에서는 수컷 두꺼비가 죽은 암컷의 몸에서 알을 짜내고 있는데, 이 암컷이 죽은 까닭은 교미를 하기 위해 잔혹하게 덤벼든 한 무리의 수컷들 때문이었다. 다음에 누군가 여자는 집에서 살림을 해야 한다는 따위의 주장을 하면서 그 정당성을 입증하기 위해 자연을 들먹인다면, 자연에서 영감을 받는 그들에게 리넬라 두꺼비의 사례는 어떤 식으로 적용되어야 하는지 물어 보라.

얌체 수컷은 살아 있는 암컷과 짝짓기를 할 경우에는 비교적 짧은 시간 안에 짝짓기를 끝낸다. 그렇지 않으면 갑자기 나타난 우월한 수컷에게 쫓겨날 수 있기 때문이다. 갈라파고스 섬에서만 발견되는 바다이구아나marine iguana에도 얌체 수컷이 있는데, 이들은 초고속으로 거사를 치를 수 있는 간편한 방법을 찾아냈다.[20]

암컷 바다이구아나는 해마다 몇 주의 짧은 기간만 짝짓기를 한다. 수컷들은 암컷에게 접근할 수 있는 영역을 지키기 위해 극심한 경쟁을 한다. 아마 모르겠지만, 수컷 바다이구아나는 짝짓기를 시작해서 절정에 도달하기까지 약 3분의 시간이 필요하다.(내 경험상 이 이야기는 파티에서 대화를 풀어 가는 소재로 아주 좋다.) 덩치가 큰 우월한 수컷에게 이는 아무런 문제가 되지 않지만, 몸집이 작은 얌체 수컷에게는 그럴 시간이 없다. 얌체 수컷은 어렵사리 암컷과 짝짓기를 하게 되더라도 정자를 전달하지도 못하고 번번이 덩치 큰 수컷의 방해를 받을 확률이 매우 높다. 그러면 얌체 전략도 무용지물이 된다.

그래서 바다이구아나의 얌체 수컷은 문제를 이렇게 해결한다. 얌체 수컷은 암컷이 옆을 지나가면 짝짓기 자세를 취한다. 그 암컷과 짝짓기를 하고 싶다는 듯이 몸통과 꼬리를 구부리는 것이다. 이 과정에서 이구아나의 음경에서 정액이 몇 방울 나오는 것을 봤을 때, 이는 분명한 자위다. 이렇게 방출된 정액은 수컷의 음경 끝에 말라붙어 있다가 마침내 짝짓기를 하게 되면 암컷의 몸속으로 들어간다. 만약 이 수컷이 절정에 도달하는 데 필요한 3분을 다 채울 수 있다면 암컷의 몸에 더 많은 정자를 전달할 수 있을 것이다. 그러나 그전에 우월한 수컷에게 밀려나게 되더라도 자위를 하는 동안 만들어낸 마른 정액 일부가 암컷의 몸속에 남게 될 것이다. 그러니 아예 없는 것보다는 낫다.

아주 작은 동물들도 얌체 전략을 활용한다. 달빛도 없는 카리브해의 밤바다에서 스노클링을 해 본 적이 있다면, 바다 밑 해초 사이에서 복잡한 방식으로 반짝거리는 푸른빛을 보는 행운을 누렸을 수도 있다. 아직까지 내 눈으로 직접 보지는 못했지만, 언젠가 꼭 보고 싶은 광경 중의 하나다.

이 빛은 새우처럼 생긴 오스트라코드ostracod라는 동물의 특수한 발광 기관에서 나오는 것이다.[21] 길이가 채 2밀리미터도 되지 않을 정도로 아주 작은 오스트라코드 수컷은 암컷을 유인하기 위해 빛을 발한다. 수컷은 약 12초에 걸쳐 10~12회 반짝거리면서 물속을 60센티미터 정도 헤엄쳐 상승하는데, 그 과정에서 파란 빛을 내는 작은 점들이 나타난다. 수컷들이 만드는 엄청난 수의 파란 빛이 점점이 반짝이는 그 광경은 상상만으로도 숨 막힐 정도로 아름답다. 암컷 오스트라코드도 분명히 그렇게 생각할 것이다. 암컷은 어둠 속에서 인상적인 수컷에게 다가가서 자신이 고른 수컷을 끌어안는다. 둘은 짝짓기를 하고 수컷은 암컷의 몸속에 정자를 남긴다. 그 후 암컷은 알을 품기 위해 어디론가 헤엄쳐 간다.

문제는 이런 발광 행동이 포식자들도 끌어들인다는 점이다. 빛을 내면서 뻔히 예측이 가능한 방식으로 움직이는 것은 포식자의 뱃속에서 생을 마감하기 딱 좋은 방법이다. 그러나 짝짓기를 하고 싶은 오스트라코드 수컷에게 다른 선택권은 없다.

뭐, 사실 다른 얌체스러운 방법이 있기는 하다. 오스트라코드의 수컷은 예측 가능한 방식으로 움직이기 때문에 얌체 수컷은 다른 수컷의 바로 위에 자리를 잡을 수 있다. 그러고는 다른 수컷이 자신을 과시하기 위해 빛을 반짝이는 동안, 얌체 수컷은 바로 위에서 헤엄을 친다. 이 얌체 수컷은 운이 좋으면 접근하는 암컷을 가로채서 온갖 노력을 다한 수컷 대신 짝짓기를 할 수도 있다. 오스트라코드 얌체 수컷이 다른 얌체 수컷 동물과 다른 점은, 밤새 두 가지 짝짓기 전략을 바꿔가며 사용한다는 것이다. 몸집의 크기에 따라 역할이 정해져 있는 개구리나 이구아나와 달리, 오스트라코드는 조금 더 유연하게 역할을 바꿀 수 있다. 내게 오스트라코드는 자연 세계의 엄청난 경이로움이 담겨 있는 생물이다. 한밤중에 신비스러운 빛을 발하며 춤을 추는 이 동물은 바늘귀보다 작지만, 어떤 조류나 포유류 못지않게 구애 의식이 복잡하다. 세상에는 놀라움이 가득하다. 특정 동물 무리에 관해 알면 알수록 그 놀라움은 더 커져만 간다.

　호주참갑오징어giant Australian cuttlefish의 얌체 수컷도 나를 항상 웃음 짓게 하는 흥미로운 해양 동물이다. 문어의 사촌으로 여덟 개의 다리를 갖고 있는 이 동물은 몸길이가 50센티미터가 넘고, 몸무게는 9킬로그램이 넘는다. 오징어는 몸 색깔을 곧바로 바꿀 수 있는 능력을 갖고 있는 것으로 유명하다. 그래서 필요할 때 위장을 할 수도 있고, 화려한 색깔로 포식자에게 겁을 줄 수도 있고, 다른 오징어와 의사소통을 할 수도 있다. 의사소통을 할 수 있기에, 거짓말도 당연히 가능하다. 오징어 얌체 수컷은 현란한 거짓말쟁이다.

　수컷 오징어는 적극적으로 암컷을 지키려고 하지만, 암컷은 이런 행동을 마뜩찮게 여긴다. 암컷은 짝짓기 시도의 약 70퍼센트를 퇴짜 놓지만, 선택을 기다리는 수컷이 많기 때문에 매일 17회 이상 짝짓기를 한다. 짝짓기를 하는 수컷의 약 65퍼센트는 몸집이 크고 우월한 수컷이다. 그러나 몸집이 작은 수컷도 암컷과 만날 수 있는 세 가지 방법이 있다. 우월한 수컷의 바로 앞에서 암컷에게 접근을 하는 방법도 있고(그러나 서둘러야 한다), 덩치가 큰 수컷의 시야를 피해 바위 뒤에 숨었다가 암컷에게 접근하는 방법도 있다. 마지막으로, 세 번째 방법은 여장을 하는 것이다.[22]

　오징어는 네 번째 다리 쌍의 모양과 피부 반점의 형태로 암수를 구별할 수 있다. 그래서 '복장 도착' 얌체 수컷은 네 번째 다리 쌍을 몸통 속에 감추고 몸 색깔을 암컷처럼 바꾼다. 그다음 암컷이 알을 낳을 때와 같은 자세를 취한다. 알을 낳을 때가 임박한 암컷은 대개

구애 행위를 받아들이지 않기 때문에, 그런 자세를 취하면 여장 수컷과 짝짓기를 하려 드는 수컷을 대부분 피할 수 있다.*

암컷 흉내를 내는 얌체 전략은 꽤 효과가 좋은 편이다. 건장하고 무시무시한 수컷이 암컷을 지키고 있어도, 여장을 한 얌체 수컷은 그 암컷의 바로 옆까지 들키지 않고 다가갈 수 있는 경우가 종종 있다. 얌체 수컷이 암컷에게 접근하면, 암컷이 퇴짜를 놓는 경우도 있고 우월한 수컷에게 쫓겨나는 경우도 있다. 그러나 순조롭게 짝짓기를 하는 경우가 꽤 많다.

암컷 흉내를 내는 또 다른 수컷으로는 미국 남동부의 붉은뺨도롱뇽red-cheeked salamander이 있다. 붉은뺨도롱뇽은 짝짓기를 할 때 암수가 상대의 몸을 기어 다니면서 대단히 특별한 방법으로 서로 부비는 구애 의식을 한다. 양서류인 도롱뇽은 개구리와 마찬가지로 음경이 없으므로 짝짓기를 하는 동안 둥근 정자 덩어리를 땅에 붙인다. 암컷은 구애 의식을 하는 동안 그 위로 미끄러지듯이 움직여서 정자 덩어리를 몸속으로 끌어들인다.

붉은뺨도롱뇽 수컷은 짝짓기 춤을 추고 있는 암수와 우연히 마주치면 그들을 떼어 놓기도 한다. 그러나 어떨 때는 그들 사이에 몰래 끼어들어서 암컷인 척하고 짝짓기 춤을 이어서 추기도 한다. 원래 짝짓기를 하던 수컷은 상대가 바뀐 것을 깨닫지 못하고, 춤을 계속 추다가 자신의 정자 덩어리를 배출한다. 그러면 가짜 암컷은 갑자기

---

* 이는 그럼에도 여장 수컷에게 다른 수컷이 치근대는 일이 빈번하다는 것을 의미한다.(그중에는 마치 셰익스피어 희곡의 한 대목처럼, 자신이 여장을 했다는 것도 망각한 채 덤벼드는 수컷도 있다.)

태도를 바꿔 수컷을 깨물어 쫓아 버린다.[23]

내가 보기에 얌체 수컷은 도둑질을 하는 포식자들보다 질투를 더 잘 나타내는 것 같다. 같은 종 내에서 몸집이 작은 수컷이 몸집이 큰 수컷과 맞붙게 되면, 대개 작은 쪽이 불리하기 마련이다. 몸집이 작은 수컷이 말 그대로 질투를 하는지는 알 수 없다. 언젠가는 이 의문의 답이 절묘한 실험을 통해 밝혀질 수도 있을 것이다. 그러나 이런 현상은 수없이 많은 종류의 동물에서 나타나고 있으므로, 우리가 그 현상들을 결코 다 이해하지는 못할 것이다. 그것이 질투든 아니든, 몸집이 작은 수컷들은 유전자를 최대한 다음 세대에 전달하기 위해 노력한다. 자연에서는 굴욕을 겪는 수컷이라고 해서 꼭 기회가 없는 것은 아니다.

바로 이 순간, 우리는 동물이 우리에게 주는 교훈에 관해 뭔가 이야기하고 싶은 유혹을 받는다. 우리는 인생이라는 게임에서 최후의 승자가 된 빌 게이츠Bill Gates나 마크 저커버그Mark Zuckerburg 같은 인물을 따분한 천재라 치부하고 싶을지도 모른다. 그러나 이는 단번에 와르르 무너질 수 있는 위험한 논리다. 일부 수컷들의 대안적인 짝짓기 전략을 보고 10대 자녀에게 다음과 같이 말한다고 해 보자. "잘 들어 봐. 네가 미식축구 선수가 아니더라도 언젠가는 너를 있는 그대로 사랑해 주고 너의 매력이나 지성이나 유머 감각을 알아봐 주는 여자를 만나게 될 거야." 참으로 다정한 말이긴 하지만, 자연의 실상은 그렇지 않다. 당신은 10대 소년에게 미식축구 선수와 데이트하러 가는 여자를 납치해서 강간하라고 하지는 않을 것이다. 사랑을 나누고 있는 커플의 침대 속에 몰래 숨어 들어가서 여자 역할을 가로채서 미식축구 선수가 엉뚱한 곳에 사정을 하게 만들라고 하지도 않을 것이다. 자연에서 일어나는 현상을 인생의 지침으로 삼을 수는 없다. 자연에서 영감을 얻는 것은 좋지만, 상식을 벗어나서는 안 된다. 인간에게는 지켜야 할 도덕이 있지만, 자연은 도덕적인 곳이 아니다. 자연에서 벌어지는 현상은 아무리 해가 없어 보여도 결코 인간의 행동을 정의하는 데 활용할 수 없다.

고교 시절 첫 여자 친구와 헤어질 때, 그 아이는 내게 이런 쪽지를 보냈다.(당시에는 문자 메시지가 없었다.) "말해 줘, 댄. 정말 모르는 게 약이야?" 나는 지금도 그 말이 무슨 의미인지 정확히 모르겠지만(그게 요지였을지도 모른다), 몇 가지 이유에서 그 말은 지금도 내 머릿속을 맴돌고 있다. 만약 모르는 게 약이라면, 아는 게 많아질수록 병이 깊어지게 될까? 새로운 정보를 찾아다니면서 인생을 보낸다면 어떤 즐거움을 잃게 될 수도 있을까?

부모가 된 지금, 나는 그런 생각이 들기 시작했다.

자연 세계를 배우는 것은 그 어떤 것보다도 내 삶을 풍요롭게 만들었지만, 진화에 관한 지식은 동화 같은 이야기의 허물을 벗기기도 했다. 그런 동화를 믿으면 만사가 더 편했을지도 모른다. 나는 무지라는 약이 믿음에서 비롯된다고 생각한다. 그 믿음은 클레어 고모할머니가 천국에서 샘의 탄생을 지켜보다가 할머니를 닮은 샘의 모습을 보고 나와 함께 웃음짓고 있다는 믿음이다. 샘이 첫 숨을 쉬기 전의 긴장된 순간에 자연의 어떤 선한 힘이 샘을 보살피고 있었다는 믿음도 약이 될 수 있다. 그러나 지금까지 과학을 배워 오면서 나는 그런 이야기를 믿지 않게 되었다.

이런 사례들을 볼 때, 과학을 토대로 한 생각들이 내 작은 행복들을 앗아 갔을지도 모른다. 그러나 나는 살면서 겪는 일의 근원을 가능한 한 현실에서 찾겠다고 오래전에 결심했다. 그러나 내게는 떨칠 수 없는 궁금증이 하나 남았다. 고깃덩이 로봇 같은 생각은 접어 두고, 그냥 샘을 사랑하기만 한다면 어떤 기분일까? 정말 궁금했다. 진화 따위는 생각도 않는 부모들이 부러울 뻔도 했다.

정말 그럴 뻔했다.

6

분노

자연이 우리를 죽이려 한다

자연은 폭력적인 곳이다. 사람들은 생명체들끼리 죽고 죽이는 일이 늘 벌어지고 있다는 것을 알고 있음에도 불구하고 자연이 평화롭다는 환상에 매달려 있다. 이 환상에 빠지면 포식자들조차도 알고 보면 착한 동물이라고 믿게 된다. 이런 환상을 믿는 게 당장은 아무 해가 없는 것처럼 느껴지지만, 최악의 시나리오에서는 누군가 살해를 당할 수도 있다.

범고래killer whale는 사람들이 과소평가하고 있는 위험한 동물의 완벽한 본보기다. 범고래의 생김새를 아는 사람은 많겠지만, 범고래가 야생에서 어떻게 살아가는지를 아는 사람은 드물다. 대신 사람들은 영화 〈프리 윌리Free Willy〉나 해양 테마파크 시월드SeaWorld의 쇼에서 재주부리는 범고래를 본다. 그래서 사람들은 범고래를 마치 애완견과 같은 느낌으로 인식한다. 사실, 플로리다 주 올랜도에 위치한 시월드에서 볼 수 있는 틸리쿰Tilikum이라는 범고래는 마치 강아지처럼 온갖 재주를 부린다.(체중이 무려 5500킬로그램인 동물이 조련사의 지시에 따라 행동하는 모습은 더더욱 인상적이다.) 해마다 시월드를 찾는 수백만 명의 관람객 중 많은 수가 아이들을 동반한다. 대다수의 관람객은 그들이 보고 있는 고래가 영화 속 윌리라고 믿고 있거나, 적어도 윌리처럼 다정한 고래라고 생각할 것이다. 그러나 그들이 보고 있는 틸리쿰은 사실 '살인 고래'다.

그것도 무려 세 번이나 살인을 저질렀다.[1]

첫 번째 사고는 1991년에 일어났다. 당시 틸리쿰은 다른 두 마리의 고래와 함께 캐나다 빅토리아의 한 해양 놀이공원에 살고 있었다. 그러던 어느 날, 20세의 한 여성 조련사가 실수로 풀장에 빠졌다. 이 조련사가 물 밖으로 나오려는 순간, 고래 한 마리가 그녀의 다리를 낚아채서 물속으로 끌고 들어갔다. 다른 조련사가 고래의 주의를 돌려보려 했지만, 세 마리의 고래는 이를 무시하고 물 밖으로 헤엄쳐 나오려는 조련사를 물속으로 끌어들여 그녀가 죽을 때까지 장난감처럼 가지고 놀았다. 심지어 이빨로 그녀의 옷을 찢기도 했다.

틸리쿰은 얼마 지나지 않아 시월드로 옮겨졌다. 그리고 지금까지 그곳에 살고 있다. 첫 번째 사고가 일어난 지 약 19년 후인 2010년, 40세의 여성 조련사가 풀장 가장자리에 누워 있었다. 근처에 있던 틸리쿰은 그녀의 머리를 물고 물속으로 끌고 들어갔다. 그녀는 빠져나오기 위해 안간힘을 썼지만 번번이 다시 물속으로 끌려 들어갔고, 한참 후에야 수면 위로 떠올랐다. 하지만 그게 끝이 아니었다. 틸리쿰은 풀장 안에서 조련사를 코로 밀고 돌아다녔다. 결국 이 조련사는 턱이 부서지고 척추가 절단된 채로 물에 빠져 죽었다.

고래들과 꽤 오랜 시간을 보낸 두 조련사들은 범고래가 얼마나 위험한지 알고 있었을 것이다. 그러나 나머지 한 명의 희생자는 조련사가 아니라 일반 시민이었다. 그는 어쩌면 범고래가 유순한 거인이라는 환상을 갖고 있었을지도 모른다. 1999년, 시월드를 방문했던 한 29세 청년은 틸리쿰의 공연을 본 다음, 직원들이 문을 닫을 때까지 시월드 어딘가에 숨어서 밤을 보냈다. 다음 날 아침, 그의 시신이 벌거벗겨진 채 틸리쿰의 등 위에서 발견되었다. 그의 수영복은 풀장 바닥에 있었다. 녹화된 화면이나 증인이 없어서 그 남자에게 정확히 무슨 일이 있었는지는 알 수 없지만, 처참한 주검에서 실마리를 찾을 수는 있었다.

첫 번째 실마리는 남자의 옷가지가 틸리쿰의 풀장 옆에 가지런히 놓여 있는 상태로 발견되었다는 점이다. 이는 그가 고래와 함께 수영을 할 계획이었다는 것을 암시한다. 두 번째 실마리는 발견된 남자의 시신이 온통 찢긴 상처와 멍으로 뒤덮여 있었다는 점이다. 얼굴에는 물린 자국이 있었고, 음낭이 터져 있었다. 이런 상처들은 틸리쿰이 8년 전에 첫 번째 조련사에게 했던 것과 같은 방식으로 수영복을 찢고 그를 물속에서 가지고 놀았다는 것을 보여 준다. 또 다른 단서도 있다. 남자의 한쪽 다리에는 특별히 더 깊게 물린 상처가 있었다. 어쩌면 남자는 물속에 발을 넣고 첨벙거리다가 끌려 들어갔을지도 모른다. 아니면 물속에 뛰어든 다음에 빠져나오려고 하다가 다시 끌려 들어갔을 수도 있다. 정확히 무슨 일이 있었는지는 아무도 모른다. 그러나 분명한 사실은 틸리쿰이 유순한 동물이 아니라는 것이다.

그 청년이 계획을 세우면서 무슨 생각을 했는지는 알 길이 없다. 어쩌면 그가 고의로 자살을 감행한 것일지도 모른다는 주장이 나오기도 했지만, 내 생각에는 그가 무슨 일이 벌어질지 예상하지 못했을 것이라는 주장이 더 설득력이 있다. 나는 그가 '친구 같은 고래'라는 환상을 믿었을 거라고 생각한다. 이런 환상이 사람들을 끊임없이 테마파크로 불러들이고 있다. 내 머릿속에는 몇 번이나 그의 사고 장면이 떠올랐다. 깊은 밤, 그는 신비스러운 경험을 할 수 있을 거란 기대에 부풀어 풀장으로 다가간다. 고래가 그의 다리를 처음 낚아채는 순간, 그는 엄청난 혼란에 빠진다. 그리고 실로 지옥과 같은 시간이 이어진다. 그러나 이는 순전히 내 추측일 뿐이다.

야생의 범고래는 연어, 상어, 갈매기, 바다사자를 포함해 140여 종의 동물을 먹는 것으로 기록되어 있다.[2] 흥미롭게도 각각의 범고래 무리는 한 종류의 먹이를 정해 놓고 그것만 먹는다. 어떤 것은 어류만 먹고, 어떤 것은 돌고래나 바다표범 같은 포유류만 먹는다. 어류를 먹는 종류와 포유류를 먹는 종류는 서로 교배를 하지 않으며, 다른 교류도 전혀 하지 않는 것으로 보인다. 수백만 년이 흐른 뒤에는 이 고래들이 서로 다른 종으로 분화될 수도 있겠지만, 현재는 하나의 범고래 개체군 내에서 서로 다른 집단을 형성하고 있다.* 범고

---

* 범고래가 어류를 먹고 사는 '정주resident' 고래 집단과 해양 포유류를 먹고 사는 '이동 transient' 고래 집단으로 나뉜다는 사실은 1970년대부터 알려져 있었다. (Baird와 Dill, 1996) 그러나 최근에 외해에서 상어를 먹고사는 범고래 집단이 발견되었다. 이들이 제 3의 형태의 집단인지, 아니면 단순히 다른 두 집단의 아집단인지는 아직 밝혀지지 않았다. (Ford 외, 2011)

래에 관해 우리가 알고 있는 것은 그리 많지 않지만, 포유류를 잡아먹는 고래에 대해 우리가 알고 있는 것을 통해 틸리쿰이 왜 그런 행동을 했는지를 밝힐 통찰을 얻을 수 있다.

범고래가 바다표범이나 돌고래를 잡을 때는 그 동물들이 움직이지 못하게 해야 한다. 범고래는 한 입 베어 먹은 먹이가 헤엄쳐 달아나는 것을 원하지 않는다. 또 삼키려는 도중에 먹이가 몸부림을 치기라도 하면 이빨이 부러지는 따위의 부상을 입을 수도 있다. 게다가 3500킬로그램이 넘는 코끼리물범elephant seal이 저항하다 깨물기라도 하면, 덩치가 훨씬 큰 범고래라도 큰 부상을 입을 수 있다. 따라서 포식자인 범고래에게 최선은 먹이가 움직이지 못하게 만드는 것이고, 그 방법 중 하나가 먹잇감을 완전히 박살내는 것이다.

이를테면 범고래는 입을 이용해서 바다표범이나 돌고래를 수면 위로 2미터 이상의 높이까지 던져 올렸다가 다시 받는다. 가끔씩 범고래는 강력한 꼬리로 새끼 바다표범을 쳐서 15미터 밖까지 내던지기도 한다. 이런 종류의 놀이는 몇 시간 동안 계속될 수도 있다. 먹잇감을 죽이는 데 필요할 것으로 추정되는 시간보다 훨씬 긴 시간이다. 범고래의 먹이가 되는 포유류는 편하게 죽음에 이르지 못한다. 이들은 먹히는 순간까지 상처가 벌어지고 뼈가 부러지고 장기가 파열된다. 정말 끔찍한 방식의 죽음이다.

범고래가 포유류를 움직이지 못하게 하기 위한 다른 전략으로는 익사를 시키는 방법이 있다. 고래는 해양 포유류를 물속에서 이빨로 물고 있거나, 물 밖으로 뛰어올라 덮쳐서 숨을 못 쉬게 할 수도 있다. 이 방법은 혹등고래humpback whale나 귀신고래gray whale, 심지어 흰긴수염고래와 같은 초대형 고래를 사냥할 때도 효과가 있다.[3] 이런 대형 고래를 사냥할 때는 먼저 한 무리의 범고래가 대형 고래를 에워싸고 고래가 기력이 다해 물 밖으로 올라오지 못할 때까지 돌아가면서 그 고래의 등 위로 계속 뛰어오른다. 그다음 지느러미와 주둥이로 큰 고래를 잡고 물속으로 끌고 들어가서 익사시킨다. 가끔 다 자란 성체 고래를 사냥할 때도 있지만, 범고래는 주로 어미로부터 떨어진 새끼 고래를 사냥한다.*

먹잇감을 움직이지 못하게 하기 위한 야생 범고래의 사냥 습성과 사람을 물속으로 끌고 들어갈 때 틸리쿰이 보인 행동은 충격적일 정도로 유사하다. 틸리쿰은 뼈가 부러지고 물에서 빠져나오지 못할 때까지 사람을 찌르고 공격했다. 틸리쿰은 본능에 따라 행동했을 수도 있고, 아이슬란드 근해에서 잡혀 풀장에 갇히기 전에 생후 2~3년 동안 배웠던 사냥 기술을 기억하고 있었던 것일 수도 있다. 틸리쿰이 그 사람들을 먹지는 않았지만, 왜 그렇게 잔혹하게 굴었는지는 이해하기 어렵다. 틸리쿰은 살인 고래다. 그래서 범고래가 영어로 killer whale이라고 **불리는 것이다.****

범고래 같은 포식자들이 사냥감을 해치는 까닭은 사냥감이 움직

---

* 일단 초대형 고래를 사냥하면, 범고래 무리는 곧바로 먹을 수 있는 양보다 많은 먹이를 확보하는 것이다. 알래스카에서는 범고래들이 초대형 고래의 사체를 해변 근처에 저장해 두기도 한다. 차가운 바닷물은 냉장고 역할을 하고, 범고래들은 며칠에 걸쳐 반복해서 남긴 먹이를 찾아올 수 있다. (Barrett-Lennard 외, 2011)

** 고래 관찰 여행에서는 범고래에 대해 더 이상 'killer whale'이라는 이름을 쓰지 않고, 야생 범고래가 인간을 사냥하지 않는다는 사실을 반영해 'orca'를 더 선호한다고 들었다. 나도 이 이름이 범고래에게 잘 어울린다고 생각한다. (모든 것을 인간과 연관 지을 필요는 없다.)

이지 못하는 게 그들에게 유리하기 때문이다. 반면에 사냥감의 고통을 최소화하는 것에는 아무런 이득이 없다. 진화는 이기적인 생물에게 우호적이다. 그래서 고래, 고양이, 개를 포함해 많은 영리한 포식자들은 사냥을 하면서 사냥감을 '갖고 노는' 본능적인 욕구를 타고났다. 범고래 같은 포식자들로 인해 자연은 서로에게 상상할 수 없는 고통을 안겨 주는 장이 되었다.

틸리쿰을 둘러싼 비극을 통해 우리는 야생동물이 죽음과 고문을 대수롭지 않게 여긴다는 사실을 각성하게 되었다. 동물은 자신에게 득이 된다면 상대가 죽음에 이를 때까지 힘을 가차 없이 휘두르고, 그들이 죽이는 동물의 존엄성에 대해서는 전혀 생각하지 않는다.

이런 종류의 살육은 고래에만 국한되지 않는다. 이를테면, 북아메리카에 살고 있는 바보때까치loggerhead shrike는 잡은 동물을 마치 트로피처럼 철조망에 산 채로 꿰어 놓는다. 바보때까치의 모습을 보면, 이런 잔인한 습성을 가진 동물이라는 생각은 조금도 들지 않는다. 검은색과 흰색이 어우러진 이 작은 참새목의 새는 아메리카지빠귀American robin보다 조금 작고 부리 끝에는 눈에 띄지 않을 정도로 작은 갈고리가 있다. 그러나 바보때까치는 바로 그 작은 몸집 때문에 먹이에 이런 끔찍한 행동을 할 수밖에 없다.

바보때까치는 몸집에 비해 큰 동물을 먹는다. 큰 곤충, 도마뱀, 뱀은 물론, 작은 새와 생쥐도 먹는다. 어떤 먹이는 무게가 바보때까치 체중의 절반에 이르기도 한다. 그 정도 크기의 먹이라면 잡아먹히지 않기 위해 필사적인 저항을 할 것이다. 게다가 바보때까치에게는 맹금류처럼 먹이를 찢는 동안 제압을 할 수 있는 강력한 발톱이 없다.

여기서 철조망이 등장한다. 먹이를 산 채로 갈고리에 꿰어 둠으로써, 바보때까치는 발톱으로 먹이를 움켜잡지 않고도 여유롭게 몸통을 찢을 수 있다. 때로는 식물의 가시를 갈고리로 이용하지만, 철조망이 있을 때는 철조망을 선호하는 것으로 보인다.

바보때까치는 양성 모두 먹이를 갈고리에 꿰는 습성이 있지만, 수컷은 꿰어 놓은 먹이를 이용해 영역을 표시하거나 암컷에게 자신의 사냥 실력을 뽐내기도 한다.[4] 이런 행동을 하는 수컷과 그것을 보고 마음이 동하는 암컷 중 어느 쪽이 더 섬뜩한 건지는 잘 모르겠다. 어느 쪽이든, 일정한 간격을 두고 철조망에 걸려 있는 죽은 동물의 모습은 중세 요새의 성벽을 따라 늘어서 있는 사람 머리를 떠오르게 한다. 바보때까치의 먹이들이 작았기에 망정이지, 그렇지 않았다면 정말 섬뜩했을 것이다.

범고래와 바보때까치는 크기, 서식지, 먹이 면에서 비슷한 점이 거의 없다. 그러나 포식자로서 먹이를 움직이지 못하게 해야 하고, 이를 위해서 먹이에 과도하게 강한 힘을 가한다는 공통점이 있다. 사자, 악어, 독수리, 백상아리, 몽구스, 늑대에 이르는 여러 다른 포식자들도 마찬가지다. 이 포식자들은 그들이 먹이로 삼는 동물보다 더 강하거나 더 빠르거나 더 끈질겨야 한다. 그들이 먹고 살 수 있는 까닭은 잔혹한 힘의 경쟁에서 그들의 먹이를 이길 수 있기 때문이다.

그러나 모든 포식자들이 이런 물리적 경쟁에서 이길 수 있는 것은 아니다. 따라서 여기서 이야기를 그만둔다면 자연 세계의 분노에 관한 논의는 미완성으로 남게 될 것이다. 포식자가 사냥감을 물리적으로 제압할 수 있을 만큼 강하지 않다고 해도 아직 기회가 있다. 화학적인 방법이 있으니까.

독은 모든 것을 바꾼다.

일부에서는 독이라는 뜻으로 베넘venom과 포이즌poison을 혼동해서 쓰는데, 두 단어 사이에는 중요한 차이가 있다. 포이즌은 어떤 동물이 다른 동물에게 잡아먹히는 것을 막기 위해 사용하는 화학물질이다. 대표적인 예는 독화살개구리poison dart frog의 독성 피부 분비액이다. 반면에 베넘은 위해를 가하려는 특별한 목적으로 희생자에게 주입하는 화학물질의 혼합액이다. 베넘은 방어나 공격에 활용된다. 어떨 때는 먹이를 제압하기 위해, 어떨 때는 포식자로부터 자신을 보호하기 위해 이용한다. 두 경우 모두 베넘은 화학무기인 셈이다. (다음에 누가 독사의 독을 가리켜 포이즌이라고 하면 자신 있게 지적하시라. 뱀의 독은 포이즌이 아니라 베넘이라고.)

먹이를 잡기 위해 물리력 대신 화학물질을 사용한다는 것은 자신보다 훨씬 강한 먹이를 먹을 수 있다는 것을 의미한다. 대표적인 사례로는 물고기를 잡아먹는 해파리를 들 수 있다. 뼈도 없고 형체도 뚜렷하지 않은 해파리가 물속을 유유히 헤엄치는 근육질의 물고기를 쓰러뜨릴 수 있는 것은 오로지 독이 있기 때문이다.

해파리는 작살 모양의 미세한 침을 이용해 독을 전달한다. 해파리의 촉수 하나하나에는 수많은 독침이 늘어서 있다. 해파리는 물고기가 촉수 속으로 헤엄쳐 들어오면, 독침을 쏘고 독을 분출한다. 이 독침은 작살처럼 미늘이 있어서 물고기의 피부에 박히면 빠지지 않는다. 이 과정은 믿기지 않을 정도로 순식간에 일어난다. 독침의 끝은 중력의 4만 배에 해당하는 힘으로 가속되므로, 해파리의 독침에 한 번 닿기만 해도 0.003초 안에 모든 상황이 끝난다. 이는 눈을 한 번 깜박하는 시간의 40분의 1에 불과하다.[5] 해파리 독은 해파리의 먹이가 되는 작은 동물을 빠르게 마비시킬 수도 있지만, 방어 메커니즘으로도 작용한다. 해파리를 잡아먹으려는 다른 동물의 공격을 방지하고, 우리 인간처럼 물속에서 헤엄을 치는 다른 동물들의 접근을 차단해서 원하는 만큼의 공간을 차지하는 것이다.

인간에게 가장 주의해야 할 해파리는 오스트레일리아의 상자해파리box jellyfish다. 상자해파리는 무게가 약 900그램이고, 리본처럼 생긴 길이 180센티미터의 촉수가 60개 달려 있다. 만약 수영을 하다 이 촉수에 닿아 독침에 쏘이면 피부 전체에 극심한 통증이 발생한다. 그러나 이는 체외에서 일어나는 일에 불과하다. 체내에서는 훨씬 더 나쁜 일이 일어날 수 있다.

상자해파리의 독은 적혈구에서 칼륨의 유출을 유발한다. 칼륨이 없어지면, 물과 헤모글로빈 같은 다른 분자들까지 빠져나가면서 적혈구가 쭈그러들고, 결국 적혈구는 작은 조각으로 부서져 흩어져 버린다. 폐로 들어온 산소를 온몸의 조직 세포로 운반하기 위해서는 적혈구가 필요한데, 이는 큰 문제가 된다. 적혈구가 모두 파괴되면 몸 전체의 조직 세포들이 호흡을 하지 못해 죽게 될 것이기 때문이다. 그러나 이걸로 끝이 아니다. 적혈구에서 새어 나온 칼륨이 혈액 속을 떠돌다가 심장에 수축을 일으키는 화학적 메커니즘에 관여하기 시작한다. 따라서 상자해파리에 쏘이면 심장 박동이 멈춰 사망에 이를 수도 있다.[6]

상자해파리는 손쉽게 인간의 목숨을 앗아갈 수 있는 매우 위험한 해파리지만, 대부분의 해파리종은 인간에게 무해하다. 어떤 해파리는 독침이 너무 작아서 인간의 피부를 뚫지 못하기도 하고, 어떤 해파리는 인체에 치명적인 효과를 내지 않는 독을 갖고 있다. 이를테면, 고깔해파리Portuguese man-of-war라고 하는 거대한 해파리가 있다. 이 해파리는 30개 이상의 독침이 들어 있는 길이 약 30센티미터의 촉수를 갖고 있는데, 이 촉수는 물고기를 즉사시킬 수도 있다. 그러나 도시 괴담과는 달리, 고깔해파리는 사람에게는 전혀 치명적이지 않다.(그래도 이 해파리에 쏘이면 극심한 통증에 시달리게 된다.)*

그런데 고깔해파리의 독침에 인간보다도 덜 민감한 동물이 있다. 게다가 이 동물은 길이가 2.5센티미터에 불과한 아주 작은 동물이다. 사실 이 동물이 해파리의 독침으로 할 수 있는 일은 생물계에 존재하는 모든 계략들 가운데 가장 놀라운 것 중 하나다. 탐식에 관한 장에서 보았듯이, 푸른갯민숭달팽이는 조류를 섭취함으로써 태양에너지를 활용해 광합성을 할 수 있었다. 이제 등장할 청룡갯민숭달팽이도 갯민숭달팽이의 일종인데, 이 동물은 독침이 들어 있는 고깔해파리의 촉수를 먹고 산다. 게다가 광합성을 하는 사촌처럼, 청룡갯민숭달팽이도 해파리의 독침을 이용해 자신의 몸을 보호한다.[7]

독침을 쏘는 이 갯민숭달팽이의 라틴어 이름은 글라우쿠스 *Glaucus*다. 그리스 신화에 등장하는 바다의 신인 글라우쿠스는 원래

---

* 고깔해파리의 영어 이름인 portuguese man-of-war은 수면 위에 나와 있는 부유체가 배처럼 생겼다고 해서 붙여진 이름이다. (man-of-war는 16~19세기에 사용되었던 전투용 범선을 가리킨다.) 이렇게 수면에 떠 있는 부분 때문에 고깔해파리는 해류뿐 아니라 바람에 의해서도 움직일 수 있다. (Šuput, 2009)

인간으로 태어났지만 신비의 약초를 먹고 영생을 얻게 되었다. 이런 비범한 피조물에게 딱 어울리는 이름이다. 청룡갯민숭달팽이의 피부는 고깔해파리의 독침을 화학적으로 억제하는 점막으로 덮혀 있어 독침에 쏘이는 것을 방지한다. 그뿐만 아니라, 발사된 독침을 마치 샌드백처럼 흡수하는 특수한 피부 세포까지 갖고 있어서 독침에서 독이 새어나오더라도 체내로 침투하지 않는다. 청룡갯민숭달팽이는 독침을 먹기도 하기 때문에, 입 안과 소화관의 내벽도 피부와 비슷한 구조를 하고 있다. 일단 소화관 속으로 들어온 독침은 특수한 이동 세포를 통해 피부 표면으로 이동해 그곳에 자리를 잡고, 몸을 보호할 필요가 생기면 언제든 발사할 준비를 갖춘다.[8]

청룡갯민숭달팽이는 해파리로부터 독을 훔쳐야 하지만, 이들의 가까운 사촌인 청자고둥cone snail은 스스로 독을 만들 수 있다. 고둥이 사촌인 달팽이처럼 느리고 무해한 동물이라고 생각될 수도 있지만, 청자고둥은 전혀 그렇지 않다. 열대 바다에 살고 있는 청자고둥의 먹이는 물고기, 갑각류, 그 외 고둥이 잡기에는 너무 빠르다고 생각할 수도 있는 동물들이다. 그러나 청자고둥은 그런 먹이를 정말 잡을 수 있으며, 그들의 사냥법은 먹잇감이 옆을 지날 때 빠른 속도로 독침을 발사하는 것이다. 청자고둥의 독은 인간에게 대단히 위험하다. 아마 가장 치명적인 독일 것이다. 사실 청자고둥 한 마리가 사람을 죽이는 데는 채 5분도 걸리지 않는다. 어떤 사람들은 이 고둥을 담배고둥cigarette snail이라고도 부르는데, 한번 쏘이면 마지막으로 담배 한 개비를 피울 시간도 없기 때문이다.*

청자고둥의 껍데기는 원뿔형이고(그래서 영어 이름이 cone snail이다),

가장자리를 따라 난 기다란 틈으로 속살이 보인다. 청자고둥의 껍데기는 색깔이 밝고 매우 복잡한 무늬가 있어서 무척 아름답다. 따라서 어떻게 생겼는지를 일단 알고 나면, 못 알아볼 일은 거의 없다. 아마 청자고둥에 쏘이는 사람들은 그것이 뭔지 잘 모르고 예뻐서 집어 들었다가 희생되었을 것이다. 아니면 청자고둥의 위험성은 알고 있었지만, 잠수복의 장갑이 독침으로부터 보호해 줄 것이라고 생각했을지도 모른다. 그러나 해파리가 수백만 개의 미세한 독침을 갖고 있는 것과 달리, 청자고둥은 이빨이 변형된 단 한 개의 독침을 갖고 있으며 이 독침은 잠수복 정도는 쉽게 뚫을 수 있다.

홍미롭게도 청자고둥의 독에 쏘이면 통증이 거의 없다. 이는 통증을 강력하게 차단하는 단백질이 독에 포함되어 있기 때문이다.[9] 그래서 청자고둥은 제약회사들이 연구에 눈독을 들이는 동물이다. 언젠가는 청자고둥에서 몰핀morphine과 같은 약물을 대체할 중독성 없는 약이 개발될지도 모를 일이다. 그러나 청자고둥의 독에 함유된 통증 차단 단백질을 찾는 일은 건초 더미에서 바늘 찾기나 마찬가지다. 청자고둥의 독은 1000가지가 넘는 단백질로 이루어져 있으며, 이 단백질들은 500여 종의 청자고둥마다 다 다르다. 사실 이 단백질은 한 개체의 청자고둥 안에서도 일생에 걸쳐 변할 수도 있다.**

청자고둥이 사람을 죽이는 일은 극히 드물다. 한밤중에 열대의 바

* 아무래도 나는 담배는 용납이 안 된다. 그러나 만약 당신이 청자고둥에게 방금 쏘였다면, 폐암에 걸릴 걱정을 할 필요가 없을 것이다.
** 이 단백질들 중에서 단서를 얻을 수 있을 정도로 잘 분석되어 있는 것은 0.1퍼센트에 지나지 않는다.

다 밑에서 오랜 시간을 보내는 사람은 그리 많지 않고, 그런 사람들은 청자고둥을 피해야 한다는 것을 대체로 잘 알고 있기 때문이다. 그래서 대단히 치명적인 독을 갖고 있음에도, 청자고둥에 희생된 사람의 수는 30여 명 정도다.[10] 인간에게는 오히려 사람들 주위에 살고 있는 동물의 독이 훨씬 더 위험하다. 이를테면 발꿈치 뒤에 있는 거미 같은 것 말이다.

전 세계에는 4만 4000종이 넘는 거미가 있고, 거의 모든 거미가 독을 갖고 있다.* 그러나 대부분은 인간에게 해가 없다. 그 까닭은 거미가 호신용으로 깨물지 않기 때문이거나, 거미의 독니가 인간의 피부를 뚫을 수 없기 때문이거나, 생산하는 독의 양이 너무 적기 때문이거나, 거미독이 인체와 화학반응을 일으키지 않기 때문이다. 물론 거미에게 물렸을 때 아무 일이 없는 것은 아니다. 그러나 대부분은 물린 자리가 부어오르면서 잠깐 아플 뿐이다. 인기 순위 면에서 최악이기는 하지만, 사실 대부분의 거미는 전혀 해롭지 않다. 다시 말해서 거미 중에 심각한 손상을 일으킬 수 있는 종류는 거의 없다. 그러나 특별한 종류의 거미는 실제로 사람을 죽일 수도 있다. 그럼에도 전체적으로 볼 때, 거미에 물려 죽는 일은 대단히 드물다. 사람을 죽일 가능성이 있는 거미종에게 물렸다고 해도, 거의 대부분은 생명을 위협하지는 않는다.**

거미는 입 양쪽에 있는 독니로 독을 분출하는데, 거미독은 대부분 신경독소이다. 다시 말해서 거미독은 뉴런neuron에 영향을 미치는 화학물질이다. 뉴런은 우리가 생각을 할 수 있게 해 주는 기관인 뇌 속에 들어 있는 세포다. 또한 뉴런은 척추를 따라 내려가 몸 전체로 갈라져 나가는 신경을 이룬다. 곤충의 몸에도 뉴런이 있다. 대부분의 거미가 곤충을 먹기 때문에 거미독의 표적은 대체로 곤충의 뉴런이다. 곤충의 뉴런을 표적으로 하는 이런 독이 인간에게 영향을 미칠지 여부는 주로 운에 달렸다. 어떤 거미의 독소는 인간에게 아무런 해가 없지만, 어떤 것은 매우 심각한 작용을 일으킨다.

뉴런은 양 끝이 가지 모양으로 갈라져 있는데, 이 부분을 통해 다른 뉴런에 신호를 전달한다. 전달된 신호는 기다란 뉴런을 따라 이동해 반대편 끝에 도착한다. 이 신호는 계속해서 다음 뉴런으로 이동해야 한다. 첫 번째 뉴런은 말단의 가지를 통해 신경전달물질 neurotransmitter을 분비함으로써 신호를 전달한다. 신경전달물질은 첫 번째 뉴런의 가지와 두 번째 뉴런의 가지 사이에 있는 미세한 공간을 통해 두 번째 뉴런으로 전달되고(이 공간은 대단히 거리가 짧기 때문에 통과 시간은 몇 밀리초[1000분의 1초─옮긴이]밖에 걸리지 않는다), 신호를 전달받고 전기적으로 흥분한 두 번째 뉴런은 그 신호를 다음 뉴런에 전달한다. 이 모든 과정은 상상할 수 없을 정도로 빠르게 진행되며, 뉴런이 제대로 작동하기만 하면 반드시 일어나는 과정이다.

● 뉴욕에 위치한 미국 자연사 박물관의 거미 전문가인 노먼 플래트닉Norman Platnick은 과학계에 알려진 모든 거미 종에 관한 온라인 데이터베이스를 갖고 있다. 내가 마지막으로 확인했을 때, 4만 4332종이 기록되어 있었지만(Platnick, 2013), 아직 기재되지 않은 거미 종이 약 4배 더 많을 것이다.

●● 특별히 치명적인 거미로는 오스트레일리아의 깔때기그물거미funnel web spider(아트 락스 *Atrax*와 하드로니케*Hadronyche*), 남아메리카의 군인거미armed spider(바나나거미 banana spider라고도 불리는 포뉴트리아*Phoneutria*)와 실거미recluse spider(록소스켈레스 *Loxosceles*), 여러 대륙에서 발견되는 과부거미widow spider(라트로덱투스*Latrodectus*)가 있다.

거미독은 주로 뉴런에서 전하電荷를 조절할 수 있는 능력을 제거함으로써 먹이의 뉴런에 영향을 미친다. 다시 말해서, 다른 뉴런으로부터 전달받은 신호가 전달되지 못하고 끊어지게 된다는 뜻이다. 단락을 일으키는 방식은 독에 따라 다양하다. 어떤 독은 뉴런에서 칼륨의 누출을 일으키고, 어떤 독은 나트륨을, 어떤 독은 칼슘을 누출시킨다. 저마다 가지의 방식으로 뉴런을 엉망으로 만드는 것이다. 문제는 각각의 거미마다 여러 종류의 신경독소가 다른 방식으로 섞여 있어서, 신경에 영향을 미치는 방식이 조금씩 다르다는 것이다.

게다가 거미독에는 종창과 통증을 유발하는 다른 화학물질도 들어 있다.[11] 곤충을 표적으로 하는 신경독소와 달리, 이런 화학물질은 거미를 해칠 수도 있는 더 큰 동물로부터 몸을 보호하는 데 효과적이다. 우리 인간도 이런 동물에 해당한다.

인간에게 가장 치명적인 거미는 몸길이가 1.3~5센티미터이고 무시무시한 독니를 갖고 있는 검은색 거미인 시드니깔때기그물거미 sydney funnel-web spider다. 전 세계 여러 지역에 다양한 종류의 깔때기그물거미가 있지만, 다른 깔때기그물거미들은 별로 위험하지 않다. 그러나 시드니깔때기그물거미는 완전히 다르다. 이 거미는 대단히 공격적이며, 인구가 450만 명인 도시 주위에 살고 있다.(이 도시는 바로 오스트레일리아의 시드니다.) 이 거미의 독에는 뉴런의 안팎을 드나드는 나트륨 이온을 조절하는 능력을 엉망으로 만들어 버리는 특별히 고약한 신경독소가 함유되어 있다. 이유야 어찌 됐든, 이 특별한 거미의 독은 인간에게 특별히 치명적이다. 사실, 시드니깔때기그물거미의 독은 개, 고양이, 쥐, 그 외 영장류가 아닌 포유류에는 아무 영향을 미치지 않는다. 오스트레일리아에는 원래 영장류가 없었는데도, 이 거미의 독은 오로지 영장류에게만 효과를 발휘한다.[12]

오늘날에는 시드니깔때기그물거미의 독에 대한 항독소antivenin가 존재한다.* 항독소는 시드니깔때기그물거미 몇 마리에서 추출한 독을 토끼의 몸에 주입해서 만든다. 처음에는 소량을 투여하고, 점점 더 투여량을 늘리면, 토끼는 시간이 흐를수록 거미독에 대한 항체를 점점 더 많이 생성한다. 그리고 마침내 토끼의 혈액 속에는 거미의 신경독소를 공격할 수 있는 항체가 가득 찬다. 그다음 토끼의 혈청(기본적으로 혈액에서 혈구를 제외한 것)을 추출해서 작은 유리병에 저장해둔다. 나중에 누군가 시드니깔때기그물거미에 물리면 항체가 들어 있는 이 토끼 혈청을 주사한다. 이 토끼 혈청의 도움으로 인간의 면역계가 신경독소를 분해해서, 거미독은 위험하지 않은 상태로 바뀐다. 1980년에 이 항독소가 만들어진 이래, 시드니깔때기그물거미로 인한 사망자는 한 명도 없었다.(말이 씨가 되지 않기를 바란다.)[13]

거미를 무서워하는 사람이 많지만, 슬금슬금 기어 다니는 동물 중에서 거미보다 사람들을 더욱 오싹하게 만드는 게 있다면 바로 전갈일 것이다. 다리가 8개인 전갈은 거미류에 속한다.(곤충류는 거미류와는 달리 다리가 6개다.) 전갈도 독을 갖고 있지만, 거미처럼 입 쪽에서 나오는 게 아니다. 누구나 알고 있듯이 꼬리 끝에 무시무시한 독침

• 주로 해독제antivenom라 불리지만, 정확히는 항독소가 맞는 말이다. 제대로 아는 척을 하고 싶다면 '항독소'라고 해야 한다.

이 달려 있다.*

전갈은 모양이 거의 변하지 않은 채로 4억 년 이상을 살아왔다. 전갈은 공룡이 나타나기 한참 전, 곤충이나 우리 조상을 포함한 다른 동물들이 아직 육상에 올라오기 전부터 존재했다. 현존하는 전갈 중에서 가장 큰 종류는 길이 20센티미터가 조금 넘지만, 수백만 년 전에는 이름도 거창한 기간토스코르피오*Gigantoscorpio*와 브론토스코르피오*Brontoscorpio* 같은 길이 90센티미터의 전갈들이 돌아다녔다.(이런 이름들을 아직까지 TV 공포 영화에서 보지 못했다는 것이 의아스럽다.) 이 동물들은 물속에 살았을 가능성이 크다. 이들의 엄청난 몸을 지탱하는 데 물의 부력이 도움이 되었을 것이다. 그래도 이런 동물과 마주칠 상상을 하면 등골이 오싹하다.[14]

지구상에는 1500종이 넘는 전갈이 있으며, 그중 약 25종은 인간을 사망에 이르게 할 수 있는 독침을 갖고 있다. 개체 수가 작은데도 해마다 전갈의 독침에 쏘여 사망하는 사람의 수는 대략 5000명에 이른다. 전갈은 독을 가진 동물 중에서 벌과 독사 다음으로 사람을 많이 죽이는 동물이다.[15]

내가 전갈과 처음 마주친 것은 석사 학위 논문을 위해 벨리즈로 탐사를 갔을 때였다. 나는 초가지붕 아래서 해먹에 누워 있었는데

---

* 거미강Arachnida에는 거미류(거미목Araneae), 전갈류(전갈목Scorpiones), 진드기류(진드기목Acari)와 그 외 잘 알려져 있지는 않지만 8개의 다리를 갖고 있는 수많은 동물들이 포함된다. 개인적으로는 꼬리없는채찍전갈tailless whip scorpion (무편목Amblypygi)과 낙타거미camel spider (피일목Solifugae)가 특히 무섭다. 아마 그런 동물이 존재하는 지조차 모르고 있던 상황에서 처음 마주쳤고, 둘 다 구강 구조가 데이비드 크로넌버그David Cronenberg의 영화에서 튀어나온 것처럼 생겼기 때문인 것 같다.

누군가 내 머리 위의 벽을 기어가고 있는 전갈 한 마리를 가리켰다. 나는 해먹에서 펄쩍 뛰어내려 기다란 막대 한 쌍을 들고 왔다. 그리고는 막대를 젓가락처럼 이용해서 전갈을 태양 빛 아래로 조심스럽게 옮겨 놓고 사진을 찍을 준비를 했다. 내가 사진을 찍는 동안, 처음에는 꼬리와 독침을 바짝 치켜들고 대단히 방어적인 자세를 취했던 녀석이 갑자기 비틀거리더니 죽어 버렸다. 나는 전갈이 왜 **죽었는지** 전혀 알 수 없었지만, 그곳에 있던 다른 생물학자들에게 가져가 (녀석은 죽었지만 만지기는 무서워서 막대기를 이용했다) 전갈을 보여 주었다. 그중 한 명은 전갈을 집어 들고 내게 전갈의 배를 보여 주었고, 점심을 먹는 동안에 식탁에 앉은 사람들이 모두 돌아가면서 전갈을 구경했다.

그 후 나는 전갈을 손에 들고 숙소로 돌아와서, 통관 절차를 거쳐 이 전갈을 집으로 가져갈 방법을 고민하고 있었다. 그런데 전갈이 갑자기 살아나더니 내 팔로 기어 올라왔다. 나는 고래고래 비명을 지르면서 팔을 휘저어 전갈을 집어던졌다. 땅에 떨어진 전갈은 아무일도 없었다는 듯이 태연히 어딘가로 기어갔다. 다행히 쏘이지는 않았다. 그러나 이제는 전갈이 세 시간 정도는 너끈히 죽은 척을 할 수 있다는 것과 전갈을 절대로 믿어서는 안 된다는 것을 안다.

많은 전갈의 독도 거미독처럼 신경독소이다. 따라서 죽지는 않는다고 해도 전갈에 잘못 쏘이면 마비, 경련, 심계 항진이 일어날 수 있다. 독이 있는 대부분의 동물과 마찬가지로 전갈도 사냥을 하면서 먹이를 제압하기 위해 독을 사용한다. 그러나 전갈은 포식자로부터 자신을 보호하기 위해서도 독을 활용하며, 대체로 뛰어난 효과를 발휘한다. 그런데 전갈에게는 안타까운 일이지만, 전갈 독이 모든 포식자에게 늘 효과가 좋은 것은 아니다. 이 사실에 대한 증거로, 전갈을 먹는 데 특화된 사막박쥐pallid bat만큼 좋은 예도 없다.

사막박쥐는 북아메리카 서부의 사막 지대에 살고 있는 연노랑색의 멋진 박쥐다. 무게는 참새와 비슷하지만, 날 때 보면 참새보다더 커 보인다. 사막박쥐에서 가장 먼저 눈에 띄는 것은 크고 아름다운 귀다. 그러나 가까이에서 보면 복잡하게 돌돌 말려 있는 콧구멍을 볼 수 있는데, 그 덕분에 사막박쥐는 박쥐들 중에서도 특별히 독특한 외모를 자랑한다. 사막박쥐는 사냥을 할 때면 횃대에 앉아 있거나 조용히 날아다니면서 큰 곤충이나 거미류의 발소리를 유심히 듣는다. 발소리가 들리면 그 지점을 선회하면서 반향 위치 측정법을 이용해 자세히 '살펴본' 다음 하강하여 먹이를 잡는다.[16] 만약 그 먹이가 전갈이면, 사막박쥐는 먼저 독침을 제거한다. 가끔은 조금 머뭇거리다가 독침에 쏘이는 경우도 있다. 박쥐가 전갈에게 쏘여 정말로 다친다는 것을 잘 보여 주는 증거가 있다. 사막박쥐에게 며칠 동안 전갈만 먹이면 첫날에는 맛있게 잘 먹다가 그다음 날부터는 시큰둥해하는 것처럼 보인다. 어떤 연구자들은 전갈에게 쏘여 한쪽 눈을 잃은 것으로 추정되는 사막박쥐를 채집한 적도 있다. 전갈은 먹기 힘든 먹이지만 사막박쥐도 만만치 않다.[17]

나는 사막박쥐를 몇 번 본 적이 있다. 대부분은 텍사스와 캘리포니아에 있는 다리 밑 틈새에서 보았지만, 셸비와 함께 텍사스에서 야영하던 날 밤에 보았던 사막박쥐는 가장 멋진 기억으로 남아 있다.

셸비와 사귀기 시작한 지 몇 년 후, 나는 셸비와 함께 엄마를 모시고 자동차로 텍사스 전역을 돌아다니며 박쥐와 동굴들을 관찰했다. 엄마는 박쥐에 푹 빠진 괴짜 아들을 항상 응원해 주었고, 어느 해인가는 직접 박쥐를 보고 싶다고 내게 말했다. 그렇다면 텍사스는 꼭 가야할 곳이었다. 탐식에 관한 장에서 말했던 굉장히 멋진 박쥐 동굴이 있기 때문이다. 그곳에는 엄청나게 많은 멕시코자유꼬리박쥐Mexican free-tailed bat가 살고 있는데, 매일 밤 박쥐들이 동굴에서 모두 나오는 데만 4시간이 걸린다. 내가 가장 좋아하는 동굴은 메이슨 근처에 위치한 에커트 제임스 강 박쥐 동굴 보호지역Eckert James River Bat Cave Preserve이다. 그래서 엄마와 셸비와 나의 첫 목적지는 그곳이 되었다.

먼저 박쥐 동굴을 보고, 나는 엄마와 셸비에게 네 시간 거리에 있는 어떤 다리에 관해 이야기를 했다. 약 10년 전에 그 다리에서 사막박쥐를 보았었는데, 혹시 지금도 있을지 몰라서 우리는 그곳에 가보기로 했다.

안타깝게도 다리 밑에는 사막박쥐가 없었다.(그러나 다리 한 구석에서 완벽한 형체의 쿠거 뼈대를 봐서 무척 신기했다.) 그날 오후, 우리는 가까운 발모리아 주립공원Balmorhea State Park에 있는 야영장으로 가서 텐트를 치고 저녁을 먹었다. 해가 질 무렵, 엄마는 텐트에 들어가 잠을 청했고, 셸비와 나는 야생동물을 보기 위해 늦은 저녁 산책을 나섰다. 나는 텍사스 남부가 정말 좋다. 타란툴라 거미에서 거대한 대벌레에 이르기까지, 내가 자란 에드먼턴에서는 볼 수 없었던 온갖 동물이 있기 때문이다. 그날 밤 우리는 운 좋게도 전갈도 보았다. 쿠거의 뼈대, 전갈, 어디를 둘러보아도 아름다운 풍경과 함께 했던 그

날은 생물학자 커플인 우리에게는 더 없이 멋진 날이었다. 그런데 더 좋은 추억을 만들 방법이 떠올랐다.

셸비와 나는 완전히 어두워질 때까지 계속 걷다가 야영장 근처에 있는 놀이터에 도착했다. 우리는 그곳에서 걸음을 멈추고 모래밭에 앉았다. 그리고는 내 박사 학위 지도교수(그는 사막박쥐로 박사학위를 땄다)가 알려 준 비법대로 손가락으로 모래를 긁어 보았다. 그 소리는 전갈이 모래 위를 걸을 때 나는 소리와 매우 비슷해서 사막박쥐에게는 저녁 식사 종소리나 다름없다. 그리고 곧바로 믿을 수 없는 일이 벌어졌다.

모래를 긁자마자 박쥐 한 마리가 내 얼굴 바로 앞에서 날아다니기 시작한 것이다!

주위는 칠흑 같이 깜깜했지만 박쥐를 보려고 헤드램프를 켤 수는 없었다. 램프를 켜면 박쥐가 놀라 달아날지 모른다는 것을 알기 때문에, 나는 어둠에 눈을 적응시켜서 박쥐의 형체를 보려고 애썼다. 날개를 퍼덕이는 소리가 또렷하게 들렸지만, 거의 아무것도 보이지 않았다. 박쥐는 몇 초 동안 내 주위를 맴돌다가 나타났을 때처럼 홀연히 사라졌다. 보고도 믿을 수 없는 광경이었다.

나는 다시 모래를 긁었고, 역시나 박쥐가 다시 나타났다. 셸비와 나는 "어머나!" "세상에!" "믿기지가 않아!" 같은 말을 추임새처럼 넣어 가며 이야기를 속삭였지만, 우리는 아무 말 없이 오랫동안 함께 실험을 즐겼다. 처음에는 나란히 앉아 있다가 나중에는 모래 위에 드러누워 손을 맞잡고 별을 보면서 손끝으로는 사막박쥐를 불러들였다. 한 마리의 박쥐가 우리 모습이 재미있어서 계속 왔던 것인지, 아니면 무리 전체가 우리에게 속아서 모래 속에 전갈이 있는 줄 알고 한 마리씩 돌아가면서 계속 왔던 것인지는 잘 모르겠다. 그러나 우리가 본 박쥐가 몇 마리였든, 더할 나위 없이 행복한 밤이었다.

사실 그 캄캄한 밤에는 자연에서 내가 가장 사랑하는 것들이 집약되어 있었다. 나는 야외에서 사랑하는 여인과 함께 쏟아져 내릴 것 같은 별빛을 배경으로 내가 가장 좋아하는 동물의 실루엣을 보고 있었다. 고요함과 청량한 바람과 맑은 공기까지, 평화로움 그 자체였다. 그러나 다른 한편으로는 곤충과 전갈들에 둘러싸여 어둠 속에 누워 있는 나 자신이 무척 연약하고 무방비 상태인 것처럼 느껴졌다. 어쩌면 쿠거도 있을지도 몰랐다. 그러나 이런 요소들이 나를 안락한 일상에서 끌어낸 덕분에 그렇게 특별한 밤을 경험할 수 있었다. 그 무서운 동물들이 내게는 자연에 생명을 불어넣는 존재다. 나를 해칠 수도 있는 동물에 둘러싸여 있다는 사실을 앎으로써, 나는 자연이 연약하지도 수동적이지도 않다는 것을 깨닫는다. 그 경험은 내게 자연 세계에 대한 경외심을 다시금 일깨워 주었다.

나 혼자 경험했던 수많은 다른 자연들과는 달리, 그날 밤의 자연은 셸비에게도 나에게도 특별한 경험이었다. 그런 경험을 공유할 수 있다는 것은 우리 둘 다에게 정말 멋진 일이었다. 자연환경 속에서 동물들 사이의 적대감과 지금까지 우리 둘이 쌓아 온 관계가 나란히 대비되었다. 셸비와 내가 지금까지 나눈 사랑과 인내와 보살핌이 분노를 배경으로 더욱 빛을 발하고 있었다.

미학적 관점에서 볼 때, 자연의 분노는 내가 생각하는 자연의 아름다움에서 큰 비중을 차지한다. 하지만 이런 나의 낭만적인 생각이 자연에 있는 어떤 야생동물에게는 개똥 같은 소리로 들릴 수도 있다. 그들의 분노가 존재하는 까닭은 하루 단위로 분노를 표출하는 동물이 성공을 거둘 수 있기 때문이다. 텍사스에 서식하는 애집개미는 이 점을 완벽하게 보여 주는 사례다.* 2밀리그램짜리 애집개미에 비하면, 나는 약 5000만 배 더 무섭다. 그러나 애집개미는 나 하나쯤은 너끈히 상대할 수 있다. 애집개미에게 한 번 물리면 며칠 동안 피부가 붓지만, 내가 애집개미를 두려워하는 이유는 그게 아니다. 사실, 애집개미에게 한 번만 물리는 사람은 없다. 애집개미도 대부분의 다른 개미처럼 그들의 분노를 집단적으로 표출함으로써 성공을 거둔다.

만약 당신이 샌들을 신은 발로 우연히 애집개미 군집을 밟고 섰다고 해 보자. 애집개미는 곧바로 당신에게 덤벼들지만 바로 물지는 않고, 대신 적진 깊숙이 침투를 한다. 수백 마리의 개미가 당신의 다리를 타고 기어 올라가는 것이다. 애집개미의 몸집이 작기 때문에 당신은 거의 눈치를 채지 못한다. 그러나 곧 알게 되는데, 마침내 한 마리가 당신을 깨물기 때문이다. 그 과정에서 개미는 공기 중으로 방향 물질을 분비하는데, 이 물질은 곧 다른 개미에게 당신을 깨물라는 신호가 된다. 신호를 받고 당신을 깨문 개미가 똑같은 화학물

* 사실 애집개미의 원산지는 미국 남부가 아니다. 애집개미는 남아메리카 원산이지만 1930대에 화물선을 통해 앨라배마 주 모바일로 들어왔다. 오늘날 애집개미는 미국 동남부에서 푸에르토리코에 걸쳐 서식하고 있으며, 그 범위가 점점 넓어져서 플로리다에서 캘리포니아에 이르는 미국 남부 전역으로 퍼져나갈 가능성이 매우 높다.

질을 분비해서 다른 개미들에게 신호를 보내면서, 과정은 연쇄적으로 이어진다. 뿐만 아니라, 한 마리의 개미가 여러 번 깨물 수도 있다. 그 결과, 당신은 1분 동안 아무것도 모르고 있다가 갑자기 다리 전체에서 타는 듯한 통증을 느끼게 된다. 만약 애집개미들이 옷 위로 올라왔다면, 곧바로 바지를 벗어야 한다. 많이 창피할 수도 있겠지만 선택의 여지가 없다.[*]

일단 개미들이 사라지면, 물린 자리가 조금 가렵기만 해서 대수롭지 않게 여긴다. 그러나 며칠 동안 점점 더 부어올라 2~3일 후에는 고름이 차고 처음 개미가 처음 물었을 때보다 훨씬 더 부어오른다.

물리면 정말 더럽게 아프다.

개미에 물린 자리가 아픈 까닭은 어느 정도는 개미 독에 들어 있는 산의 작용이다. 그 산을 포름산formic acid이라고 하는데, 개미를 뜻하는 라틴어 포르미카formica에서 유래했다. 개미는 일사불란하게 팀을 이뤄 적에게 포름산을 주입하면서 전 세계적으로 번성했다. 전 세계에는 1만 2000종 이상의 개미가 있고,[**] 지구상에 있는 모든 개미의 개체 수는 헤아릴 수 없을 정도로 많다. 아마존 열대우림에 있는 모든 육상 동물의 무게를 측정하면, 그중 3분의 1은 개미와 흰

- 독일인이었던 내 동료 연구원은 실험실 식구들이 모두 보는 앞에서 바지를 벗어야 했었다. 그 일이 있은 직후, 그녀는 텍사스의 한 박쥐 동굴 앞에서 "정말 끔찍해!" 하고 말했다.
- ●● 내가 마지막으로 확인했을 때는 1만 2763종이 알려져 있었지만, 아직도 많은 개미 종이 발견되기를 기다리고 있을 것이다. 이 통계는 오하이오 주립대학의 과학자들이 계속 관리하고 있다. http://osuc.biosci.ohio-state.edu/hymenoptera/tsa.sppcount?the_taxon=Formicidae

개미가 차지할 것이라는 이야기는 생물학자들 사이에서 유명하다.*

그렇게 엄청난 무게를 자랑하는 아마존의 개미 중에는 총알개미 bullet ant라는 것이 있다. 그 이름이 붙은 까닭이 길이가 대략 총알과 비슷한 2.5센티미터이기 때문인지, 쏘이면 총에 맞은 것처럼 아프기 때문인지는 잘 모르겠다. 어쨌든 셸비가 박사 학위 논문을 위해 아마존 지역에서 현장 연구를 할 때, 지역민들에게 총알개미를 조심하라는 말을 자주 들었다. 지역민들은 총알개미를 '빈테콰트로 vinte e quatro'라고 불렀다. 이는 포르투갈어로 '24'라는 뜻인데, 확실히 24시간이 흐르면 타는 듯한 통증을 느끼게 된다.

사테레-마우에Sateré-Mawé라고 하는 아마존 부족은 총알개미를 이용해 남자들만의 의식을 치른다. 투칸데이라tucandeira 개미 의식이라고 불리는 이 행사를 하는 동안, 젊은 남자는 나뭇잎으로 짠 거대한 오븐 장갑처럼 생긴 의식용 장갑에 두 손을 집어넣는다. 각각의 장갑 속에는 총알개미가 300마리씩 들어 있고, 남자는 의식 춤을 추는 몇 분 동안 장갑에서 손을 빼서는 안 된다. 총알개미에 물리면 고통이 점점 더 거세지다가 몇 시간이 지난 후에 최고조에 이르기 때문에, 이 의식은 장갑에서 손을 꺼낸 뒤에도 네 시간 동안 이어진다. 이 의식은 12~20세 사이에 시작되어 남자들의 일생 동안 24회 정도 반복된다.**

총알개미에 쏘인 상처는 그 어떤 곤충에 쏘인 것보다 아픈 것으로 유명하지만, 이를 확인할 수 있는 방법은 야외에 나가서 가능한 한 여러 종류의 곤충에 쏘여 보는 것밖에는 없다. 만약 그런 짓을 할 사람은 아무도 없을 것이라고 생각한다면, 당신은 곤충학자와 별로 시간을 보내 본 적이 없는 게 분명하다.

저스틴 슈미트Justin Schmidt는 개미와 개미의 친척인 말벌과 꿀벌을 연구한다. 이 세 종류의 곤충을 한 데 묶어 '벌목hymenoptera'이라 부르는데, 이들은 모두 침을 쏘는 것으로 유명하다. 슈미트 박사는 벌목을 연구하는 과정에서 셀 수 없이 침에 쏘였다. 그런데 그는 큰 소리로 욕을 내뱉는 대신, 곤충마다 쏘인 느낌이 어떤지를 기록으로 남겼다. 이 연구의 결과가 바로 슈미트 고통 지수Schmidt Pain Index다.

슈미트 고통 지수는 서로 다른 벌목 곤충의 침에 대해 느끼는 고통의 정도를 점수로 매긴 표다. 그는 78종에 이르는 곤충을 대상으로 1부터 4까지 점수를 매겼는데, 숫자가 클수록 더 고통스러운 것이다. 슈미트 고통 지수의 압권은 침에 쏘인 고통을 마치 와인을 묘사하듯이 설명하는 부분이다. 이를테면, 고통 지수가 1인 꼬마꽃벌sweat bee은 "가볍고 순간적인 고통, 청량할 정도다. 작은 불꽃이 팔의 털한 가닥을 쌩하고 지나간다." 식탐에 관한 장에서 나왔던 소뿔아카시아개미는 고통 지수가 2이고, 다음과 같이 평가되었다. "살이 뚫리는 듯한 희귀한 고통이 점점 더 거세진다. 누군가 뺨에 스테이플러를 찍은 느낌이다." 고통 지수가 4인 벌목 곤충은 얼마 되지 않는데, 그

● 이런 것을 생각한다는 게 괴상하게 보일지도 모른다는 것은 나도 알지만, 개미가 얼마나 많은지를 단번에 감이 오게 해 주는 추정이다. (Fittkau와 Klinge, 1973)

●● 아마존의 중심부에 있는 마나우스 외곽의 한 원주민 부족은 관광객들 앞에서 이 의식을 공연하고 돈을 번다. 개인적으로는 관광객들이 이 의식을 체험해야 한다고 생각한다. (Botelho와 Weigel, 2011)

중 하나가 총알개미다. 그는 총알개미에 대해 다음과 같이 묘사했다. "순수하고 강렬하며 찬란한 고통. 발뒤꿈치에 대못이 박힌 채 활활 타고 있는 석탄 위를 걷는 것 같다."

고통지수 표에 관한 인터뷰에서 슈미트는 총알개미에 물렸을 때의 고통이 가장 끔찍했다고 말했다. 슈미트 고통 지수가 꽤 많은 수의 곤충을 다루고 있기는 하지만 11만 7000종에 이르는 벌목 전체를 대변하기에는 조금 부족하다.[18] 따라서 총알개미가 다른 곤충에 비해 큰 고통을 주는 것은 맞지만 어떤 곤충학자라도 자신의 이름을 걸고 목록을 만들 수 있을 만큼 곤충은 많고 고통의 세계는 넓다.

아마 그 출발점으로 더 없이 좋은 곤충은 길이 3.5센티미터의 거대 개미인 브라질의 디노포네라 기간테아*Dinoponera gigantea*일 것이다. 슈미트 고통 지수에는 포함되지 않는 이 개미에 쏘이면 총알개미에 쏘인 것보다 더 고통스러울지도 모른다. 2005년에 디노포네라 개미에 쏘인 64세 남성의 진료 보고서에는 엄청난 고통(그의 말에 따르면 신장 결석이 통과하는 것보다 더 극심하다), 식은땀, 메스꺼움, 구토, 부정맥이 기록되어 있다. 3시간 후, 이 남성은 심각한 혈변을 보았다. 개미에 쏘이기 전에는 전혀 없던 증상들이었다. 그의 극심한 통증은 개미에게 쏘인 지 8시간이 지나면서 잦아들기 시작했다.[19] 내 생각에는 이 개미도 총알개미와 막상막하일 것 같다.(그러나 두 개미에 쏘인 통증을 직접 비교해 보고 싶은 생각은 없다.)

개미 한 마리가 우리를 피똥 싸게 만들 수 있다는 것은 대단히 인상적이다. 하지만 벌목 중에 침 한 방으로 생명을 위협할 수 있을 정도로 강력한 독을 가진 곤충은 없다. 물론 애집개미나 꿀벌에 알레르기가 있는 사람은 그 곤충에 쏘이면 합병증으로 목숨을 잃을 수 있다. 그러나 (알레르기가 없고, 벌 떼나 개미 떼의 습격을 받지 않는다는 가정 하에) 벌이나 개미나 말벌에 쏘이면 대체로 그냥 아프기만 하다. 사실, 해파리, 청자고둥, 거미, 전갈, 벌목 곤충으로 인한 사망자수를 다 합쳐도 최고의 살인마들로 인한 사망자수에는 한참 못 미친다. 지금까지 이 장에서 내가 열거한 동물들의 독이 인구 전체에 미치는 영향은 매우 미미하다. 그러나 여기에 뱀을 포함하면 이야기가 달라진다.

전 세계에 있는 약 3400종의 뱀 중에서 독이 있는 종류는 수백 종에 불과하다. 그러나 그중 다수가 포유류를 먹는다.[20] 그 독사들의 주된 먹이가 우리 인간은 아니지만, 그들이 주로 먹는 포유류와 우리 사이에는 유사점이 많기 때문에 독사의 독은 우리에게도 치명적인 경우가 많다. 게다가 몸을 잘 숨겼다가 순식간에 공격을 한다는 사실까지 더하면, 이 책의 표지 모델은 왠지 뱀이 되어야 할 것만 같다.

독사에게 희생당하는 사람의 수는 충격적일 정도로 많다. 대부분의 사망자는 변변한 신발도 없이 농사를 짓고, 근처에 제대로 된 의료 시설도 없는 후진국에서 발생한다. 이런 낙후된 지역에서는 다른 곳에 비해 기록도 제대로 되지 않기 때문에 정확한 사망자 수를 알기는 어렵다. 그러나 방글라데시 한 곳에서만 연간 약 6000명이 뱀에 물려 죽는다는 것을 생각할 때, 대충 어림짐작할 수 있다. 전 세계에서 독사로 인해 사망하는 사람의 수는 연간 약 2만 명에서 12만 5000명 사이로 추정된다.[21]

독이 있는 다른 동물들과 마찬가지로, 뱀독도 종류에 따라 영향을 미치는 방식이 다르고 혼합되어 있는 물질의 종류도 다 다르다.

어떤 뱀독은 단순히 뱀독이 닿은 곳의 세포를 죽인다. 뱀독이 들어온 자리가 붓고 물집이 잡히는데, 결국에는 살이 검게 변하면서 괴사한다. 엉덩이에서 발목까지 한쪽 다리 전체의 피부와 피하조직이 화학적으로 침식된다고 상상해 보라. 독 뿜는 코브라spitting cobra에 물리면 그렇게 될 수도 있다. 게다가 그렇게 심하게 다치지 않는다 해도, 이 뱀의 독에는 상처 부위에 극심한 고통을 주는 화학물질이 포함되어 있다.[22]

어떤 뱀독은 심혈관계에 영향을 미친다. 혈압을 갑자기 떨어뜨리는 독이 있는 반면, 심장 주위의 동맥을 수축시킴으로써 혈압을 급격히 상승시키는 독도 있다.(그러면 심장박동이 제대로 이루어지지 않아서 산소 부족을 초래한다.) 또 혈액 자체에 영향을 미치는 독도 있다. 미국살모사copperhead의 독처럼 혈액 응고를 방해할 수도 있고, 창날살모사fer-de-lance의 독처럼 혈액을 젤리처럼 응고시킬 수도 있다.[23]

그다음으로는 신경독소가 있다. 앞서 거미독에 관해 이야기하면서, 우리 몸속의 뉴런이 다른 뉴런에 정보를 전달할 때 이용하는 신경전달물질이라는 화학물질에 관해 언급했다. 뱀의 신경독소가 신경 전달을 교란하는 방식에는 일시적인 것과 영구적인 것이 있다. 이 두 방식의 차이는 무척 간단하다. 신경독소가 영향을 미치는 뉴런이 신경전달물질을 보내는 뉴런인지, 아니면 받아들이는 뉴런인지에 달려 있다.[24]

어떤 뱀의 신경독소는 신경전달물질을 보내는 세포의 일부를 파괴함으로써 '보내는' 뉴런을 차단한다. 신경세포는 회복이 불가능하기 때문에 이런 종류의 신경독소는 영구적인 손상을 일으킨다. 그래서 살모사와 타이판독사taipan가 그렇게 위험한 것이다. 어떤 뱀독은 '받아들이는' 뉴런을 방해하는데, 뉴런의 수용기 위에 자리를 잡고 다른 뉴런에서 당도하는 모든 신경전달물질을 물리적으로 차단하는 방법을 쓴다. 이런 유형의 신경독소는 인간의 면역계에 의해 독이 분해되어 제거될 때까지만 영향이 지속된다. 일단 신경독소가 사라지면, 뉴런들 간의 소통이 다시 이뤄질 수 있다. 즉, 이런 독사에 물렸다면 경험 많은 의료진의 도움을 받아 죽음의 문턱에서 살아 돌아올 수 있다는 뜻이다.

이를테면 말레이우산뱀Malayan krait이 한 번 물 때 주입되는 양의 독에는 몸 전체를 마비시킬 수 있는 신경독소가 들어 있다. 먼저 수의근을 움직이는 능력이 사라지고, 곧바로 폐 주위의 근육도 움직이지 않게 된다. 즉, 더 이상 폐로 공기가 들어오지 않아서 머지않아 산소 부족으로 죽게 된다는 뜻이다. 그러나 말레이우산뱀의 신경독소는 회복이 가능한 두 번째 유형의 독소이기 때문에 적절한 치료를 받는다면 충분히 희망이 있다. 중독으로 인해 근육이 마비되어 있는 동안 폐로 공기를 주입하면, 산소 부족으로 인한 영구적인 손상을 피할 수 있다. 의료진들이 계속 '숨을 쉬게' 해 주기만 하면, 말레이우산뱀에 물려 전신이 마비되었던 환자가 불과 며칠 만에 완전히 회복될 수 있다.[25]

뱀독이 인간에게 워낙 효과를 잘 발휘하기 때문에, 정말로 인간을 해치는 뱀은 없다는 사실을 우리는 곧잘 잊어버리곤 한다. 기본적으로 뱀독은 뱀이 먹이를 제압하는 데 유용한 것이다. 어쨌든 뱀은 다른 무기도 없고, 대체로 자신보다 훨씬 빨리 움직이는 먹이를 사냥한다. 방울뱀 같은 동물이 다람쥐처럼 빠른 동물을 사냥할 수 있다는 사실은 무척 놀랍다. 방울뱀에게 다행스러운 것은 1년에 몇 번만 사냥에 성공하면 된다는 점이다.*

사냥을 할 때 방울뱀은 탁월한 후각을 이용해 수풀 속에서 다람쥐 같은 소형 포유류가 지나다니는 길을 찾는다. 4시간 전에 지나간 다람쥐의 발바닥이 나뭇가지에 남긴 냄새를 맡는 것은 우리에겐 쉽지 않은 일이지만, 방울뱀에게는 그야말로 자신 있는 개인기다. 사실 뱀의 혀가 갈라져 있는 것도 그 때문이다. 뱀은 혀를 날름거리면서 숲속 여기저기에서 공기 중에 떠 있기에는 너무 무거운 화학물질들을 잡아내 입안으로 들여와 입천장에 위치한 감각기관에 접촉시킨다. 이는 공항 검색대에서 작은 천 조각으로 가방을 닦은 다음 분석기에 넣는 것과 비슷하다. 일단 포유류의 발자국이 남긴 화학물질을 감지하면 뱀은 그곳에 자리를 잡고 똬리를 틀고 기다린다.

기다림이 며칠 동안 이어지기도 하지만 뱀은 충분히 참을 수 있다. 뱀은 변온동물이기 때문에 에너지를 소비하는 속도가 느리다. 마침내 다람쥐가 지나가면, 순식간에 낚아채 속이 비어 있는 독니를

---

* 내가 박사 학위 공부를 할 때 가장 가깝게 지내던 룰론Rulon이라는 친구가 있다. 그는 뉴욕 북부의 야생에 살고 있는 검정방울뱀timber rattlesnake을 연구하고 있었다. 그가 사람들에게 자신의 연구 주제에 관해 이야기를 하면, 사람들은 종종 '무엇 때문에 그 동물을 좋아하는지' 묻곤 했다. 그래서 룰론은 미국 자연사 박물관에서 발간하는 월간지인 『자연사Natural History』에 기고한 글에서 그 질문에 대한 멋진 답을 내놓았다. 뱀이 얼마나 아름다운 피조물인지, 그리고 연구자들이 자신이 연구하는 동물에 얼마나 열정을 갖고 있는지를 알고 싶다면 그의 글을 읽어 보길 강력하게 추천한다. (Clark, 2005)

이 작은 포유류의 몸에 찔러 독을 주입한 다음 놓아준다. 뱀에게는 몸부림을 치는 다람쥐를 잡고 있을 이유가 없다. 다람쥐도 방어를 위해 뱀을 깨물 수 있기 때문이다. 만약 뱀의 일격이 성공했다면 다람쥐는 몇 분 못 가서 죽게 될 것이다. 다람쥐가 도망가는 동안 뱀은 느긋하게 똬리를 풀고 다람쥐가 남긴 발자국 냄새를 따라간다. 냄새를 따라가던 뱀은 얼마 못 가서 죽은 다람쥐를 발견하고 다람쥐를 통째로 삼키기 시작한다.

이런 사냥법은 독이 없이는 불가능하다. 게다가 독은 소화액으로도 작용한다. 독은 뱀이 식사를 시작하기도 전에 다람쥐를 분해하기 시작해서, 몇 주에 걸쳐 일어나는 소화 과정을 수월하게 한다.[26] 다람쥐의 몸속으로 들어간 방울뱀의 독은 제일 먼저 혈관에 작용한다. 물린 곳 근처에 있는 모세혈관과 작은 혈관에서 걷잡을 수 없이 피가 새어나오기 시작해서 주위 조직으로 흘러 들어간다. 그 결과 붓고 물집이 생기며, 조직 전체에서 화학적 분해가 일어난다. 혈류를 따라 독이 전달되는 동안, 신체의 다른 부분에까지 이런 작용이 퍼져나간다. 여기에는 심장도 예외가 아니다.

만약 어떤 사람이 통나무를 넘어 지나가다가 실수로 똬리를 틀고 있는 방울뱀을 밟으면, 방울뱀이 자기 방어를 위해 사람을 공격할 수도 있다. 불행 중 다행인 것은 방울뱀이 방어를 위해 사람을 깨물 때 그 절반은 독을 주입하지 않는 '마른 입질dry bite'라는 것이다. 그렇다고 해도 두 개의 날카로운 이빨이 피부를 뚫기 때문에 큰 상처가 나지만, 적어도 근육조직을 침식시키는 화학물질의 공격을 받지는 않을 것이다. 때로 방울뱀은 인간을 단순히 멀리 쫓아 버리기 위해 마른 입질을 하기도 한다. 뱀에게 인간의 생사는 별로 중요하지 않다. 같은 조건이라면 필요할 때를 위해 독을 비축해 두는 게 더 낫기 때문이다.[*]

뱀에 물렸을 때 가장 무서운 것은, 뱀에 물린 자리에 독이 있는지 없는지를 바로 알 수 없다는 점이다. 그것을 확인할 수 있는 유일한 방법은 증상이 나타날 때까지 기다리는 것이다. 만약 운이 좋다면, 물린 상처가 붓고 깊게 뚫린 다른 상처들과 마찬가지로 무척 아프기만 할 것이다. 그러나 만약 운이 없다면, 무슨 일이 어떻게 벌어질지는 어떤 뱀에 물렸고 얼마나 많은 양의 독이 주입되었고 항독소를 구할 수 있는지 여부에 따라 결정된다. 방울뱀에 물렸고 불행히도 상당량의 독이 주입되었다면, 그래도 아마 살 수는 있을 것이다. 급속한 조직 파괴로 인해 물린 부위의 주변 피부와 근육에는 영구적인 손상이 나타나겠지만, 방울뱀의 독은 인간을 죽음에 이르게 하지는 않는다. 적어도…, 대체로 그렇다.

대자연이 우리를 보살피고 있다고 믿고 싶은 사람들의 마음은 이해한다. 그러나 해파리, 청자고둥, 거미, 전갈, 벌, 개미, 말벌, 뱀의 존재는 어떻게 받아들여야 할까? 지네, 가오리, 쏨뱅이, 도마뱀, 오리너구리, 땃쥐, 딱정벌레, 그 외 독이 있는 벌레들에 관해서는 아직 이

- 방울뱀 전문가인 내 친구 롤론이 언젠가 맥주를 앞에 놓고 한 이야기에 따르면, 뱀에 물렸을 때 이상한 민간요법이 그렇게 많은 까닭이 마른 입질 때문이라고 했다. 어쨌든 뱀에 물렸을 때 절반만 독이 오르기에, 어떤 민간요법을 쓰던 50퍼센트는 낫는다는 것이다. 그래서 아마 뱀에 물린 자리를 입으로 빨아내거나, 등유를 바르거나, 뱀을 죽여서 상처에 문지르거나, 닭을 죽여 그 살로 상처를 감싸는 따위의 민간요법이 효과가 있다고 여겨지는 것 같다는 설명이다.

야기를 꺼내지도 않았다. 만약 어머니인 대자연이 정말 사랑이 가득하다면, 자연에는 왜 독이 있는 동물이 그렇게 많고 왜 독에는 희생자의 고통을 가중시키는 물질들이 그렇게 많이 들어 있는 것일까?

일각에서는 독에는 신약을 개발하려는 과학자들에게 유용한 화학물질이 많이 들어 있다는 주장을 하기도 한다. 전적으로 맞는 말이기는 하지만, 마치 자연이 그런 이유에서 독을 만든 것처럼 생각하는 것은 지나친 확대 해석이다. 우리 인간이 하나의 종으로서 번성하기 위해 자연의 장점을 이용하는 법을 배워왔다는 게 올바른 사실이다. 우리에게 먹히는 동식물이 그 일을 자원한 게 아닌 것처럼, 우리가 활용하는 독은 동물이 우리에게 대항하기 위해 만든 것이다. 우리는 과학을 통해 독의 위험성을 낮추어 항독소를 만들 수도 있지만, 더 놀라운 것은 독을 이용해서 예전에는 생각도 할 수 없었던 성과를 이룩할 수도 있다는 점이다. 통증을 차단하는 약물을 만들고 싶다면, 청자고둥의 독이 어떻게 기능하는지 살피면 된다. 일시적으로 신경을 차단할 수 있는 약물을 만들고 싶다면, 뱀독은 연구해 보는 것은 어떨까? 독은 우리 몸속에 있는 수많은 분자 기계의 비밀을 푸는 열쇠를 제공한다. 우리는 독을 이용해서 건강 장수를 돕는 약을 개발하고 있다. 자연은 우리를 보살피지 않는다. 자연은 우리를 죽이려 하고 있으며, 우리가 스스로를 보살피고 있는 것이다.

동물이 다른 동물을 죽이고 그 과정에서 고통을 주기도 한다는 사실에는 의문의 여지가 없다. 물리적 폭력이든 화학적 폭력이든, 동물이 다른 동물에게 폭력을 행사하는 일은 하루도 빠짐없이 벌어지고 있다. 그러나 자연의 분노는 개체들을 다치게 하고 괴롭히고 죽이는 수준에서 일어나는 게 아니다. 그보다 훨씬 더 큰 규모로 일어난다. 자연의 분노는 하나의 종, 아니 여러 종으로 이루어진 집단을 단번에 쓸어 버릴 정도로 강력하다.

멸종에 관해 이야기할 때마다 사람들은 대개 공룡을 떠올리지만, 재미나게도 공룡은 사실 멸종하지 않았다. 약 6500만 년 전, 백악기 Cretaceous에서 고古제3기Paleogene로 넘어가는 시점에 한 사건이 있었다. 지질시대에서 이 시점은 백악기-고제3기 경계, 또는 K-Pg 경계라고 불린다. K-Pg 경계에서 공룡은 거의 다 사라졌지만, 극소수는 살아남았다. 사실 그들의 후손은 오늘날에도 살아 있으며 우리 주변에서 흔히 볼 수 있다. 공룡의 후손은 바로 새다. 모든 조류는 공룡의 직계 후손이기 때문에, 조류도 공룡으로 정의할 수 있다.[*](닭이 뛰는 모습은 영화 〈쥬라기 공원Jurassic Park〉에 등장하는 벨로키랍토르 velociraptor와 비슷하다.)

공룡은 멸종하지 않았기 때문에, 고생물학자들은 K-Pg 경계에서 멸종한 동물 무리를 반드시 '비조류 공룡non-avian dinosaurs'이라고 부른다. 이는 그들 방식으로 '새를 제외한 모든 공룡'이라는 말이다.

K-Pg 멸종은 티라노사우루스Tyrannosaurs와 트리케라톱스 Triceratops 같은 카리스마 넘치는 동물들을 절멸시켰지만, 당시에는

---

[*] http://www.xkcd.com/1211/

비조류 공룡만 사라진 게 아니었다. 프테로사우루스pterosaurs라고 불리는 익룡(엄밀히 말하면 공룡이 아니다)과 네스 호의 괴물처럼 생긴 거대한 수장룡(역시 공룡이 아니다)을 포함해 많은 동식물이 통째로 사라졌다. 전체적으로 보면, 지구상에 있는 모든 종의 70~75퍼센트가 자취를 감췄다.[27]

매우 강력한 증거에 따르면, K-Pg 멸종 사건은 오늘날 멕시코 유카탄 반도에 위치한 메리다 근처에 거대한 운석이 떨어지면서 시작되었다. 이 운석의 크기는 얼마나 되었을까? 2013년 2월, 러시아 첼랴빈스크의 하늘을 밝혔던 불덩어리와 비교해 보자. 첼랴빈스크의 운석은 직경이 약 17미터였다.[28] 이 운석이 대기권에서 불타오를 때 방출한 섬광은 태양 빛보다 더 밝았고, 그 충격파는 건물의 외벽을 무너뜨리고 창문 유리를 산산조각 내고 1000여 명의 부상자를 낼 정도로 강력했다. 해마다 다양한 크기의 운석 수백만 개가 지구 대기를 통과하지만, 첼랴빈스크의 운석은 지난 100년 동안 지구에 떨어졌던 운석 중에서 가장 크다.

비조류 공룡을 싹 쓸어 버렸던 운석은 어땠을까?

첼랴빈스크의 운석보다는 **조금** 더 컸다. 이 운석은 직경 200킬로미터의 크레이터를 남겼는데, 이를 토대로 운석 자체의 직경을 추정하면 약 9.5킬로미터가 된다. 무려 9.5킬로미터다! 첼랴빈스크 운석보다 직경이 500배 이상 크고, 2억 배 이상 더 무겁다.[29]

충돌 지점에 있던 동물들은 충돌이 일어날 때의 불덩어리에 의해 그 자리에서 형체도 없이 사라졌을 것이며, 근처에 있던 동물들은 충돌 지점에서 퍼져 나간 산불과 해일로 인해 죽었을 것이다. 그러나 피해는 여기서 그치지 않았다. 그 후로 몇 달에 걸쳐서 지구 전체에 문제가 발생했다. 대기권에는 충돌로 인해 발생한 흙먼지가 가득 차서 태양 광선을 차단했다. 생물계로 유입되는 에너지는 (탐식에 관한 장에서 언급한 것처럼) 식물이 태양 광선을 이용해서 만들기 때문에, 충돌로 인해 발생한 흙먼지는 식물뿐 아니라 모든 동물의 에너지 흐름까지 차단하게 되었다. 수개월 혹은 수년이 흘러 흙먼지가 모두 가라앉았을 무렵에는, 지구상에 있던 대부분의 종이 죽어서 사라졌다.

K-Pg 경계의 운석 충돌 같은 사건은 우리가 일생에 걸쳐 볼 수 있는 지진, 해일, 허리케인, 토네이도, 눈보라 같은 작은 규모의 사건들처럼 자연의 일부다. 자연재해가 일어나면 동물이 죽는다. 그리고 그 자연재해의 규모가 아주 크면 한 종, 또는 여러 종이 사라질 수도 있다. 이런 멸종은 생명과 우리 지구가 어떻게 연관이 있는지를 보여 주는 중요한 요소다. 한 가지 예를 들면, 포유류가 말과 박쥐와 원숭이 같은 다양한 동물들로 번성할 수 있었던 이유는 비조류 공룡이 사라졌기 때문이다.[30] 만약 그때 운석이 충돌하지 않았고 그 동물들이 모두 멸종하지 않았다면, 인간은 존재하지 못했을 것이다. 그리고 같은 이유에서, 언젠가는 우리 인간도 멸종하게 될 것이다. 그것이 자연의 순리다.

K-Pg 경계에서 일어난 대멸종은 지구 역사에서 유일한 대멸종 사건도 아니고, 가장 규모가 큰 멸종 사건도 아니다. 공룡이 생겨나기도 전인 2억 5100만 년 전에 일어났던 한 멸종 사건으로 인해, 지구상에서는 모든 종의 95퍼센트가 사라졌다. 이 대멸종이 일어난 페름기Permian와 트라이아스기Triassic 사이의 시기는 (당연히) 페름기-

트라이아스기 경계Permo-Triassic boundary 또는 P-Tr 경계라고 부른다. 당시에는 거의 모든 종류의 식물, 곤충류, 어류, 양서류, 파충류가 사라졌는데, 그중에는 곰만 한 크기의 파충류도 있었다. 남은 것이라고는 이전에 존재했던 생물 다양성의 작은 단편들뿐이었다.

P-Tr 멸종은 오늘날의 시베리아에 해당하는 지역에서 거대 화산이 분출하면서 촉발된 것으로 추정된다. 화산은 별로 위협적이지 않을 것처럼 느껴지지만, 여기서 말하는 화산은 산비탈로 용암이 흘러내리는 그런 화산이 아니다. 이 화산에서 토해 낸 용암의 양은 미합중국 면적의 약 절반에 해당하는 416만 제곱킬로미터의 땅을 뒤덮을 정도로 어마어마했다. 용암은 바로 근처에 있던 동물들에게만 해를 끼쳤지만, 용암에서 새어 나온 기체는 전 세계를 혼란에 빠뜨렸다. 그 기체들은 엄청난 환경 변화를 일으켰고, 육상과 해양의 동물들은 이에 속수무책이었다. 대기 중에는 독성 기체가 자욱했고, 바다 속의 용존 산소량은 급격히 감소했으며, 갑작스러운 지구 온난화로 기온은 섭씨 6도 정도 증가했다. 당시 환경이 얼마나 끔찍했는지를 생각해 볼 수 있는 예를 하나 들자면, 어떤 곳에서는 토양이 완전히 사라져서 토양에 살던 것은 모두 죽고 헐벗은 바위에 달라붙을 수 있는 곰팡이와 균류만 남아 있었다. 엄청난 규모의 대학살이었지만, 소수의 생명체는 어렵게 살아남았고 수백만 년이 흐른 뒤에는 그들의 후손이 진화해서 사라진 생물들의 자리를 채웠다. 이런 새로운 생물들 중 하나가 바로 공룡이다.[31]

K-Pg 멸종과 P-Tr 멸종은 가장 널리 알려져 있는 대멸종 사건이다. 그 당시의 화석이 매우 많이 남아 있기 때문이다. 그러나 대부분

의 전문가들이 이에 못지않게 대재앙이었을 것이라고 믿고 있는 또 다른 멸종 사건도 있다. 이 사건은 K-Pg 멸종과 P-Tr 멸종에 비해 많은 부분이 베일에 싸여 있는데, 그 이유는 이 사건이 아주 오래전, 단세포 생물들만 살던 시절에 일어났기 때문이다. 게다가 단세포 생물의 화석은 모두 **대단히** 비슷하게 생겨서 어떤 종이 살아남았고 어떤 종이 그렇지 않은지를 정확히 밝히기가 어렵다. 그러나 이 멸종은 우리와 특별한 연관이 있다. 운석이나 화산 폭발처럼 누구도 비난할 수 없는 천재지변에 의해 일어났던 K-Pg 멸종이나 P-Tr 멸종과 달리, 이 멸종은 생명체에 의해 일어난 사건이기 때문이다.

이 사건은 지금으로부터 24억 년 전에 일어났으며, 대단히 참혹했다. 지구상의 생명체를 넷 중 하나 꼴로 죽게 만든 원인은 다름 아닌 독성 기체였다. 그 전까지는 지구에 극소량만 존재했던 이 독성 기체는 갑자기 농도가 1000배 이상 증가했고, 그로 인해 땅과 바다에서 죽음이 속출했다. 이 독성 기체는 당시 조류藻類가 막 터득했던 새로운 기술인 광합성에서 나온 폐기물인 산소였다. 따라서 이 대멸종 사건은 산소 급증 사건Great Oxygenation Event이라고 불린다.[32]

산소가 독성 기체라는 생각이 잘 납득이 되지 않을 수도 있을 것이다. 그러나 많은 생명체들에게 산소는 독성 기체다. 사실 **독성**이라는 말로는 산소를 제대로 설명할 수 없다. 산소는 공포를 불러일으키는 기체다. 생물이 산소가 있는 세계에서 살아가기 위해서는 분자 수준의 방어 무기를 준비해야 한다.

산소는 전자를 대단히 좋아하기 때문에 근처에 전자가 있으면 모조리 빼앗아 온다. 철이 녹스는 것도 산소가 철의 전자를 빼앗기 때문이다. 장작이 타고 있는 모습은 주위의 모든 산소가 장작에서 전자를 떼어 내는 동안 장작 속에 들어 있던 에너지가 빛과 열의 형태로 방출되는 모습이다.(그래서 불이 탈 때는 산소가 필요하다.) 우리 몸에서도 호흡으로 들어온 산소가 음식물을 통해 섭취한 당에서 전자를 떼어 낼 때 에너지가 방출된다. 우리 몸은 복잡한 분자 기계 장치를 활용해 당을 분해하고 그 과정에서 나오는 에너지로 살아간다.

24억 년 전에 살았던 생명체는 이런 종류의 분자 기계 장치를 갖고 있지 않았다. 따라서 산소가 체내에 침입했을 때 산 채로 부식되어야 했다. 산소를 만들어 낸 초기 조류는 그저 살기 위해 최선을 다했고, 그 결과 체내에서 발생한 산소를 몸 밖으로 배출했다. 그러나 이는 지구상에 사는 다른 생명체들의 생존 규칙을 바꾸는 결과를 초래했다. 대부분의 생명체는 메탄 같은 기체로 숨을 쉬며 만족스럽게 살아가고 있었지만, 산소 급증 사건 이후에는 산소에 대항할 방법을 찾지 못하면 죽을 수밖에 없었다.[*]

오늘날 산소는 대기의 20퍼센트 이상을 구성하고 있으며, 동물들은 이런 산소량의 변화 속에서 이득을 보기 위해 적응해 왔다. 우리가 산소를 이용해서 얻을 수 있는 에너지량은 메탄을 활용했을 때보다 약 20배가 더 많다. 따라서 돌이켜 보면 산소 급증 사건이 좋은 일이었다는 주장을 할 수도 있다. 그러나 당시 지구는 우리처럼 준

---

[*] 심해저의 열수 분출공, 간헐천의 내부, 깊숙한 동굴 속처럼 산소가 도달하지 않는 장소에서는 지금도 산소호흡을 하지 않는 생물들이 번성하고 있다. 그래서 이런 곳에 살고 있는 생물체들은 산소가 존재하지 않는 다른 행성에 살고 있는 생명체와 비슷할 것이라고 주장하는 사람도 있다.

비가 되어 있던 상태가 아니었다. 인간이 산소호흡을 하는 것은 우리가 거기에 맞춰 진화했기 때문이다. 우리는 이미 갖고 있는 패로 카드놀이를 하고 있는 것이다.*

자연의 분노는 방울뱀에 물린 한 개인이 겪는 고통을 훨씬 능가한다. 자연은 몇 번이고 계속해서 생명체들을 쓸어 버렸고, 그 자리에는 새로운 종류의 생명체기 다시 번성했다. 내가 언급한 세 번의 멸종 사건은 자연에 내재된 분노를 생각하게 하지만, 그런 어려움에도 굴하지 않고 꿋꿋하게 헤쳐 나가는 생명의 모습도 생각하게 한다. 샘도, 그의 DNA도, 지구상에 있는 어떤 생명체도 영원할 수 없다. DNA가 뒤섞여 고깃덩이 로봇이 만들어지고, 그 고깃덩이 로봇은 종잡을 수 없는 운명에 시달리면서 살아남기 위해 최선을 다한다. 때로는 갑자기 규칙이 바뀌기도 하지만, 원래 세상일이 다 그런 게 아니겠는가.

지구에서 태양 빛을 쬐며 즐거운 한때를 보냈던 다른 종들과 마찬가지로 우리가 이곳에 있을 날도 유한하다. 산소가 자욱한 공기를 처음 접했을 때, 메탄 호흡 단세포생물에게는 아무 잘못도 없었다. 그저 운이 없었을 뿐이었다. 만약 운석이 떨어지지 않았다면, 프테로사우루스는 오늘날에도 살고 있었을지도 모른다. 인간이라고 다를 건 없다. 불운이 닥치면 우리도 한순간에 담배꽁초처럼 내동댕

---

* 요가를 하면서 활기를 불어넣어 주는 깨끗한 산소를 깊게 들이 마실 때, 이 기체가 지구상의 거의 모든 생명체를 쓸어 버렸던 기체라는 사실이 내게는 뭔가 아름답게 느껴진다. 세상은 생명체를 위해 뭔가를 해 주지 않는다. 주위에서 무슨 일이 벌어지든, 생명체는 스스로 진화하고 번성했다.

이쳐질 것이다. 사실 그 불운은 인간의 뇌에서 기원할 가능성이 농후하다. 우리의 뇌는 핵발전소의 멜트다운을 초래했고, 다른 대멸종 사건 때와 비슷한 수준의 급격한 기후 변화를 일으켰다. 지난 세기 동안 우리 인간은 주머니늑대Tasmanian wolf, 나그네비둘기passenger pigeon, 카리브해몽크물범Caribbean monk seal과 같은 많은 동물을 멸종시켰다. 어쩌면 우리는 이 시대에 운석과 같은 역할을 하고 있는지도 모른다.

전 세계 동물을 멸종으로 치닫게 하고 있는 원인이 인간이라는 사실을 생각하면 이루 말할 수 없이 우울하다. 그러나 우리 인간이 이 세상을 아무리 무참히 망쳐 놓아도 다른 새로운 생물들이 번성하게 되리라는 것을 알기에 조금은 안도가 된다. 지구는 다른 생물들의 재앙을 딛고 되살아나길 반복했다. 우리가 죽인 동물을 다시 되살릴 수는 없겠지만, 1000만 년 후의 세상은 아마 아무 일도 일어나지 않았던 것처럼 보일 것이다.

우리 인간이 시간의 규모에 따라 자신의 DNA의 운명을 얼마나 다르게 대하고 있는지를 보면 정말 흥미롭다. 우리는 무슨 일이 있어도 우리 자신과 자신의 아이들을 보호하려고 한다. 그러나 몇 세대 후는 거의 생각하려 하지 않는다.

이는 당연하다. DNA는 현재를 살아가도록 설계되어 있다. 이는 동시대를 살고 있는 우리의 자손을 보호하기 위한 것이다. DNA는 기후 변화와 어류의 과다 포획 및 서식지 파괴가 한 세기 후에 어떤 영향을 미칠지에 관심이 없다. 환경보호도 마찬가지다.(환경보호는 우리 자신뿐 아니라 다른 사람의 DNA에도 이로울 것이다.) 이처럼 인간의

DNA는 이기적인 경쟁에서 자신의 DNA에 득이 되지 않는 행동을 하도록 만들어지지 않았다.

본질적으로 우리의 본능은 지금 인류가 지구 전체에 휘두르고 있는 그런 엄청난 힘을 다루기 위한 게 아니었다. 그러나 인간은 오래전부터 자연을 거칠게 다뤄 왔다. 어찌 보면 자연을 거칠게 대하는 요즘 모습은 그리 놀라운 일이 아닐지도 모른다.

나는 샘의 아이들이 검은코뿔소black rhino가 없는 세상에서 자라기를 바라지 않지만, 검은코뿔소는 멸종 위기에 내몰려 있다.* 그러나 내가 그런 걱정을 하는 호사를 누릴 수 있는 이유는 내 아이가 올해 독사에 물려 죽을 확률이 극히 낮기 때문이다. 내 DNA는 단기적 욕구가 충족되었기 때문에 장기적인 결과를 생각하게 된 것일 뿐이다. 만약 마땅히 이곳에 살아야 한다고 생각하는 동식물의 보존을 인류 전체에 요청하고자 한다면, 먼저 개개인이 자연의 분노로부터 탈출할 수 있도록 도와야 할 것이다.

---

* 2012년에 밀렵된 검은코뿔소의 수는 전체 개체 수의 약 15퍼센트에 달하는 668마리다. 2007년에 포획된 수가 13마리에 불과했다는 사실과 비교하면, 지난 10년간 이 동물의 상황이 얼마나 급격히 악화되었는지 가늠할 수 있다.

7

오만

일어나라, 고깃덩이 로봇이여!

이 책을 쓰기 시작한 이래, 나는 자연의 혹독함과 샘을 키우면서 경험한 인간의 사랑을 융합하려고 노력해 왔다. 그 과정에서 내가 찾아낸 사례들은 자연의 피조물인 우리가 얼마나 잔혹한지를 더 분명하게 확인시켜 주었다. 그러나 나는 단 하나의 예외를 찾기 위해 무진 애를 썼다. 인간을 제외하고 DNA가 요구하는 것 이상의 동정심을 가진 종이 딱 하나만 있기를 바랐다. 만약 그런 동물이 존재한다면 DNA의 조종을 당하는 아빠의 이기적인 욕심이 아닌 진정한 부성애가 존재할지도 모른다고 생각했다. 나는 그런 예외를 찾아 천지사방을 뒤졌다. 그렇게 이 책을 쓰는 동안 내가 찾아낸 가장 근접한 사례는 흡혈박쥐였다.

나태에 관한 장에서 언급한 것처럼, 흡혈박쥐는 종 내에서 혈연관계가 없는 다른 박쥐들에게 먹을 것을 나눠 준다. 그러나 이를 마냥 이타적인 행동이라고 볼 수는 없다. 먹이 나눔 프로그램에 참여한 박쥐는 나중에 먹이를 찾지 못한 날에 다른 박쥐들로부터 먹을 것을 얻어먹을 수 있기 때문이다. 박쥐가 혈연지간이 아닌 다른 박쥐를 돕는다는 사실은 오히려 박쥐가 이기적으로 행동할 때 나타나는 창발적 현상일 뿐이다.

확실히 흡혈박쥐는 내가 찾고 있던 이기적이지 않은 동물이 아니었다. 그러나 이기적이지 않은 **동물**이 정말 존재한다면, 그런 동물을 반드시 알고 있을 만한 사람이 있었다. 게리 카터Gerry Carter는 내가 흡혈박쥐로 박사 과정을 할 때 학부생이었는데, 트리니다드에서 현장 연구를 하는 동안 나를 도와주었다. 그는 자신의 박사 과정을 시작한 다음부터는 흡혈박쥐의 먹이 나누기 습성에 초점을 맞췄다. 그는 매우 명민했고, 동물의 호의 문제에 관심을 갖고 이에 관한 모든 실험과 문헌을 조사했다. 이 문제를 게리보다 더 많이 아는 사람은 아마 없을 것이다.

나는 게리에게 전화를 걸어 자신의 DNA가 살아남는 데 손해가 되더라도 기꺼이 다른 동물의 DNA에 도움을 주는 행동을 하는 동물을 아느냐고 물었다. 역시 예상대로, 그는 그런 예는 본 적이 없다고 확인해 주었다. 때로는 (질투에 관한 장에서 나왔던) 렙토토락스 일개미가 여왕개미를 보호하기 위해 자기희생을 하는 경우처럼, 다른 개체를 돕기 위해 자신을 희생하는 경우가 있기는 하다. 그러나 이와 같은 경우에는 결국 자신의 DNA가 전달되는 결과를 가져온다. 게리는 그 동물의 DNA가 들이는 비용이 얻는 이득보다 더 큰 데도 자기희생을 하는 예는 한 번도 본 적이 없었다.

이는 내게 결정타가 되었다. 동물은 이기적이다. 따라서 자연에는 아무 조건 없이 순수한 사랑이란 존재할 수 없다. 내가 샘에게 느끼는 감정은 한 동물이 자신의 DNA를 지키는 또 다른 방식일 뿐이다.

나는 게리에게 이 책의 내용에 관해 살짝 이야기해 주었다. 그리고 샘에 대한 내 사랑은 전혀 특별하지 않다는 이 책의 결론에서 그의 대답이 어떤 의미를 지니는지에 대해서도 말해 주었다. 때로 과학은 우리가 기대하고 있는 답을 주지 않는다.

게리는 잠깐 웃더니 조금의 망설임도 없이 내 말에 전적으로 동의하지 않는다고 말했다.

"단지 부성애의 생물학적 메커니즘만 보고 있기 때문이 아닐까요? 선배는 부성애가 어디에서 유래했는지를 확인했을 뿐이에요. 그렇다고 어떻게 그게 가짜가 돼요? 리처드 파인만Richard Feynman이 꽃에 대해 이야기한 거 본 적 있어요?"

"있어." 내가 대답했다.

"음…, 같은 거라고 생각해요."

게리가 말한 파인만의 이야기는 나도 꽤 잘 알고 있었다. 과학의 가치에 관한 토론에서 몇 번 써먹은 적이 있었다. 꽃 이야기는 노벨상을 수상한 뛰어난 물리학자 리처드 파인만의 인터뷰 영상에 등장한다. 화질이 별로 좋지 않은 이 영상에서 파인만은 예의 그 웃음 띤 얼굴로 과학의 미학에 관한 이야기를 한다.● 그는 '과학자들은 꽃을 제대로 평가할 수 없다'는 한 예술가 친구의 주장을 예로 든다. 친구

● 길이가 1분 30초에 불과한 이 영상은 유튜브에서 확인할 수 있다. http://www.youtube.com/watch?v=zSZNsIFID28

의 주장은 '과학자들은 꽃을 알아볼 수 없을 때까지 분해하기 때문에 꽃을 제대로 볼 수 없다'는 것이었다. 파인만은 편안한 뉴욕 억양으로 다음과 같이 말한다.

> 나는 꽃의 아름다움을 음미할 수 있습니다. 동시에 나는 더 많은 것들도 볼 수 있습니다. 나는 꽃을 이루고 있는 세포들을 상상할 수 있고, 세포 안에서 일어나는 복잡한 작용들도 생각할 수 있습니다. 그런 곳에도 아름다움이 있습니다. 아름다움은 우리가 볼 수 있는 규모, 이를테면 1센티미터 규모에만 있는 게 아닙니다. 훨씬 더 작은 규모, 그 내부 구조, 그 안에서 일어나는 과정, 이 모든 것에 아름다움이 존재합니다. 꽃의 색깔은 수분을 할 곤충을 유인하기 위해 진화되었습니다. 정말 흥미롭죠. 이는 곤충이 색을 볼 수 있다는 것을 의미합니다. 그럼 또 의문이 생기죠. 하등한 생물에게도 미적 감각이 존재할까? 그렇다면 왜 그것을 아름답게 느낄까? 온갖 의문들이 꼬리를 물죠. 과학 지식은 한 송이 꽃에 대해 흥분과 신비로움과 경외심을 더해 줄 뿐입니다. 더해 주기만 하죠. 어떻게 의문을 줄어들게 하는지는 모르겠습니다.

파인만의 시각은 '모르는 게 약'이라는 말과 정반대다. 그에게 뭔가에 대한 새로운 지식은 하나같이 신비로움과 경이로움을 더하는 것이지만, 그 의문에 대한 답을 찾는다고 해서 그 경이로움이 줄어들까 두려워할 필요는 없다. 새로운 것을 배울 때마다 더 심오하고 새로운 신비로움에 빠져들게 될 것이기 때문이다. 과학자들은 세상을 공부하는 일에 싫증 내지 않는다. 점점 더 깊이 파고들 뿐이다. 그리고 깊이 파고들면 파고들수록 더 경이로운 신비와 마주치게 된다.

나는 흡혈박쥐를 처음 본 순간을 돌이켜 보았다. 흡혈박쥐의 얼굴을 본 순간, 그동안 흡혈박쥐에 관해 읽었던 모든 과학적 사실들이 어떻게 더 풍성해졌는지가 떠올랐다. 그런데 왜 나는 부성애에 관한 정보에 대해서만큼은 정반대의 반응을 보이고 있었던 것일까? 왜 진화에 관한 지식이 샘에 대한 내 사랑을 더 아름답게 만들어 주는 게 아니라 덜 아름답게 만든다고 생각하고 있었을까? 게리의 주장은 꽃에 대한 파인만의 찬가를 한 아버지에게 주는 충고로 여기라는 것이었다. 내가 사랑의 진화적 기원을 이해한다는 사실이 그 아름다움을 '줄어들게' 해서는 안 된다. 샘에 대한 내 사랑이 수백만 년의 진화를 거쳐 생겨났다는 사실을 앎으로써 오히려 그 사랑이 더 현실감 있게 다가와야 한다.

과학자로 살면서 가장 좋은 것 중 하나는 주위에 좋은 친구가 많다는 것이다. 내게 도전 의식을 불러일으키고 내가 믿고 있던 것들에 대해 의문을 갖게 하는 명석한 사람들과 함께 시간을 보낸다는 건 참으로 멋진 일이다. 나는 과학 논문들을 열심히 읽고 이 책에서 그 이야기들을 하나로 엮었지만, 샘이라는 위기를 해결할 수는 없었다. 그러나 게리는 내 위기가 잘못된 가정을 토대로 하고 있다는 것을 곧바로 알아챘다. 어쩌면 그는 자신의 연구를 위해 바로 이 문제를 고심한 적이 있었을지도 모른다. 아니면 단순히 아빠가 아니기 때문에, 한 발짝 벗어난 시각에서 내 상황을 나보다 더 잘 바라본 것일 수도 있다. 둘 중 무엇이든, 나는 아버지의 사랑이 생물의 이기적 진화 과정에서 형성된 것이라면 결코 순수할 수도 없고 진짜일 수도 없다고 가정했다. 그러나 게리가 그 가정에 대해 의문을 제기하자, 내 책의 논점은 모두 엉망이 되어 버렸다.

나는 게리와의 대화로 머릿속에서 뭔가 스위치가 켜진 듯한 느낌을 받았다. 만약 곰이 진화를 통해 만들어진 이빨로 나를 깨물면, 내가 느끼는 고통은 진짜일 것이다. 마찬가지로, 만약 내가 진화를 통해 얻은 감정으로 내 아들을 사랑한다면, 그 사랑 역시 진짜일 것이다.

말파리가 내 머릿속에 있는 동안, 나는 내내 어떤 짜릿함을 느꼈다. 나는 자연이라는 대학살의 장에 참여하고 있었다. 비로소 이 행성의 피조물이 된 것 같은 기분을 경험했다. 기생생물과의 전쟁은 조금 역겹지만 재미있었다. 내가 자연의 일부처럼 느껴졌다. 그러나 생명체의 가장 오랜 전통인 '번식'에 참여하게 되면서 왠지 이제 더 이상은 자연의 일부가 아니라고 자신을 설득했다. 그러나 내 판단은 완전히 빗나갔다. 샘이 내 삶에 등장하면서 자연계와 나는 새로운 방식으로 연결되었다.

지금까지 나는 7대 죄악 중 여섯 가지를 설명하면서 자연이 인간보다 더 많은 죄를 저지르고 있다는 것을 설득하기 위해 최선을 다했다. 그러나 마지막 남은 '오만'이라는 죄악에서만큼은 비로소 인간이 자연을 능가할 것이라고 생각한다.

오만이란, 자신은 다른 이들과는 다르며 일반적인 규칙을 자신에게 적용하기를 거부하는 것을 말한다. 이런 면에서 인간은 정말 타의 추종을 불허한다. 한때 우리는 지구가 우주의 중심이고, 신이 다른 동물과는 별개로 우리를 창조했고, 인간에게는 영혼이 있지만 다른 동물은 그렇지 않다고 믿었다.(그리고 일부 사람들은 **지금도** 그렇게 믿고 있다.) 과학자들이 이런 믿음을 깨부술 증거들을 하나씩 밝힐 때마다, 사회가 그 사실을 수용하기까지는 수십 년, 혹은 수세기의 시간이 걸리기도 했다. 이제 우리는 스스로가 우주 공간에 불안정하게 떠 있는 바윗덩어리 위에 살고 있으며, 몸은 분자로 이루어져 있고, 사고는 전기 신호의 결과라는 것을 알고 있다. 스스로를 중요하다고 여기는 사람에게는 받아들이기 힘든 사실이었고, 실제로도 인간은 자만심을 버리고 이런 사실들을 수용하기까지 쉽지 않은 시간을 보냈다.

그중에서도 진화론은 특히 더 받아들이기 어려웠던 것 같다. 다윈이 『종의 기원On the Origin of Species』을 저술한 이래로 150년 이상 과학적 발전이 이어져 왔지만, 자연선택에 의한 진화론에는 여전히 신경을 곤두세우는 이가 많다. 자연선택설만큼 과학자들이 자연에서 관찰한 내용과 이론이 만족스러울 정도로 잘 들어맞는 경우도 드물다. 150년 전 처음 발표된 이후 수없이 많은 검증이 반복되었지만, 자연선택설이 틀렸음을 증명하는 데 성공한 사람은 아무도 없었다. 그렇기 때문에 과학자들은 이 학설을 사실로 받아들이고 있다.● 그

● 1973년에 테오도시우스 도브잔스키Theodosius Dobzhansky는 『미국 생물학 교사 American Biology Teacher』라는 잡지에 「진화의 관점에서 보지 않으면 생물학에서는 아무것도 이해할 수 없다Nothing in Biology Makes Sense Except in the Light of Evolution」라는 제목의 글을 기고했다. 이 글은 제목뿐만 아니라 본문도 눈길을 끈다. 이 글은 후대에 길이 남을 명문이다. 만약 진화론에 회의적인 사람과 논쟁할 방법을 찾고 있다면 이 글을 읽어 보길 추천한다.

러나 엄청난 양의 증거에도 불구하고, 다른 방식의 고등교육을 받은 수백만 명의 사람들은 지금도 진화론을 거부하고 있다. 우리 사회는 지구가 태양의 주위를 도는 것에는 이견이 없을지 몰라도, 아직 진화론을 완전히 수용하는 데까지 이른 것은 아니다.

사람들이 **자연적**이라는 단어를 이토록 긍정적 방식으로 사용하는 이유 중 하나는 아마도 그런 태도가 지금의 사회에서 살아가는 데 도움이 되기 때문일 것이다. 자연이 경이롭다고 말함으로써, 우리는 스스로가 특별하다는 생각을 버리지 않고도 자연에서 진화했다는 사실을 별 저항 없이 받아들일 수 있게 되었다. 우리는 우리가 하등한 동물일 뿐이라고 말하는 대신, 다른 생명체를 성스럽고 영적인 반열로 끌어올렸다. 스스로에게 자연이 완벽하다고 말함으로써, 자연에서 진화되었다는 것을 인정해도 **자존심**에 타격을 입지 않게 된 것이다.

그러나 문제는 지구상의 생명체들이 자신의 DNA를 복제하기 위해 필요한 에너지를 놓고 서로 진흙탕 싸움을 벌이고 있다는 것이다. 그들은 서로 조화를 이루기 위해 노력하는 성스럽고 온화한 피조물이 아니다. 하늘에서 본 뉴욕이 깨끗하게 보이는 것처럼, 멀리서 바라보면 자연도 그렇게 보일 수 있다. 그러나 그 내부로 들어가면, 큰 이권이 걸린 싸움에 몰두하고 있는 생명체들이 보인다. 자연은 피바다이며, 우리는 그 한복판에서 진화해 왔다. 그러나 우리가 진화해 온 자연이 아무리 무자비하다 해도, 내가 생각하기에 **인간**은 **충분히 자부심을 가질 자격이 있다.**

우리는 다른 생명체들과는 다르다. 인간에게 일반적인 규칙을 적용해서는 안 된다. 우리가 자연에서 진화했다는 것 때문에 새로운 장을 개척하지 못할 이유는 없다는 뜻이다. 사실 인간의 자부심은 우리 손으로 자연을 구하기 위해 반드시 **필요한** 것일지 모른다.

고프 섬의 생쥐는 닥치는 대로 먹어 왔기 때문에 파멸로 치닫고 있다. 만약 이 생쥐들이 자신들이 향하고 있는 길을 깨달아서 닥치는 대로 먹어 치우는 행동을 당장 멈추고, 집단적으로 욕구를 조절한다면 어떻게 될까? 그러나 그들은 그럴 수 없다. 생쥐는 생쥐이기 때문이다. 육식을 멈추고 개체 수를 조절하는 것이 그들 모두에게 유익하다고 해도, 그렇게 해서는 자연선택에 의해 도태될 것이다. 장기적으로 볼 때 모든 생쥐가 적게 먹거나 새끼를 덜 낳는 전략이 집단 전체에 유익하다고 해도, 양심적인 생쥐보다는 이기적으로 행동하는 생쥐들이 우위를 차지하게 될 것이다. 진화는 하나의 과정일 뿐이기 때문에 이런 문제를 처리하지는 못한다. 고프 섬의 생쥐는 결국 본능을 따르다가 불운을 맞게 될 것이다.

하지만 우리는 생쥐가 아니다. 그러니 가만히 있지 말고 우리의 훌륭한 두뇌로 해결책을 생각해 보자. 우리의 본능이 지적 행동일 것이라는 가정을 멈추고, 인간다움에 대해 작은 자부심을 갖자.

수세기 동안 약 10억 명을 맴돌았던 지구상의 인구는 산업혁명 이후부터 급속히 증가하기 시작했다. 오늘날 전 세계 인구는 약 70억 명이다. 인구가 이렇게 팽창하는 동안 인간의 발길이 닿는 곳마다 동식물이 사라졌고, 이런 대량 살상은 현재도 진행 중이다. 인간은 새로운 땅에 발을 디딜 때마다 그곳에 살고 있던 매혹적인 대형 동물을 멸종시켜 왔다.

문제는 우리가 초래한 환경 파괴와 그 결과에 대해 아무런 책임도 지지 않고 살 수 있었다는 점이다. 그러나 지금은 원격으로 SUV 차량에 시동을 걸어 45분 동안 예열을 하는 사람이 10년 후에는 겨우내 자전거를 타고 일을 하러 다녀야 할지도 모른다. 이득은 개인이 보지만 비용은 함께 부담하게 되는 것이다. 마치 종말을 맞은 고프섬의 생쥐들처럼 말이다.[•]

문제는 비단 화석연료 배기가스에만 있는 게 아니다. 인간은 단지 돈 몇 푼을 벌기 위해 코뿔소, 코끼리, 고릴라 등 수많은 멸종 위기 동물을 죽이고 있다. 달리 말하자면, 서구 세계에 사는 우리는 불공정한 혜택을 당연하게 여긴다. 내가 퇴근길에 스타벅스 앞에 차를 멈추고 하루 권장 열량의 5분의 1을 얻기 위해 설탕이 듬뿍 들어간 차가운 음료를 구입하는 사이, 지구 반대편에서는 단백질을 얻을 다른 방법이 없어서 멸종 위기에 처한 과일박쥐를 잡아먹는 사람들이 있다. '자연적인' 행동은 인류를 이렇게까지 만들었다.

우리에게는 선택권이 있다. 하나는 눈앞의 상황에만 초점을 맞추는 것이다. 지구가 자신을 알아서 지키는 사이, 우리는 각자의 이기적인 욕망과 요구를 충족하는 것이다. 그런다고 세상이 끝장나지는 않을 것이다. 물론 판다나 호랑이나 흰긴수염고래는 사라지게 되겠지만, 진화는 멈추지 않을 것이다. 다른 멸종 사건이 일어난 후에 그랬듯이, 수백만 년이 흐른 뒤에는 새로운 동물들이 생겨나서 오늘날 우리가 알고 있던 동물들의 빈자리를 채울 것이다.

• 이 문제를 '공공자원의 비극the tragedy of the commons'이라고 한다. (Hardin, 1968)

그러나 우리에게는 다른 선택권도 있다. 고프 섬의 생쥐와 같은 행동을 멈추고 생물다양성을 중요하게 여기는 것이다. 우리는 자연이 돈이나 열량 이상의 가치를 지니고 있다는 것을 생각하고 행동할 필요가 있다. 그러나 이런 생각은 우리 DNA에 내재되어 있는 게 아니다. 아무리 위험하고 이기적이고 잔혹하더라도, 자연은 독특하고 경이로우며 말로는 표현할 수 없는 가치를 지닌다.

자연 보호로 나아가는 가장 중요한 첫 걸음은 자연과 교감하기 위한 노력이다. 말파리에 감염되었던 내 경험은 인공의 테마파크나 3D 영화로는 흉내도 낼 수 없다. 뭔가를 스스로 보고 경험하면, 그 경험은 인생에 큰 변화를 불러온다. 내 경우에는 실제로 주머니날개박쥐를 관찰했던 경험이 그들에 관한 책을 읽었을 때보다 훨씬 큰 변화를 가져왔다. 흡혈박쥐에 관한 다큐멘터리는 마음만 먹으면 얼마든지 볼 수 있지만, 흡혈박쥐가 사는 동굴 속에 머리를 들이밀고 내게 소리치는 그 박쥐들을 직접 경험하는 것과는 전혀 다르다.

잠시 우리가 경험했던 것들을 생각해 보자. 고래나 곰이나 올빼미나 바다거북 같은 야생동물을 보고 입이 떡 벌어진 적이 있는가? 스노클링이나 하이킹을 해 본 적은? 아니면 적어도 먹이통 앞에 있는 새라도 본 적이 있는가? 이런 경험들이 우리에게 어떤 가치가 있을지 생각해 보자. 우리 삶에 이런 경험을 채우기 위한 결정을 내려 보면 어떨까? 공원을 찾아가 보자. 큰맘 먹고 친구나 가족과 함께 다른 나라로 생태 여행을 떠나 보자. 그곳에 가서 자연이 왜 보전할 가치가 있는지를 한 번 더 생각해 보자.

자연을 아끼는 다른 훌륭한 방법은 과학을 지원하는 것이다. 우리는 과학을 통해 세상에 어떤 종이 있고 그들을 보호하려면 어떤 계획을 세워야 하는지를 배운다. 우리는 지적 능력에 자부심을 갖고 지식의 지평을 넓혀 감으로써, 자연과 교감하고 지구를 보호하고 궁극적으로는 자신을 보호하기 위한 새로운 방법을 찾을 수 있다. 유전공학과 같은 일부 과학 기술은 자연적이지 않은 것처럼 보이기 때문에, 많은 사람이 두려워한다. 그러나 이런 기술은 사람들에게 큰 이로움을 줄 수도 있다. 우리는 이러한 과학 기술을 통해 지금까지 이룬 것 그 너머를 바라봐야만 이제껏 걸어온 길을 개선할 수 있다는 희망을 품을 수 있다. 살아남고 싶다면, 우리는 과학 기술에 대해 열린 마음을 가져야 한다.

지금까지 우리가 교배를 해서 개량한 동식물은 모두 유전적으로 변형이 된 것이다. 이제 이런 변화를 분자 수준까지 이해할 수 있게 되었기에 우리는 예전보다 더 빠르고 효과적으로 변화를 일으킬 수 있다. 가용 식량의 양을 좌지우지하는 대규모 다국적 기업은 경계해야 할 이유가 분명하지만, 기술로서의 유전공학을 두려워할 이유는 없다. 단순히 자연적이지 않다는 이유로 나쁜 것이 되어서는 안 된다. 이제 지레짐작으로 무조건 반대하는 일은 그만두어야 한다.

농업의 도구가 변화되어야 하는 것처럼, 농업의 규모도 바뀌어야 한다. 대규모 농장 없이 모든 먹거리를 자연에서 얻는 세상에 대한 꿈은 매력적으로 보일지 모르지만, 그 꿈이 모든 사람을 위한 해결책이 되기에는 현재 지구에 살고 있는 사람의 수가 너무 많다. 앞으로 40년 안에 전 세계 인구가 90억 명에 이를 것으로 예상되는 상황에서, 우리에게는 이전에 비해 훨씬 효율적인 농업이 필요하다. 대형 농장보다는 소규모 가족 경영 농장이 훨씬 매력적이라는 것은 나도 알고 있다. 그러나 대형 농장은 훨씬 더 효율적일 수 있다. 따라서 만약 사람들이 먹고살 수 있도록 농장을 만들기 위해 아마존의 열대 우림을 몇 헥타르씩 쪼갠다면, 단위면적당 자라는 식량의 양이 많으면 많을수록 좋기 때문에 가능한 한 땅을 큼직하게 나눠야 할 것이다. 농경을 하지 않고 자연적인 방식으로 살아가려는 꿈은 90억 인구가 사는 세상에서는 불가능한 이야기다. 적어도 우리 모두가 그렇게 살 수는 없다.

과학자들은 인간종이 살아갈 방법을 찾기 위해 애쓰고 있다. 그들은 가능한 모든 지원을 받아 마땅하다.

'자연적인' 삶이라는 그릇된 이상을 떨쳐 버리는 것은 지속 가능성을 위해서도 유익하지만, 사회적으로도 중요하다. 양성평등에서 자연적인 것이란 무엇일까? 인권에 관해서는 무엇이 자연적인 것일까? 정답은 없다. 범고래에게 갈기갈기 찢기는 바다사자에게는 아무 권리도 없으며, 암컷 고방오리는 자신을 강간한 호색한 수컷에게 소송을 제기하지 않는다. 인권은 우리가 만들어 가려는 미래의 기본적인 요소다. 따라서 인권은 부자연스럽지만 반드시 필요한 것이다.

강간은 우리가 인간이기 이전부터 우리 종의 습성에 속해 있었다. 우리는 인간 이전의 조상으로부터 물려받은 그 습성을 완전히 버려야 한다. 인간 세계에서 강간은 아무 쓸모가 없으며, 강간이 자연적인 것이기 때문에 옳다고 생각하는 사람은 설 자리가 없다. 여자가 출산을 할 때, '자연스러운' 방법이라는 허상을 근거로 어려운 결정을 강요하지 말자. 필요할 때 현대 의학의 도움을 받을 수 있는 안락한 곳에서 산모가 원하는 경험을 자유롭게 선택할 수 있게 해 주자. 세계 어디에서나 사람들이 약을 구할 수 있게 해서 두려움과 불필요한 고통 속에서 임신을 경험하는 여성이 없도록 하자. 그 위험이 얼마나 자연스러운 것인지는 몰라도, 그 출산 과정에서 매일 800명의 여성이 사망한다는 사실을 정당화할 수는 없다. 동성 커플의 결혼을 허용하자. 수컷 박쥐들도 서로 섹스를 하니 인간도 그러자는 것이 아니라, 그렇게 하는 것이 옳기 때문이다.

자연에는 사회정의가 들어설 자리가 없다. 그러나 우리는 인간이다. 우리는 자연에서 진화했지만 자연의 질서보다 더 잘 해낼 수 있다. 우리가 인권을 발명했다는 사실에는 조금 자부심을 가져도 될 듯하다. 우리가 자연적인지 아닌지는 중요하지 않다. 우리는 동물이지만 동물처럼 행동할 필요는 없다.

나는 DNA의 압제에 대한 인간 고깃덩이 로봇의 반란을 적극 지지한다. 우리는 주위의 다른 사람들이나 생태계를 제치고 자신의 DNA의 욕구를 먼저 충족시키려는 이기심에 사로잡혀 있다. 자연스러운 것이란, 지금 이 순간에도 탄자니아에서 다섯 살 소녀가 말라리아로 죽어 간다는 사실보다 당장 내가 마시고 있는 모닝커피의 맛을 더 신경 쓰는 것이다. 그러나 배고픔과 가난과 전쟁의 굴레를 벗어나지 못하는 사람들이 세상 어딘가에 존재하는 한, 우리가 누리고 있는 발전은 아무 소용이 없다. 생물 다양성이 사라질 수밖에 없는 것은 우리가 전 지구적 규모의 문제를 다루도록 만들어지지 않았기 때문이다. 그러나 그 일을 하도록 '만들어지지 않았다'는 것이 그 일을 '할 수 없다'는 뜻은 아니다.

당신이 관심을 갖고 있는 문제를 위해 일하고 있는 비영리단체를 찾아 가입하자. 세계 야생동물 기금World Wildlife Fund, 국제 사면 위원회Amnesty International, 국제 박쥐 보존회Bat Conservation International 같은 곳을 생각해 보자. 여성의 권리, 환경의 지속 가능성, 사회복지 프로그램, 기초과학 연구를 중시하는 정당에 투표하자. 그리고 왜 그렇게 투표했는지 사람들에게 이야기하자. 우리가 속한 지역사회를 위해 자원봉사를 하자. 다른 이들의 공동체를 위해서도 봉사를 하자. 아이들을 위해 일을 하자. 다른 이들의 삶을 개선하기 위해 뭔가를 해 보자.

그냥 우리 DNA에게 대 놓고 염장을 지르자.

생명체가 지구에 이렇게 큰 영향을 미친 일은 산소 급증 사건 이후 우리가 처음일 것이다. 그러나 우리는 파멸을 유산으로 물려줘서는 안 된다. 우리에게는 자신의 운명을 선택할 수 있는 능력이 있다. 그러니 인권과 평등과 환경의 지속 가능성을 토대로 이 지구를 유토피아로 만들어 보자.

이 문제에 대해 아무 일도 하지 않는 것, 그리고 개인적이고 이기적인 경험에 머물러 있는 것이야말로 가장 자연적인 태도다. 그러니 당신의 자연적 본능을 향해 가운뎃손가락을 치켜들고 이기심을 버리자. 다른 사람들에게 이런 변화가 일어나는 모습을 보고 흡족해하는 것으로는 충분하지 않다. 효과를 보려면 우리 각자가 모두 변해야 한다. 당신과 당신 내부의 분자들이 함께 협력해야 한다. 비록 아무것도 하지 않을 때보다 할 일이 더 많아지고 비용이 더 들더라도, 세상을 더 좋은 곳으로 만들어 보자. 우리는 충분히 오랫동안 우리 DNA의 요구를 모두 들어줬다. 일어나라, 고깃덩이 로봇이여!

셸비와 나는 샘과 함께 전 세계의 놀라운 자연을 둘러보기 위해 특별한 계획을 세웠다. 언젠가 우리는 자체 발광하는 오스트라코드나 푸른갯민숭달팽이나 초식 거미 바기라를 찾아다니게 될지도 모른다. 샘과 이런 경험을 함께 나눌 상상을 하면 정말 짜릿하다. 또 어쩌면 셸비와 나는 샘과 함께 예의 그 텍사스의 야영장을 다시 찾아가 모래 바닥을 긁으며 사막박쥐를 유인할지도 모른다. 하지만 그 날이 올 때까지 나는 우선 사랑에 푹 빠져 지낼 계획이다. 샘을 사랑하고, 셸비를 사랑하고, 연약하지만 경이로운 자연을 사랑할 것이다.

무엇보다도 먼저 이 책을 읽어 준 당신에게 감사를 전한다.

많은 사람이 내가 이 책을 내놓을 수 있도록 도와주었다. 폴리오 리터러리 매니지먼트Folio Literary Management의 제프 클라인맨과 미셸 브라우어는 고맙게도 내가 가장 쓰고 싶었던 책의 집필을 먼저 부탁해 주고, 내가 단순한 박쥐 책 이상의 것을 생각하도록 독려해 주었다. 터치스톤 출판사의 미셸 하우리에게도 고마움을 전한다. 그녀는 이 책을 믿고, 내 글에 대해 조언과 교정을 해 주었으며, 글을 쓰는 과정 내내 인내와 적극성을 보여 주었다.

뉴욕 터치스톤 출판사의 수전 몰도우, 스테이시 크레머, 데이비드 포크, 샐리 킴, 제시카 로스, 메레디스 빌라렐로, 애나 폴라 드 리마, 마사 슈워츠, 조지 투리안스키, 조이 오메라, 페그 할러에게도 인사를 전한다. 더불어, 이 책을 열정적으로 도와준 캐나다 사이먼앤

드슈스터 사의 케빈 핸슨, 데이비드 밀러, 앨리슨 클락, 실라 헤이든, 펠리시아 콴, 막시밀리안 아람불로, 미셸 블랙웰, 안드레아 세토, 에이프릴 깁슨에게도 고마움을 전한다.

내가 세계를 바라보는 시선을 형성하는 데 도움을 준 과학자들에게도 감사 인사를 전한다. 브룩 펜턴, 존 허맨슨, 새런 스워츠, 탐 쿤츠는 내가 대학원과 박사 후 연구원을 거치는 동안 나를 지도해 주었다. 그러나 이들 외에도 수없이 많은 다른 교수, 박사 후 연구원, 강사, 대학원생 들이 나를 도와주었고, 학부생들 역시 내 공부에 도움을 주었다. 이 책을 쓰는 동안 이들 중 몇 명과는 연락이 닿았다. 아틸라 버구, 게리 카터, 룰론 클락, 크리스티나 데이비, 이본 잘, 레이프 에이나슨, 브룩 펜튼, 페트릭 플라이트, 메건 프레데릭슨, 매트 허드, 존 허맨슨, 존 허친슨 에밀리 맥로드, 트로이 머피, 매트 오그번, 존 랫클리프, 셸비 리스킨, 제이미 태너, 애머티 윌첵에게도 고마움을 전한다.

또 내가 이 책을 쓰는 동안 의지한 200여 편이 넘는 논문을 쓴 과학자들에게도 감사한다. 그들의 호기심과 열정적인 노력이 없었다면 이 책은 세상에 나올 수 없었을 것이다. 베스 호피는 방송계의 지도 교수처럼 나에게 조언해 주었다. 그녀는 내가 진화에 관한 프로그램에 출연할 기회를 주었고, 그 후 몇 년에 걸쳐 내가 영향력 있는 과학 전문 방송인이 될 수 있도록 훈련해 주었다. 이 책을 쓸 기회를 얻은 것은 그녀가 준 도움의 직접적 결과다.

나는 이 책을 집필하는 동안 디스커버리 캐나다의 〈데일리 플래닛〉 프로그램의 진행도 겸하고 있었다. 그래서 참고 배려해 준 동료들에게도 고맙다는 인사를 하고 싶다. 특히 폴 루이스, 켄 맥도널드, 켈리 맥컨, 지야 통에게 감사한다. 주 5회의 방송을 위해서는 100명이 넘는 사람들의 도움을 받아야 했으며, 이 책을 작업하는 동안 나를 도와준 그들 모두에게 감사를 전한다. 내가 이런 여러 가지 일들을 잘 처리할 수 있도록 도와준 마릴린 하프트에게도 고마움을 전한다.

내 어머니, 매리 W. 월터스에게도 감사의 마음을 전한다. 훌륭한 편집자(또한 환상적인 소설의 저자이기도 하다)인 내 어머니는 글이 늘어지지 않도록 도움을 주었고, 내 엉뚱한 행동을 항상 응원해 주었다. 만약 내게 조금이라도 멋져 보이는 구석이 있다면, 그건 다 어머니가 잘 가르쳐 주셨기 때문이다. 응원을 아끼지 않은 다른 가족들에게도 고마움을 전한다.

샘과 셸비를 향한 내 사랑에 관한 책을 쓰기 위해 오히려 두 사람과 많은 시간을 떨어져 지냈다는 것이 때로는 모순처럼 느껴지기도 한다. 셸비는 이 책이 내게 얼마나 중요한지 알고 있었기에 내게 글 쓸 시간을 만들어 주기 위해 애썼고, 이 책을 위해 수없이 많은 소중한 제안을 해 주었다. 두 사람에게 감사한다.

2013년 9월 토론토에서

참고문헌

Akre, K. L., H. E. Farris, A. M. Lea, R. A. Page, and M. J. Ryan. 2011. Signal perception in frogs and the evolution of mating signals. *Science* 333: 751–752. doi: 10.1126/science.1205623

Ancel, A., H. Visser, Y. Handrich, D. Masman, Y. Le Maho. 1997. Energy saving in huddling penguins. *Nature* 385: 304–305. doi: 10.1038/385304a0

Anderson, J. T., T. Nuttle, J. S. Saldaña Rojas, T. H. Pendergast, and A. S. Flecker. 2011. Extremely long-distance seed dispersal by an overfished Amazonian frugivore. *Proceedings of the Royal Society of London B* 278: 3329-3335. doi: 10.1098/rspb.2011.0155

Arnold, S. J. 1976. Sexual behavior, sexual interference and sexual defense in the salamanders *Ambystoma maculatum, Ambystoma tigrinum and Plethodon jordani. Zeitschrift Für Tierpsychologie* 42: 247-300. doi: 10.1111/j.1439-0310.1976.tb00970.x

Baird, R. W., and L. M. Dill. 1996. Ecological and social determinants of group size in transient killer whales. *Behavioral Ecology* 7: 408-416. doi: 10.1093/beheco/7.4.408

Barbosa, A., and M. J. Palacios. 2009. Health of Antarctic birds: a review of their parasites, pathogens, and diseases. *Polar Biology* 32: 1095-1115. doi: 10.1007/s00300-009-0640-3

Barrett-Lennard, L. G., C. O. Matkin, J. W. Durban, E. L. Saulitis, and D. Ellifrit. 2011. Predation on gray whales and prolonged feeding on submerged carcasses by transient killer whales at Unimak Island, Alaska. *Marine Ecology Progress Series* 421: 229-241. doi: 10.3354/meps08906

Biggs, D., F. Courchamp, R. Martin, and H. P. Possingham. 2013. Legal trade of Africa's rhino horns. *Science* 339: 1038-1039. doi: 10.1126/science.1229998

Blanchard, R. 2001. Fraternal birth order and the maternal immune hypothesis of male homosexuality. *Hormones and Behavior* 40: 105-114. doi: 10.1006/hbeh.2001.1681

Borgia, G. 1985. Bower quality, number of decorations and mating success of male satin bowerbirds (*Ptilonorhynchus violaceus*): an experimental analysis. *Animal Behaviour* 33: 266-271.

Botelho, J. B., and V. A. C. M. Weigel. 2011. The Satere -Mawe community of Y'Apyrehyt: ritual and health on the urban outskirts of Manaus. *História, Ciências, Saúde-Manguinhos* 18: 723-744. doi: 10.1590/S0104-59702011000300007

Bramble, D. M., and D. Lieberman. 2004. Endurance running and the evolution of *Homo*. *Nature* 432: 345-352. doi: 10.1038/nature03052

Braud, S., C. Bon, and A. Wisner. 2000. Snake venom proteins acting on hemostasis. *Biochimie* 82: 851-859. doi: 10.1016/S0300-9084(00)01178-0

Breene, R. G., and M. H. Sweet. 1985. Evidence of insemination of multiple females by the male black widow spider, *Latrodectus mactans* (Araneae: Theridiidae). *Journal of Arachnology* 13: 331-335.

Brennan, P. L. R., C. J. Clark, and R. O. Prum. 2010. Explosive eversion and functional morphology of the duck penis supports sexual conflict in waterfowl genitalia. *Proceedings of the Royal Society B* 277: 1309-1314. doi: 10.1098/rspb.2009.2139

Brennan, P. L. R., R. O. Prum, K. G. McCracken, M. D. Sorenson, R. E. Wilson, and T. R. Birkhead. 2007. Coevolution of male and female genital morphology in waterfowl. *PLoS One* 2: e418. doi: 10.1371/journal.

pone.0000418

Brosnan, S. F., and F. B. M. de Waal. 2012. Fairness in animals: where to from here? *Social Justice Research* 25: 1-16. doi: 10.1007/s11211-012-0165-8

Buschinger, A. 1989. Evolution, speciation, and inbreeding in the parasitic ant genus *Epimyrma* (Hymenoptera, Formicidae). *Journal of Evolutionary Biology* 2: 265-283. doi: 10.1046/j 1420-9101.1989.2040265.x

Butterfield, N. J. 2000. Bangiomorpha pubescens n. gen., n. sp.: implications for the evolution of sex, multicellularity, and the Mesoproterozoic/Neoproterozoic radiation of eukaryotes. *Paleobiology* 26: 386-404. doi: 10.1666/0094-8373(2000) 026<0386:BPNGNS>2.0.CO;2

Carrier, D. R. 1984. The energetic paradox of human running and hominid evolution. *Current Anthropology* 25: 483-489.

Carter, G. G., and Wilkinson, G. S. 2013. Food sharing in vampire bats: reciprocal help predicts donations more than relatedness or harassment. *Proceedings of the Royal Society B* 280: 20122573. doi: 10.1098/rspb.2012.2573

Caveney, S., H. McLean, and D. Surry. 1998. Faecal firing in a skipper caterpillar is pressure-driven. *Journal of Experimental Biology* 201: 121-133.

Christophers, R. 1960. Aëdes aegypti (*L.*) *the yellow fever mosquito; its life history, bionomics, and structure.* Cambridge University Press.

Clark, R. W. 2005. The social lives of rattlesnakes. *Natural History* 114: 36-42.

Connor, R. C., R. A, Smolker, and A. F. Richards. 1992. Two levels of alliance formation among male bottlenose dolphins (*Tursiops* sp.). *Proceedings of the National Academy of Sciences USA* 89: 987-990. doi: 10.1073/pnas.89.3.987

Crompton, D. W. T. 2001. *Ascaris and ascariasis. Advances in Parasitology* 48: 285-375. doi: 10.1016/S0065-308X(01)48008-0

Cross, F. R., and R. R. Jackson. 2012. Olfaction-based anthropophily in a mosquito-specialist predator. *Biology Letters* 7: 510-512. doi: 10.1098/rsbl.2010.1233

Cuthbert, R. C., and G. Hilton. 2004. Introduced house mice *Mus musculus*: a significant predator of threatened and endemic birds on Gough Island, South Atlantic Ocean? *Biological Conservation* 117: 483-489. doi: 10.1016/j.biocon.2003.08.007

Dawkins, R. 1976. *The Selfish Gene*. Oxford University Press.

De Langhe, E., L. Vrydaghs, P. de Maret, X. Perrier, and T. Denham. 2009. Why bananas matter: an introduction to the history of banana domestication. *Ethnobotany Research and Applications* 7: 165-177.

Del Brutto, O. H., and V. J. Del Brutto. 2012. Neurological complications of venomous snake bites: a review. *Acta Neurologica Scandinavica* 125: 363-372. doi: 10.1111/j.1600-0404.2011.01593.x

Diamond, J. 2002. Evolution, consequences and future of plant and animal domestication. *Nature* 418: 700-707. doi: 10.1038/nature01019

Duncan, R. P., A. G. Boyer, and T. M. Blackburn. 2013. Magnitude and variation in prehistoric bird extinctions in the Pacific. *Proceedings of the National Academy of Sciences USA* 110: 6436-6441. doi: 10.1073/pnas.1216511110

Durant, S. M. 2000. Living with the enemy: Avoidance of hyenas and lions by cheetahs in the Serengeti. *Behavioral Ecology* 11: 624-632. doi: 10.1093/beheco/11.6.624

Eggleton, P., and R. Belshaw. 1992. Insect parasitoids: an evolutionary overview. *Philosophical Transactions of the Royal Society of London B* 337:

1-20. doi: 10.1098/rstb.1992.0079

Elinder, M., and O. Erixson. 2012. Gender, social norms, and survival in maritime disasters. *Proceedings of the National Academy of Sciences USA* 109: 1322-24. doi: 10.1073/pnas.1207156109

Ellershaw, J. E., J. M. Sutcliffe, and C. M. Saunders. 1995. Dehydration and the dying patient. *Journal of Pain and Symptom Management* 10: 192-197. doi: 10.1016/0885-3924(94)00123-3

Ellis, K. J. 2000. Human body composition: in vivo methods. *Physiological Reviews* 80: 649-680.

Escoubas, P., S. Diochot, and G. Corzo. 2000. Structure and pharmacology of spider venom neurotoxins. *Biochimie* 82: 893-907. doi: 10.1016/S0300-9084(00)01166-4

Faith, J. T. 2011. Late Pleistocene climate change, nutrient cycling, and the megafaunal extinctions in North America. *Quaternary Science Reviews* 30: 1675-1680. doi:10.1016/j.quascirev.2011.03.011

Falkowski, P. G. 2011. The biological and geological contingencies for the rise of oxygen on Earth. *Photosynthesis Research* 107: 7-10. doi: 10.1007/s11120-010-9602-4

FAO. 2009. *How to feed the world in 2050*. Rome, Italy: Report. Food and Agriculture Organization of the United Nations (FAO).

Feener, D. H. Jr., and B. V. Brown. 1997. Diptera as parasitoids. *Annual Review of Entomology* 42: 73-97. doi: 10.1146/annurev.ento.42.1.73

Fenton, M. B. 1983. *Just Bats*. University of Toronto Press.

Fenton, M. B., E. Bernard, S. Bouchard, L. Hollis, D. S. Johnston, C. L. Lausen, J. M. Ratcliffe, D. K. Riskin, J. R. Taylor, and J. Zigouris. 2001. The bat fauna of Lamanai, Belize: roosts and trophic roles. *Journal of Tropical Ecology* 17:511-524. doi: 10.1017/S0266467401001389

Fenton, M. B., M. J. Vonhof, S. Bouchard, S. A. Gill, D. S. Johnston, F. A. Reid, D. K. Riskin, K. L. Standing, J. R. Taylor, and R. Wagner. 2000. Roosts used by *Sturnira lilium* (Chiroptera: Phyllostomidae) in Belize. *Biotropica* 32:729-733. doi: 10.1646/0006-3606(2000)032[0729:RUBSLC]2.0.CO;2

Fittkau, E. J., and H. Klinge. 1973. On biomass and trophic structure of the central Amazonian rain forest ecosystem. *Biotropica* 5: 2-14.

Flannery, T. F. 1990. Pleistocene faunal loss: implications of the aftershock for Australia's past and future. *Archaeology in Oceania* 25: 45-55.

Flegr, J. 2013. Influence of latent *Toxoplasma* infection on human personality, physiology and morphology: pros and cons of the *Toxoplasma*-human model in studying the manipulation hypothesis. *Journal of Experimental Biology* 216: 127-133. doi: 10.1242/jeb.073635

Flegr, J., J. Havlíček, P. Kodym, M. Malý, and Z. Smahel. 2002. Increased risk of traffic accidents in subjects with latent toxoplasmosis: a retrospective case-control study. *BMC Infectious Diseases* 2: 11. doi: 10.1186/1471-2334-2-11

Fleming, T. H., and E. R. Heithaus. 1981. Frugivorous bats, seed shadows, and the structure of tropical forests. *Biotropica* 13: 45-53.

Ford, J. K. B., G. M. Ellis, C. O. Matkin, M. H. Wetklo, L. G. Barrett-Lennard, and R. E. Withler. 2011. Shark predation and tooth wear in a population of Northeastern pacific killer whales. *Aquatic Biology* 11: 213-224. doi: 10.3354/ab00307

Fullard, J. H., and J. W. Dawson. 1997. The echolocation calls of the spotted bat Euderma maculatum are relatively inaudible to moths. *Journal of Experimental Biology* 200: 129-137.

Gal, R., and F. Libersat. 2008. A parasitoid wasp manipulates the drive for walking of its cockroach prey. *Current Biology* 18: 877-882. doi: 10.1016/

j.cub.2008.04.076

Gargett, V. 1978. Sibling aggression in the black eagle in the Matopos, Rhodesia. *Ostrich* 49: 57-63. doi: 10.1080/00306525.1978.9632631

Garland, T., Jr. 1983. The relation between maximal running speed and body mass in terrestrial mammals. *Journal of Zoology London* 199: 157-170. doi: 10.1111/j.1469-7998.1983.tb02087.x

Gilbert, C., G. Robertson, Y. Le Maho, Y. Naito, and A. Ancel. 2006. Huddling behavior in emperor penguins: Dynamics of huddling. *Physiology and Behavior* 88: 479-488. doi: 10.1016/j.physbeh.2006.04.024

Gilmore, R. G., J. W. Dodrill, and P. A. Linley. 1983. Reproduction and embryonic development of the sand tiger shark, *Odontaspis taurus* (Rafinesque). *Fishery Bulletin* 81: 201-225.

Goheen, J. R., and T. M. Palmer. 2010. Defensive plant-ants stabilize megaherbivore-driven landscape change in an African Savanna. *Current Biology* 20: 1-5. doi: 10.1016/j.cub.2010.08.015

Goldbogen, J. A., J. Calambokidis, E. Oleson, J. Potvin, N. D. Pyenson, G. Schorr, and R. E. Shadwick. 2011. Mechanics, hydrodynamics and energetics of blue whale lunge feeding: efficiency dependence on krill density. *Journal of Experimental Biology* 214: 131-146. doi: 10.1242/jeb.048157

González-Teuber, M., J. C. Silva Bueno, M. Heil, and W. Boland. 2012. Increased Host Investment in Extrafloral Nectar (EFN) Improves the Efficiency of a Mutualistic Defensive Service. *PLoS One* 7: e46598.
doi: 10.1371/journal.pone.0046598

Greenhall, A. M., and U. Schmidt. 1988. *Natural History of Vampire Bats*. Boca Raton. CRC Press.

Greenwood, P. G. 2009. Acquisition and use of nematocysts by cnidarian predators. *Toxicon* 54: 1065-1070. doi: 10.1016/j.toxicon.2009.02.029

Haddad, V. Jr., J. L. C. Cardoso, and R. H. P. Moraes. 2005. Description of an Injury in a human caused by a false tocandira (*Dinoponera gigantea*, Perty, 1833) with a revision on folkloric, pharmacological and clinical aspects of the giant ants of the genera *Paraponera and Dinoponera* (sub-family Ponerinae). *Revista Do Instituto De Medicina Tropical De São Paulo* 47: 235-238. doi: 10.1590/S0036-46652005000400012

Haddock, S. H. D., M. A. Moline, and J. F. Case. 2010. Bioluminescence in the sea. *Annual Review of Marine Science* 2: 443-493. doi: 10.1146/annurev-marine-120308-081028

Hager, P., M. Czupalla, and U. Walter. 2010. A dynamic human water and electrolyte balance model for verification and optimization of life support systems in space flight applications. *Acta Astronautica* 67: 1003-1024. doi: 10.1016/j.actaastro.2010.06.001

Hanlon, R. T., M. Naud, P. W. Shaw, and J. H. Navenhand. 2005. Transient sexual mimicry leads to fertilization. *Nature* 433: 212. doi: 10.1038/433212a

Hansen, L. S., S. F. González, S. Toft, T. Bilde. 2008. Thanatosis as an adaptive male mating strategy in the nuptial gift-giving spider *Pisaura mirabilis*. *Behavioral Ecology* 19: 546-551. doi: 10.1093/beheco/arm165

Hardin, G. 1968. The tragedy of the commons. *Science* 162: 1243-1248. doi: 10.1126/science.162.3859.1243

Harley, C. M., M. Rossi, J. Cienfuegos, and D. Wagenaar. 2013. Discontinuous locomotion and prey sensing in the leech. *Journal of Experimental Biology* 216: 1890-1897. doi: 10.1242/jeb.075911

Havlí ek, J., Z. Gašová, A. P. Smith, K. Zvára, and J. Flegr. 2001. Decrease of psychomotor performance in subjects with latent 'asymptomatic' toxoplasmosis. *Parasitology* 122: 515-520. doi: 10.1017/S0031182001007624

Heil, M., and R. Karban. 2010. Explaining evolution of plant communication by airborne signals. *Trends in Ecology and Evolution* 25: 137-144. doi: 10.1016/j.tree.2009.09.010

Hermanson, J. W., and T. J. O'Shea. 1983. *Antrozous pallidus. Mammalian Species* 213: 1-8.

Herring, P. J. 2007. Sex with the lights on? A review of bioluminescent sexual dimorphism in the sea. *Journal of the Marine Biological Association of the United Kingdom* 87: 829-842. doi: 10.1017/S0025315407056433

Herzner, G., A. Schlecht, V. Dollhofer, C. Parzefall, K. Harrar, A. Kreuzer, L. Pilsl, and J. Ruther. 2013. Larvae of the parasitoid wasp *Ampulex compressa* sanitize their host, the American cockroach, with a blend of antimicrobials. *Proceedings of the National Academy of Sciences of the USA* 110: 1369-1374. doi: 10.1073/pnas.1213384110

Hill, G. E. 2000. Energetic constraints on expression of carotenoid-based plumage coloration. *Journal of Avian Biology* 31: 559-566. doi: 10.1034/j.1600-048X.2000.310415.x

Holstein, T., and P. Tardent. 1984. An Ultrahigh-speed analysis of exocytosis: nematocyst discharge. *Science* 223: 830-833. doi: 10.1126/science.6695186

House, P. K., A. Vyas, and R. Sapolsky. 2011. Predator cat odors activate sexual arousal pathways in brains of *Toxoplasma gondii* infected rats. *PLoS One* 6: e23277. doi: 10.1371/journal.pone.0023277

Hoving, H. J. T., S. L. Bush, and B. H. Robinson. 2011. A shot in the dark: Same-sex sexual behaviour in a deep-sea squid. *Biology Letters* 8: 287-290. doi: 10.1098/rsbl.2011.0680

Hudson, P. J., A. P. Dobson, and K. D. Lafferty. 2006. Is a healthy ecosystem one that is rich in parasites? *Trends in Ecology and Evolution* 21: 381-385. doi: 10.1016/j.tree.2006.04.007

Ignarsson, I., M. Kuntner, and L. J. May-Collado. 2010. Dogs, cats, and kin: a molecular species-level phylogeny of Carnivora. *Molecular Phylogenetics and Evolution* 54: 726-745. doi: 10.1016/j.ympev.2009.10.033

Isbister, G. K., and H. W. Fan. 2011. Spider bite. *Lancet* 378: 2039-2047. doi: 10.1016/S0140-6736(10)62230-1

Isbister, G. K., M. R. Gray, C. R. Balit, R. J. Raven, B. J. Stokes, K. Porges, A. S. Tankel, E. Turner, J. White, and M. M. Fisher. 2005. Funnel-web spider bite: a systematic review of recorded clinical cases. *Medical Journal of Australia* 182: 407-411.

Iyengar, E. V. 2008. Kleptoparasitic interactions throughout the animal kingdom and a re-evaluation, based on participant mobility, of the conditions promoting the evolution of kleptoparasitism. *Biological Journal of the Linnean Society* 93: 745-762. doi: 10.1111/j.1095-8312.2008.00954.x

Izzo, T. J., D. J. Rodrigues, M. Menin, A. P. Lima, and W. E. Magnusson. 2012. Functional necrophilia: a profitable anuran reproductive strategy? *Journal of Natural History* 46: 2961-2967. doi: 10.1080/00222933.2012.724720

Jablonski, D. 1994. Extinctions in the fossil record. *Philosophical Transactions of the Royal Society of London Series B: Biological Sciences* 344: 11-16. doi: 10.1098/rstb.1994.0045

Janzen, D. H., and P. S. Martin. 1982. Neotropical anachronisms: the fruits the gomphotheres ate. *Science* 215: 19-27. doi: 10.1126/science.215.4528.19

Karban, R., M. Huntzinger, and A. C. McCall. 2004. The specificity of eavesdropping on sagebrush by other plants. *Ecology* 85: 1846-1852. doi: 10.1890/03-0593

King, A. J., A. M. Wilson, S. D. Wilshin, J. Lowe, H. Haddadi, S. Hailes, and A. J. Morton. 2012. Selfish-herd behaviour of sheep under threat. *Current*

Biology 22: R561-562. doi: 10.1016/j.cub.2012.05.008

Kjellesvig-Waering, E. N. 1972. *Brontoscorpio anglicus*: a gigantic lower Paleozoic scorpion from central England." *Journal of Paleontology* 46: 39-42.

Koch, C. A., S. M. Olsen, and E. J. Moore. 2012. Use of the medicinal leech for salvage of venous congested microvascular free flaps of the head and neck. *American Journal of Otolaryngology - Head and Neck Medicine and Surgery* 33: 26-30. doi: 10.1016/j.amjoto.2010.12.004

Kushnir, H., H. Leitner, D. Ikanda, and C. Packer. 2010. Human and ecological risk factors for unprovoked lion attacks on humans in Southeastern Tanzania. *Human Dimensions of Wildlife* 15: 315-331. doi: 10.1080/10871200903510999

Lafferty, K. D. 2006. Can the common brain parasite, Toxoplasma gondii, influence human culture? *Proceedings of the Royal Society B* 273: 2749-2755. doi: 10.1098/rspb.2006.3641

Laws, R. M. 1970. Elephants as agents of habitat and landscape change in East Africa. *Oikos* 21: 1-15.

Leitner, M., W. Boland, and A. Mithöfer. 2005. Direct and indirect defensesinduced by piercing-sucking and chewing herbivores in *Medicago truncula ta*. *New Phytologist* 167: 597-606. doi: 10.1111/j.1469-8137.2005.01426.x

Lewis, R. J., S. Dutertre, I. Vetter, and M. J. Christie. 2012. *Conus* venom peptide pharmacology. *Pharmacological Reviews* 64: 259-298. doi: 10.1124/pr.111.005322

Li, D., J. Oh, S. Kralj-Fišer, and M. Kuntner. 2012. Remote copulation: male adaptation to female cannibalism. *Biology Letters* 8: 512-515. doi: 10.1098/rsbl.2011.1202

Liebert, P. S., and R. C. Madden. 2004. Human botfly larva in a child's scalp. *Journal of Pediatric Surgery* 39:629-630. doi: 10.1016/j.jpedsurg.2003.12.035

Lockyer, C. 1976. Body weights of some species of large whales. *Journal du Conseil International pour l'Exploration de la Mer* 36: 259-273. doi: 10.1093/icesjms/36.3.259

Maity, P. and S. A. Tekalur. 2011. Finite element analysis of ramming in *Ovis canadensis. Journal of Biomechanical Engineering* 133: 021009. doi: 10.1115/1.4003321

Martin, A. M., H. Presseault-Gauvin, M. Festa-Bianchet, and F. Pelletier. 2013. Male mating competitiveness and age-dependent relationship between testosterone and social rank in bighorn sheep. *Behavioral Ecology and Sociobiology.* 67: 919-928. doi: 10.1007/s00265-013-1516-7

McKinney, F., and S. Evarts. 1997. Sexual coercion in waterfowl and other birds. *Ornithological Monographs* 49: 163-195. doi: 10.2307/40166723

Meehan, C. J., E. J. Olson, M. W. Reudink, T. K. Kyser, and R. L. Curry. 2009. Herbivory in a spider through exploitation of an ant-plant mutualism. *Current Biology* 19: R892-R893. doi: 10.1016/j.cub.2009.08.049

Meredith, R. W., J. E. Jane ka, J. Gatesy, O. A. Ryder, C. A. Fisher, E. C. Teeling, A. Goodbla, et al. 2011. Impacts of the Cretaceous terrestrial revolution and KPg extinction on mammal diversification. *Science* 334: 521-524. doi: 10.1126/science.1211028

Meyer R.S., A. E. DuVal, and H. R. Jensen. 2012. Patterns and processes in crop domestication: an historical review and quantitative analysis of 203 global food crops. *New Phytologist.* 196: 29-48. doi: 10.1111/j.1469-8137.2012.04253.x

Michiels, N. K., and L. J. Newman. Sex and violence in hermaphrodites. *Nature* 391: 647. doi: 10.1038/35527

Miller, G. H., M. L. Fogel, J. W. Magee, M. K. Gagan, S. J. Clarke, and B. J.

Johnson. 2005. Ecosystem collapse in Pleistocene Australia and a human role in megafaunal extinction. *Science* 309: 287-290. doi: 10.1126/science.1111288

Mills, M. G. L., and T. M. Shenk. 1992. Predator-prey relationships: the impact of lion predation on wildebeest and zebra populations. *Journal of Animal Ecology* 61: 693-702.

Min, K.-J., C.-K. Lee, and H.-N. Park. 2012. The lifespan of Korean eunuchs. *Current Biology* 22: R792-793. doi:10.1016/j.cub.2012.06.036

Mitchell, G. C., and J. R. Tigner. 1970. The route of ingested blood in the vampire bat (*Desmodus rotundus*). *Journal of Mammalogy* 51: 814-817.

Mithöfer, A., and W. Boland. 2012. Plant defense against herbivores: chemical aspects. *Annual Review of Plant Biology* 63: 431-450. doi: 10.1146/annurev-arplant-042110-103854

Mock, D. W., H. Drummond, and C. H. Stinson. 1990. Avian siblicide. *American Scientist* 78: 438-449.

Montoya, J. G., and O. Liesenfeld. 2004. Toxoplasmosis. *Lancet* 363: 1965-76. doi: 10.1016/S0140-6736(04)16412-X

Muchhala, N. Nectar bat stows huge tongue in its rib cage. *Nature* 444: 701. doi: 10.1038/444701a

Muchhala, N., and J. D. Thomson. 2009. Going to great lengths: selection for long corolla tubes in an extremely specialized bat-flower mutualism. *Proceedings of the Royal Society of London B* 276: 2147-2152. doi: 10.1098/rspb.2009.0102

Murie, O. J. 1929. Nesting of the snowy owl. *Condor* 31: 3-12.

Naylor, R., S. J. Richardson, and B. M. McAllan. 2008. Boom and bust: a review of the physiology of the marsupial genus *Antechinus*. *Journal of Comparative Physiology B* 178: 545-562. doi: 10.1007/s00360-007-0250-8

Neaves, W. B., and P. Baumann. 2011. Unisexual reproduction among vertebrates. *Trends in Genetics* 27: 81-88. doi: 10.1016/j.tig.2010.12.002

Nelson, L. 2004. Venomous snails: One slip, and you're dead... *Nature* 429: 798-799. doi: 10.1038/429798a

Nicholson, G. M., A. Graudins, H. I. Wilson, M. Little, and K. W. Broady. 2006. Arachnid toxinology in Australia: from clinical toxicology to potential applications. *Toxicon* 48: 872-898. doi: 10.1016/j.toxicon.2006.07.025

O'Connell, J. F., K. Hawkes, and N. Blurton Jones. 1988. Hadza scavenging: Implications for Plio/Pleistocene hominid subsistence. *Current Anthropology* 29: 356-363.

Packer, C. 2000. Infanticide is no fallacy. *American Anthropologist* 102: 829-831.

Packer, C., D. Ikanda, B. Kissui, and H. Kushnir. 2005. Lion attacks on humans in Tanzania. *Nature* 436: 927-928. doi: 10.1038/436927a

Page, R. A., and M. J. Ryan. 2005. Flexibility in assessment of prey cues: frog-eating bats and frog calls. *Proceedings of the Royal Society B* 272: 841-847. doi: 10.1098/rspb.2004.2998

Paré, P. W., and J. H. Tumlinson. 1999. Plant volatiles as a defense against insect herbivores. *Plant Physiology* 121: 325-331. doi: 10.1104/pp.121.2.325

Parmelee, D. F. 1992. Snowy Owl (*Bubo scandiacus*). In *The Birds of North America Online,* edited by A. Poole, Ed. Ithaca: Cornell Lab of Ornithology. http://bna.birds.cornell.edu/bna/species/010

Parvinen, K., and U. Dieckmann. 2013. Self-extinction through optimizing selection. *Journal of Theoretical Biology* 333: 1-9. doi: 10.1016/j.jtbi.2013.03.025

Pasitschniak-Arts, M., and S. Larivière. 1995. *Gulo gulo. Mammalian Species* 499: 1-10.

Pimentel, D., and A. Wilson. 2010. Non-indigenous species: crops and live-stock. *In Encyclopedia of Pest Management* Vol. II. edited by D. Pimentel, 400-403. Boca Raton, FL: CRC Press.

Platnick, N. I. 2013. *The world spider catalog, version 14.0*. American Museum of Natural History, online at http://research.amnh.org/entomology/spiders/catalog/index.html doi: 10.5531/db.iz.0001

Pluhá ek, J., and L. Bardoš. 2000. Male infanticide in captive plains zebra, *Equus burchelli. Animal Behaviour* 59: 689-694. doi: 10.1006/anbe.1999.1371

Polis, G. A. 1990. Introduction. Pp. 1-8, In *The biology of Scorpions,* edited by G. A. Polis, 1-8. Stanford University Press.

Poulin, R., and S. Morand. 2000. The diversity of parasites. *Quarterly Review of Biology* 75: 277-293.

Prescott, G. W., D. R. Williams, A. Balmford, R. E. Green, and A. Manica. 2012. Quantitative global analysis of the role of climate and people in explaining late Quaternary megafaunal extinctions. *Proceedings of the National Academy of Sciences of the USA* 109: 4527-4531 doi: 10.1073/pnas.1113875109

Proctor, H. C. 2003. Feather mites (Acari: Astigmata): ecology, behavior, and evolution. *Annual Review of Entomology* 48: 185-209. doi: 10.1146/annurev.ento.48.091801.112725

Range, F., L. Horn, Z. Viranyi, and L. Huber. 2009. The absence of reward induces inequity aversion in dogs. *Proceedings of the National Academy of Sciences of the USA* 106: 340-345. doi: 10.1073/pnas.0810957105

Ranger, C. M., R. E. Winter, A. P. Singh, M. E. Reding, J. M. Frantz, J. C. Locke, and C. R. Krause. 2011. Rare excitatory amino acid from flowers of zonal geranium responsible for paralyzing the Japanese beetle. *Proceed-*

ings of the National Academy of Sciences of the USA 108: 1217-1221. doi: 10.1073/pnas.1013497108

Ratcliffe, J. M., M. B. Fenton, and B. G. Galef Jr. 2003. An exception to the rule: common vampire bats do not learn taste aversions. *Animal Behaviour* 65: 385-389. doi: 10.1006/anbe.2003.2059

Reinhardt, K., and M. T. Siva-Jothy. 2007. Biology of the bed bugs (Cimicidae). *Annual Review of Entomology* 52: 351-374. doi: 10.1146/annurev. ento.52.040306.133913

Resendes, A. R., A. F. S. Amaral, A. Rodrigues, and S. Almeria. 2009. Prevalence of *Calodium hepaticum* (Syn. *Capillaria hepatica*) in house mice (*Mus musculus*) in the Azores archipelago. *Veterinary Parasitology* 160: 340-343. doi: 10.1016/j.vetpar.2008.11.001

Riskin, D. K., and Fenton, M. B. 2001. Sticking ability in Spix's disk-winged bat, *Thyroptera tricolor* (Microchiroptera: Thyropteridae). *Canadian Journal of Zoology* 79: 2261-2267. doi: 10.1139/z01-192

Riskin, D. K., and Racey, P. A. 2010. How do sucker-footed bats hold on, and why do they roost head-up? *Biological Journal of the Linnean Society* 99: 233-240. doi: 10.1111/j.1095-8312.2009.01362.x

Riskin, S. H., S. Porder, C. Neill, A. M. E. S. F. Figueira, C. Tubbesing, and N. Mahowald. 2013. The fate of phosphorus fertilizer in Amazon soya bean fields. *Philosophical Transactions of the Royal Society B* 368: 20120154. doi: 10.1098/rstb.2012.0154

Rivers, T. J., and J. G. Morin. 2009. Plasticity of male mating behaviour in a marine bioluminescent ostracod in both time and space. *Animal Behaviour* 78: 723-734. doi: 10.1016/j.anbehav.2009.06.020

Rothman, J. M., E. S. Dierenfeld, D. O. Molina, A. V. Shaw, H. F. Hintz, and A. N. Pell. 2006. Nutritional chemistry of foods eaten by gorillas in Bwindi impenetrable national park, Uganda. *American Journal of Primatology* 68: 675-691. doi: 10.1002/ajp.20243

Rowe, F. P., E. J. Taylor, and A. H. J. Chudley. 1964. The effect of crowding on the reproduction of the house-mouse (*Mus musculus* L.) living in corn-ricks. Journal of Animal Ecology 33: 477-483.

Rumpho, M. E., J. M. Worful, J. Lee, K. Kannan, M. S. Tyler, D. Bhattacharya, A. Moustafa, and J. R. Manhart. 2008. Horizontal gene transfer of the algal nuclear gene *psbO* to the photosynthetic sea slug *Elysia chlorotica*. *Proceedings of the National Academy of the USA* 105: 17867-17871. doi: 10.1073/pnas.0804968105

Schmidt, J. O. 1990. Hymenopteran venoms: striving toward the ultimate defense against vertebrates. In *Insect defenses: Adaptive mechanisms and strategies of prey and predators*, edited by D. L. Evans and J. O. Schmidt, 387-419. Albany, NY: State University of New York Press.

Schmidt, J. O., M. S. Blum, and W. L. Overal. 1983. Hemolytic activities of stinging insect venoms. *Archives of Insect Biochemistry and Physiology* 1: 155-160. doi: 10.1002/arch.940010205

Schnell, I. B., P. F. Thomsen, N. Wilinson, M. Rasmussen, L. R. D. Jensen, E. Willerslev, M. F. Bertelsen, and M. T. P. Gilbert. 2012. Screening mammal biodiversity using DNA from leeches. *Current Biology* 22: R262-R263. doi: 10.1016/j.cub.2012.02.058

Scholes, E. 2008. Evolution of the courtship phenotype in the bird of paradise genus Parotia (Aves: Paradisaeidae): homology, phylogeny, and modularity. *Biological Journal of the Linnean Society* 94: 491-504. doi: 10.1111/j.1095-8312.2008.01012.x:

Schutt, W. A. Jr., J. S. Altenbach, Y. H. Chang, D. M. Cullinane, J. W. Hermanson, F. Muradali, and J. E. A. Bertram. 1997. Dynamics of flight-initiating jumps in the common vampire bat *Desmodus rotundus*. *Journal of Experimental Biology* 200: 3003-3012.

Sessions, A. L., D. M. Doughty, P. V. Welander, R. E. Summons, and D. K. Newman. 2009. The continuing puzzle of the great oxidation event. *Current Biology* 19: R567-R574. doi: 10.1016/j.cub.2009.05.054

Shine, R., T. Langkilde, and R. T. Mason. 2003. Cryptic forcible insemination: Male snakes exploit female physiology, anatomy, and behavior to obtain coercive matings. *The American Naturalist* 162: 653-667. doi: 10.1086/378749

Showstack, R.. 2013. Largest meteor since Tunguska event explodes above Russian city. *Eos, Transactions American Geophysical Union* 94: 87. doi: 10.1002/2013EO090004

Shrestha, L. B. 2006. Life expectancy in the United States. Congressional Research Service Report for Congress.

Sidor, C. A., D. A. Vilhena, K. D. Angielczyk, A. K. Huttenlocker, S. J. Nesbitt, B. R. Peecook, J. S. Steyer, R. M. H. Smith, and L. A. Tsuji. 2013. Provincialization of terrestrial faunas following the end-Permian mass extinction. *Proceedings of the National Academy of Sciences of the USA* 110: 8129-8133. doi: 10.1073/pnas.1302323110

Sorenson, L. G., and S. R. Derrickson. 1994. Sexual selection in the Norther pintail (*Anas acuta*): the importance of female choice versus male-male competition in the evolution of sexually-selected traits. *Behavioral Ecology and Sociobiology* 35: 389-400. doi: 10.1007/BF00165841

Stålhandske, P. 2001. Nuptial gift in the spider *Pisaura mirabilis* maintained by sexual selection. *Behavioral Ecology* 12: 691-697. doi: 10.1093/beheco/12.6.691

Steudte, S., I. Kolassa, T. Stalder, A. Pfeiffer, C. Kirschbaum, and T. Elbert.

2011. Increased cortisol levels in hair of severely traumatized Ugandan individuals with PTSD. *Psychoneuroendocrinology* 36: 1193-1200. doi: 10.1016/j.psyneuen.2011.02.012

Sullivan, B. K. 1983. Sexual selection in the great plains toad (*Bufo cognatus*). *Behaviour* 84: 258-264.

Šuput, D. 2009. In vivo effects of cnidarian toxins and venoms. *Toxicon* 54: 1190-1200. doi: 10.1016/j.toxicon.2009.03.001

Swinburn, B. A., G. Sacks, K. D. Hall, K. McPherson, D. T. Finegood, M. L. Moodie, and S. L. Gortmaker. 2011. The global obesity pandemic: shaped by global drivers and local environments. *Lancet* 378: 804-814. doi: 10.1016/S0140-6736(11)60813-1

Szykman, M., R. C. Van Horn, A. L. Engh, E. E. Boydston, and K. E. Holekamp. 2007. Courtship and mating in free-living spotted hyenas. *Behaviour* 144: 815-846. doi: 10.1163/156853907781476418

Tellgren-Roth, Å., K. Dittmar, S. E. Massey, C. Kemi, C. Tellgren-Roth, P. Savolainen, L. A. Lyons, and D. A. Liberles. 2009. Keeping the blood flowing - plasminogen activator genes and feeding behavior in vampire bats. *Naturwissenschaften* 96: 39-47. doi: 10.1007/s00114-008-0446-0

Thomas, R. G., and F. H. Pough. 1979. The effect of rattlesnake venom on digestion of prey. *Toxicon* 17: 221-228. doi: 10.1016/0041-0101(79)9021 1-3

Thompson, T. E., and I. Bennett. 1969. *Physalia* nematocysts: utilized by mollusks for defense. *Science* 166: 1532-1533. doi: 10.1126/science.166.3912.1532

Topoff, H. 1999. Slave-making queens. *Scientific American* 281: 84-90.

Tranah, G. J., T. M. Manini, K. K. Lohman, M. A. Nalls, S. Kritchevsky, A. B. Newman, T. B. Harris, I. Miljovich,A. Biffi, S. R. Cummings, and Y. Liu.

2011. Mitochondrial DNA variation in human metabolic rate and energy expenditure. *Mitochondrion* 11: 855-861. doi: 10.1016/j.mito.2011.04.005

Treat, A. E. 1957. Unilaterality in infestations of the moth ear mite. *Journal of the New York Entomological Society* 65: 41-50.

Uetz, G. W., A. McCrate, and C. S. Hieber. 2010. Stealing for love? Apparent nuptial gift behavior in a kleptoparasitic spider. *Journal of Arachnology* 38: 128-131. doi: 10.1636/Hi08-100.1

Urrutia-Fucugauchi, J., A. Camargo-Zanoguera, and L. Pérez-Cruz. 2011. Discovery and focused study of the Chicxulub impact crater. *Eos, Transactions American Geophysical Union* 92: 209-210. doi: 10.1029/2011EO250001

Utami, S. C., and J. A. R. A. M. Van Hooff. 1997. Meat-eating by adult female Sumatran Orangutans (*Pongo pygmaeus abelii*). *American Journal of Primatology* 43: 159-165. doi: 10.1002/(SICI)1098-2345(1997)43:2<159::AID-AJP5>3.0.CO;2-W

Valmalette, J. C., A. Dombrovsky, P. Brat, C. Mertz, M. Capovilla, and A. Robichon. Light-induced electron transfer and ATP synthesis in a carotene synthesizing insect. *Scientific Reports* 2: 579. doi: 10.1038/srep00579

van der Meer, E., M. Moyo, G. S. A. Rasmussen, and H. Fritz. 2011. An empirical and experimental test of risk and costs of kleptoparasitism for African wild dogs (*Lycaon pictus*) inside and outside a protected area." *Behavioral Ecology* 22: 985-992. doi: 10.1093/beheco/arr079

van Wolkenten, M., S. F. Brosnan, and F. B. M. de Waal. 2007. Inequity responses of monkeys modified by effort. *Proceedings of the National Academy of Sciences of the USA* 104: 18854-18859. doi: 10.1073/pnas.0707182104

Vass, A. A. 2001. Beyond the grave - understanding human decomposition.

Microbiology Today 28: 190-192. (no doi).

Verbrugge, L. M., J. J. Rainey, R. L. Reimnick, and H. D. Blankespoor. 2004. Swimmer's itch: incidence and risk factors. *American Journal of Public Health* 94: 738-741.

Vetter, J. 2000. Plant cyanogenic glycosides. *Toxicon* 38: 11-36. doi: 10.1016/S0041-0101(99)00128-2

Vetter, R. S., and G. K. Isbister. 2008. Medical aspects of spider bites. *Annual Review of Entomology* 53: 409-429. doi: 10.1146/annurev.ento.53.103106.093503

Vieites, D. R., S. Nieto-Román, M. Barluenga, A. Palanca, M. Vences, and A. Meyer. 2004. Post-mating clutch piracy in an amphibian. *Nature* 431: 305-308. doi: 10.1038/nature02879

Voigt, C. C., O. Behr, B. Caspers, O. von Helversen, M. Knörnschild, F. Mayer, and M. Nagy. 2008. Songs, scents, and senses: Sexual selection in the greater sac-winged bat, *Saccopteryx bilineata*. *Journal of Mammalogy* 89: 1401-1410. doi: 10.1644/08-MAMM-S-060.1

Voigt, C. C., B. Caspers, and S. Speck. 2005. Bats, bacteria, and bat smell: Sex-specific diversity of microbes in a sexually selected scent organ. *Journal of Mammalogy* 86: 745-749.

Voigt, C. C., and O. von Helversen. 1999. Storage and display of odour by male *Saccopteryx bilineata* (Chiroptera, Emballonuridae). *Behavioral Ecology and Sociobiology* 47: 29-40. doi: 10.1007/s002650050646

Vollrath, F. 1978. A close relationship between two spiders (Arachnida, Araneidae): *Curimagua bayano* synecious on a *Diplura species*. *Psyche* 85: 347-354. doi: 10.1155/1978/27439

Vollrath, F. 1979. Vibrations: Their signal function for a spider kleptoparasite. *Science* 205: 1149-1151. doi: 10.1126/science.205.4411.1149

Vollrath, F. 1998. Dwarf males. *Trends in Ecology and Evolution* 13: 159-163. doi: 10.1016/S0169-5347(97)01283-4

Vyas, A., S. Kim, N. Giacomini, J. C. Boothroyd, and R. M. Sapolsky. 2007. Behavioral changes induced by *Toxoplasma* infection of rotents are highly specific to aversion of cat odors. *Proceedings of the National Academy of Sciences of the USA* 104: 6442-6447. doi: 10.1073/pnas.0608310104

Wanless, R. M., A. Angel, R. J. Cuthbert, G. M. Hilton, and P. G. Ryan. 2007. Can predation by invasive mice drive seabird extinctions? *Biology Letters* 3: 241-244. 10.1098/rsbl.2007.0120

Warrell, D. A. 2010. Snake Bite. *Lancet* 375: 77-88. doi: 10.1016/S0140-6736(09)61754-2

Waters, A., F. Blanchette, and A. D. Kim. 2012. Modeling huddling penguins. *PLoS One* 7 e50277. doi: 10.1371/journal.pone.0050277

Watts, H. E., J. B. Tanner, B. L. Lundrigan, and K. E. Holekamp. 2009. Post-weaning maternal effects and the evolution of female dominance in the spotted hyena. *Proceedings of the Royal Society B* 276: 2291-2298. doi: 10.1098/rspb.2009.0268

Way, J. L. 1984. Cyanide intoxication and its mechanism of antagonism. *Annual Reviews of Pharmacology and Toxicology* 24: 451-481.

Welch, K. D., K. E. Panter, S. T. Lee, D. R. Gardner, B. L. Stegelmeier, and D. Cook. 2009. Cyclopamine-induced synophthalmia in sheep: defining a critical window and toxicokinetic evaluation. *Journal of Applied Toxicology* 29: 414-421. doi: 10.1002/jat.1427

Wikelski, M., and S. Bäurle. 1996. Pre-copulatory ejaculation solves time constraints during copulations in marine iguanas. *Proceedings of the Royal Society B: Biological Sciences* 263: 439-444. doi: 10.1098/rspb.1996.0066

Wilkinson, G. S. 1984. Reciprocal food sharing in the vampire bat. *Nature*

308: 181-184. doi: 10.1038/308181a0

Windmill,J. F. C., J. H. Fullard, and D. Robert. 2007. Mechanics of a 'simple' ear: tympanal vibrations in noctuid moths. *Journal of Experimental Biology* 210: 2637-2648. doi: 10.1242/jeb.005025

Wojcieszek, J. M., J. A. Nicholls, and A. W. Goldizen. 2007. Stealing behavior and the maintenance of a visual display in the satin bowerbird. *Behavioral Ecology* 18: 689-695. doi: 10.1093/beheco/arm031

Wong, S., and J. S. Remington. 1994. Toxoplasmosis in pregnancy. *Clinical Infectious Diseases* 18: 853-861.

World Health Organization. 2005. *World Health Report 2005: Make every mother and child count.* http://www.who.int/whr/2005/en/index.html

World Health Organization. 2012. *Fact Sheet Number 348: Maternal Mortality.* Updated May, 2012. http://www.who.int/mediacentre/factsheets/fs348/en/index.html

Yanagihara, A. A., and R. V. Shohet. 2012. Cubozoan venom-induced cardiovascular collapse is caused by hyperkalemia and prevented by zinc gluconate in Mice. *PLoS One* 7: e51368. doi: 10.1371/journal.pone.0051368

Yosef, R., and B. Pinshow. 2005. Impaling in true shrikes (Laniidae): a behavioral and ontogenetic perspective. *Behavioural Processes* 69: 363-367. doi: 10.1016/j.beproc.2005.02.023

Zhang, L., X. Yang, H. Wu, X. Gu, Y. Hu, and F. Wei. 2011. The parasites of giant pandas: individual-based measurement in wild animals. *Journal of Wildlife Diseases* 47: 164-171.

Zimmer, C. 2000. *Parasite Rex.* Free Press.

Zimmermann, T. 2010. The killer in the pool. *Outside Magazine.* Published online July 30, 2010: http://www.outsideonline.com/outdoor-adventure/nature/The-Killer-in-the-Pool.html?page=all

미주

▶ 각 논문은 참고문헌 참고

들어가는 글 조지아는 내 마음속에 남아 있네

1 인간말파리의 생물학적 특성에 대한 자세한 설명과 기괴한 사진을 보고 싶
다면 플로리다 대학의 곤충 및 기생충학과의 〈특별한 생물들Featured Crea-
ture'〉 페이지를 방문하라. http://entnemdept.ufl.edu/creatures/misc/
flies/human_bot_fly.htm

1 탐욕

1 사자는 얼룩말을 마구잡이로 죽이지 않는다.(Mills와 Shenk, 1992)

2 생물학자들은 이 차이를 종간 경쟁interspecific competition(이를테면 포식자 같은
다른 종의 일원을 신경 쓰는 것)과 종내 경쟁intraspecific competition(같은 종의 일
원을 신경 쓰는 것)으로 구별한다.

3 이기적인 양에 관한 이 연구는 King(2012) 등에 의해 수행되었다.

4 펭귄 허들의 온도에 관한 출처는 Gilbert(2006) 등이다.

5 이 전략을 비동시 부화asynchronous hatching라고 한다. 흰올빼미 이야기
는 Murie(1929)와 Parmelee(1992)가 요약했다. 푸른발부비새blue-footed
booby(술라 네북시*Sula nebouxii*)와 황로cattle egret(부불쿠스 이비스
Bubulcus ibis)에도 비슷한 습성이 존재한다. Mock 외(1990)의 「조류의 형
제 살해avian siblicide」라는 훌륭한 논문이 있다.

6 흰허리독수리(아퀼라 베레아욱시*Aquila verreauxii*)는 검독수리black eagle
라고 불리기도 한다.(Mock 외, 1990) 1569회 쪼았던 일은 Gargett(1978)가
관찰했다.

7 샌드타이거상어의 '자궁 내 동족 포식 행위'에 대한 자세한 설명은 Gilm-
ore(1983) 등에서 볼 수 있다.

8 고프 섬의 생쥐에 관한 전체적인 이야기는 Cutbert와 Hilton(2004), Wan-

less(1983) 등에 의해 잘 정리되었다.

9 고프 섬을 묘사하면서 많은 사람이 '세상에서 가장 중요한 바닷새 서식지'라는 표현을 사용하고 있다. 나는 Cuthbert와 Hilton(2004)을 인용했다.

10 생쥐가 바닷새의 멸종을 초래할 수 있다는 생각은 Wanless 외(2007)에서 논의되었다.

11 이 사건은 오스트레일리아 플라이스토세 거대동물상 멸종이라고 부른다. 사라진 동물종에 관한 자세한 설명과 그들의 크기를 보여 주는 멋진 그림은 Flannery(1990)에서 볼 수 있다.

12 오스트레일리아 플라이스토세 거대동물상 멸종에서 사냥과 들불의 상대적 중요성에 관해서는 Miller 외(2005)가 고찰했다.

13 짐작했겠지만, 이 사건은 북아메리카 플라이스토세 거대동물상 멸종이라고 부른다. 인간이 처음 북아메리카에 당도했을 당시에는 그곳에 살고 있었지만 지금은 사라진 동물에 대해 알고 싶다면 Janzen과 Martin(1982)을 보라.

14 남태평양의 멸종 사건은 오스트레일리아와 북아메리카에서 멸종이 일어났던 플라이스토세 다음의 지질시대인 홀로세Holocene에 일어났다. 최초의 정착민이 도착하고 유럽의 식민지화가 진행된 사이에 토착 생물의 3분의 2가 멸종했다.(Duncan외, 2013)

15 해양 재난은 Elinder와 Erixson(2012)이 분석했다.

2 색욕

1 안테키누스의 생활은 Naylor(2008) 등에 의해 고찰되었다.

2 그림붓으로 거미를 귀찮게 한 연구자들은 Li(2012) 등이다.

3 한국 내시에 관한 자료는 Min 외(2012)의 논문에서 찾았다.

4 임신부의 생존에 관한 통계는 세계 보건 기구(2012) 자료를 참고했다.

5 하이에나에 관한 정보는 Watts(2009)와 Glickman(2006) 등에서 얻었다.

6 점박이하이에나의 사회구조에 관해서는 Watt(2009)가 잘 설명해 놓았다.

7 그의 정치생명을 끝장낸 토드 아킨의 발언은 http://fox2now.com/2012/08/19/the-jaco-report-august-19-2012/에서 볼 수 있다.

8 고방오리의 짝짓기 습성에 관한 정보는 Sorenson과 Derrickson(1994)에서

확인할 수 있다. 음경의 길이에 관한 자료는 Brennan(2007) 등에서 나온다.

9   오리종 사이의 비교 연구는 Brennan(2007) 등에 의해 이뤄졌다.

10 가터뱀에 관한 정보는 Shine(2003)의 한 논문에서 볼 수 있다.

11 먹이에서 짝짓기에 이르는 빈대의 생물학적 특성은 Reinhardt와 Siva-Jothy(2007)에 의해 요약되었다.

12 암컷 텅가라개구리가 좋아하는 울음소리의 특별한 점에 관해서는 Akre(2011)가 묘사했다.

13 척추동물의 단성생식에 관해서는 Neaves와 Baumann(2011)이 고찰했다.

14 음경 칼싸움에 관한 모든 내용은 Michiels와 Newman(1998)의 논문에서 읽을 수 있다.

15 10억 년이라는 추정은 Butterfield(2000)의 논문을 근거로 했다.

3 나태

1   전 세계 비만에 관한 자료는 Swinburn(2011)의 글에서 인용했다.

2   기생생물은 생태계에서 에너지가 어떻게 흐르는지, 그 생물이 생태계에서 얼마나 잘 경쟁을 할 수 있는지, 하나의 생태계가 얼마나 많은 종을 수용할 수 있는지에 영향을 준다. 따라서 생태계에 기생생물이 많을수록 그 생태계는 더 건강한 생태계가 된다.(Hudson 외, 2006)

3   흡혈박쥐의 침샘에 관해서는 Tellgren-Roth 외(2009)에 자세히 설명되어 있다. 흡혈박쥐의 사냥에 관한 자세한 설명은 Greenhall과 Schmit(1988)의 논문에 나온다.

4   흡혈박쥐는 도약할 때, 30밀리 초 동안 체중의 약 9.5배에 달하는 힘을 발휘해 초당 2~2.5미터의 속도로 자신의 몸을 상승시킨다.(Schutt 외, 1997)

5   피를 나눠 주는 흡혈박쥐의 습성은 Wilkinson(1984)이 처음 설명한 이래로 생물학자들을 흥분시켜왔다. 이후 게리 카터Gerry Carter는 박쥐가 누구에게 음식을 게워 줄지를 결정하는 규칙에 관해 추가 연구를 내놓았다.(Carter와 Wilkinson, 2013)

6   곁주머니가 달린 흡혈박쥐 위의 상세한 모습은 바륨이 들어 있는 피를 먹인 박쥐의 X-선 사진을 통해 완벽하게 밝혀졌다.(Mitchell과 Tigner, 1970)

7 다람쥐는 회충이 있으며(Crompton, 2001), 새는 날개진드기feather mite
  가 있다.(Proctor, 2003) 자이언트판다의 몸에는 최소 6종의 기생충이 있고
  (Zhang 외, 2011), 황제펭귄은 촌충과 이와 세균성 질환인 클라미디아chla-
  mydia에 감염된다.(Barbosa와 Palacios, 2009)

8 기생생물은 알려진 동물의 거의 50퍼센트를 차지하며, Poulin과 Mo-
  rand(2000)는 아직까지 알려지지 않은 종의 대다수는 기생생물일 것이라는 타당성
  있는 주장을 내놓았다.(간단히 말해서 기생생물은 발견이 더 어렵기 때문이
  라는 것이다.)

9 모기의 생활사에 관해 더 자세히 알고 싶다면 Christophers(1960)를 보라.

10 미국 질병 통제 예방 센터US Centers for Disease Control and Preven-
  tion(CDC)는 기생생물의 생활사와 인간에 미치는 영향에 관해 대단히 유용
  한 정보를 제공하는 웹사이트를 운영하고 있다. 말라리아에 관한 페이지는
  http://www.cdc.gov/malaria/다.

11 상피병에 관한 CDC의 웹페이지는 http://www.cdc.gov/parasites/lym-
  phaticfilariasis다.

12 인간의 몸속으로 파고들어 와 장기를 파먹고 사망에 이르게 하는 너구리회충
  raccoon roundworm은 바이리사스카리스 프로키오니스Baylisascaris pro-
  cyonis다. 안구를 파먹는 아메바(콘택트렌즈가 발명되기 전까지는 인간의 기
  생충이 아니었다)는 아칸타모에바 케라티티스Acanthamoeba keratitis다. 내
  가 이야기한 요충은 엔테로비우스 베르미쿨라리스Enterobius vermicularis
  이지만, 몇 가지 다른 종류의 요충에도 인간이 감염될 수 있다.

13 거머리들은 피를 빨아먹을 동물을 선택한 다음, 그 동물의 위치를 계속 주시
  하면서 일제히 그쪽을 향해 움직인다.(Harly 외, 2013)

14 개에 물려 뺨이 떨어져 나간 여성의 얼굴 그래픽 이미지를 포함해, 얼굴 열상
  에 대한 사례는 Koch 외(2012)에서 볼 수 있다.

15 거머리를 통해 멸종 위기 동물의 서식지에서 그들의 DNA를 얻는 방법은 대
  단히 뛰어난 묘안이다. 이 과정에 관한 자세한 설명은 Schnell 외(2012)에서
  확인할 수 있다.

16 해양 동물의 생물발광bioluminescence과 발광세균과의 관계에 관해 더 알

고 싶다면, Haddock 외(2010)를 보라.

17 솔직히 〈니모를 찾아서〉에서 멀린과 도리를 공격한 심해아귀가 크로이에르심해아귀인지는 잘 모르겠지만, 심해아귀 종류인 것만은 확실하다.

18 이처럼 작은 수컷이 암컷에 기생하는 것 같은 생활 방식은 크로이에르심해아귀에만 국한된 게 아니다. 다른 여러 종류의 아귀에서도 발견된다.(Herring, 2007)

19 Vollrath(1998)는 수컷 아귀의 생활 방식이 나태하긴 하지만 기생생물은 아니라는 주장을 명쾌하게 펼쳤다.

20 주혈흡충에 대한 CDC의 웹페이지는 http://www.cdc.gov/parasites/schis-tosomiasis다.

21 주혈흡충이 자리를 잡는 혈관이 방광 근처인지 대장 근처인지는 종에 따라 다르다. 빌하르츠주혈흡충*Schistosoma baematobium*의 알은 오줌에서 발견되는 반면, 만손주혈흡충*S. mansoni*와 일본주혈흡충*S. japonicum*의 알은 대변에서 발견된다.

22 물놀이 가려움증에 관해 더 알고 싶다면 Verbrugge 외(2004)를 보라.

23 '가죽끈에 묶인 개'라는 표현은 이 모든 과정을 묘사한 과학 논문에서 그대로 인용한 것이다.(Gal and Libersat, 2008)

24 바퀴벌레의 몸 전체에 항균물질을 분비하는 애벌레에 관한 내용은 Herzner 외(2013)의 논문에 등장한다.

25 포식기생자종이 얼마나 흔한지를 보여 주는 이 수치는 Eggleton과 Belshaw (1992), Feener와 Brown(1997)에서 확인할 수 있다.

26 팔랑나비 애벌레의 똥 분사에 관한 생체역학은 Caveney 외(1998)에 자세하고 맛깔나게 묘사되어 있다.

27 길이가 약 5센티미터인 팔랑나비 애벌레는 75센티미터 높이까지 똥을 분사한다. 이는 몸길이의 15배에 해당하는 거리다. 따라서 150센티미터인 여성의 키에 15배를 하면 22.5미터가 된다.

28 칼 짐머Carl Zimmer는 『기생충 제국Parasite Rex』(2000)이라는 책에서 이 주제를 대단히 멋지게 탐구했다.

29 톡소플라즈마가 쥐의 행동에 미치는 영향에 대한 세부적인 내용은 스탠포드

대학의 로버트 사폴스키Robert Sopolsky 연구소에서 발표한 탁월한 논문들을 통해 확인할 수 있다.(Vyas 외 2007; House 외, 2011)

30 톡소플라즈마 감염 인구에 대한 추정은 Havlíček 외(2001), Montoya와 Liesenfeld(2004)를 참고했다.

31 임신 후기에 감염될수록 태아에게 더 위험하다. 임신 중 톡소플라즈마 기생충 감염에 의한 위협은 Wong과 Remington(1994)이 자세히 검토했다.

32 반응시간에 관한 자료는 Havlíček 외(2001), 교통사고에 관한 자료는 Flegr 외(2002)에서 나온다. 톡소플라즈마가 인간에게 미치는 전반적인 효과는 Flegr(2013)가 검토했다.

33 톡소플라즈마가 인간의 문화에 영향을 미칠 가능성은 Lafferty(2006)에 의해 연구되었다.

34 박쥐의 반향 위치 측정에 직접적으로 반응해서 진화된 나방의 귀는 박쥐가 내는 높은 주파수의 소리만 들을 수 있다.(Windmill 외, 2007) 이에 대한 대응 전략으로, 점박이박쥐spotted bat라는 박쥐는 나방이 들을 수 없는 낮은 소리를 내지만, 덕분에 인간은 그 소리를 들을 수 있게 되었다.(Fullard와 Dawson, 1997)

35 나방의 귓속 진드기에 관한 전반적인 이야기는 Treat(1957)이 자세히 설명했다.

36 엄마의 면역계와 아들의 성적 취향 사이의 연관성은 Blanchard(2001)가 연구했다.

4 탐식

1 일부 동식물이 가축과 작물이 된 이유에 관해서는 Diamond(2002)가 훌륭하게 고찰했다. 소와 말은 가축이 되었지만, 그 친척인 얼룩말과 물소는 그럴 수 없는 이유가 궁금하다면, 이 논문의 일독을 권한다.

2 2003년 연구에서 샤흐 박사의 사례 요약은 http://www.sudhirneuro.org/files/mataji_case_study.pdf에서 내려 받을 수 있다.

3 인간이 음식 없이 생존할 가능성에 대한 샤흐 박사의 가설을 담은 PDF는 http://www.sudhirneuro.org/files/fast_the_hypothesis.pdf에서 볼 수 있다.

4 비만이 아닌 성인의 경우, 물이 몸의 약 60퍼센트를 차지한다.(Ellis, 2000)

5 우주 비행사가 소비하는 물의 양은 Hager 외(2010)에 의해 연구되었다.

6 무게로 따지면 건전지 약 13킬로그램이 된다! 이런 수치를 얻게 된 근거는 다음과 같다. 인간의 안정 시 대사율은 하루에 약 1250킬로칼로리다.(Tranah 외 2011) 이것을 전력량으로 나타내면 하루 약 1450와트시가 된다. AA 규격의 알칼라인 건전지 한 개는 전력량이 약 2.5와트시이므로, 1250킬로칼로리의 열량을 내기 위해서는 580개의 건전지가 필요하다.

7 산소를 생산하는 모든 광합성 생물은 그 무렵에 살았던 단세포생물이라는 공통 조상에서 유래했다.

8 아카시아와 개미의 관계는 González-Teuber 외(2012)가 설명했다.

9 코끼리는 휘파람가시나무whistling thorn tree라고 하는 다른 종의 아카시아 나무로 간다. 이 아카시아 나무도 개미를 활용하는데, 코끼리는 개미가 있는 나무는 피하고 개미가 없는 나무만 먹는다.(Goheen과 Palmer, 2010)

10 20만 종류라는 수치는 Mithöfer와 Boland(2012)를 참고했다.

11 시안화수소의 치사율에 관한 자료는 Way(1984)를 참고했다.

12 이에 관한 수치는 Vetter(2000)에 등장한다.

13 이 비유에서 '폭탄'은 아세톤시아노히드린acetone cyanohydrin이고, '기폭장치'는 시아노히드린 분해효소hydroxynitrile lyase다. 폭탄은 액포 속에, 기폭장치는 조직 속에 들어 있다. 초식동물이 식물을 먹어서 액포가 터질 때, 아세톤시아노히드린이 분해되어 아세톤과 시안화수소가 형성된다.(Vetter, 2000)

14 한 고릴라 연구에서 밝혀진 바에 따르면, 고릴라는 모두 84종의 식물을 먹는데 그중에 시안화수소를 함유한 종류는 2종에 불과하다.(Rothman 외, 2006)

15 아프리카와 라틴아메리카에서 카사바는 3대 주요 에너지원 중 하나다.(Vetter, 2000)

16 빨강무늬제라늄과 퀴스쿠알산과 왜콩풍뎅이Japanese beetle에 관한 이야기는 Ranger 외(2011)를 참고했다.

17 이 유전자 경로를 소닉 헤지호그Sonic Hedgehog 경로라고 부르는데, 당신이 생각하는 그것이 맞다. 이 이름은 세가 제네시스Sega Genesis사의 1990년대 비디오게임에서 딴 것이다.

18 잎을 갉아먹는 것과 수액을 빨아먹는 것 사이에는 분명한 차이가 있기 때문에, 이 식물은 자신을 먹고 있는 것이 애벌레인지 잎진드기인지를 안다.(Leitner 외, 2005)

19 Karban 외(2004)에 의해 밝혀진 바에 따르면, 일부 식물은 다른 식물종이 분비하는 경고 물질을 감지하기도 한다.

20 식물이 왜 이런 화학물질을 분비하는지에 관한 의문은 Heil과 Karban(2010)의 훌륭한 종설 논문에 잘 설명되어 있다.

21 기생 말벌을 불러 모아 애벌레를 퇴치하는 식물에 관해서는 Paré와 Tumlinson(1999)을 참고했다.

22 푸른갯민숭달팽이(엘리시아 클로로티카Elysia chlorotica)는 바우케리아 리토레아Vaucheria litorea라고 하는 조류를 먹는다.(Rumpho 외, 2008)

23 이 진딧물은 완두수염진딧물(아키토시폰 파숨Acythosiphon pisum)이라고 한다.(Valmalette 외, 2012)

24 이 박쥐의 혀는 정말 대단하다.(Muchhala과 Thomson 2009; Muchhala, 2006)

25 소화된 후에 종자의 발아가 더 잘된다는 것은 새와 원숭이와 박쥐의 몸을 통과한 종자를 통해 증명되었다.(Fleming과 Heithaus, 1981)

26 바나나의 원산지는 동남아시아이며, 인간이 재배한 지는 수천 년이 되었다.(De Langhe 외, 2009)

27 늘보로리스를 먹는 보르네오오랑우탄(퐁고 피그마이우스Pongo pygmaeus)의 습성은 Utami와 Van Hooff(1997)가 자세히 설명했다.

28 울버린에 관한 정보는 모두 Pasitschniak-Arts와 Laivière(1995)의 논문에 나온다.

29 평균 체중이 1700킬로그램인 아프리카코끼리에게 6퍼센트라는 내용의 출처는 Laws(1970)다. 384퍼센트라는 어마어마한 수치는 지렁이를 먹는 3.35그램짜리 땃쥐의 사례다.(Morrison 외, 1957)

30 이는 간단한 수학이다. 3.35그램짜리 땃쥐 50만 마리의 무게는 대략 1700킬로그램짜리 코끼리의 무게와 같다. 땃쥐의 소모량(날마다 체중의 384퍼센트)은 코끼리의 소모량(날마다 체중의 6퍼센트)보다 64배 더 많다.

31 흰긴수염고래의 체중이 16만 5000킬로그램이라는 추정은 Lockyer(1976)에서 나온다.

32 고래가 하루에 1120킬로그램의 크릴을 소모한다는 추정의 출처는 Goldbogen 외(2011)이다. 크릴 한 마리의 무게는 약 2그램이다.

33 이 전체 과정은 Vass(2001)가 설명했다.

34 앞서 내가 설명했듯이, 생태계에 있는 에너지의 일부는 열수 분출공에서 유래한다. 그러나 열수 분출공은 대양의 가장 깊은 곳이나 옐로스톤 국립공원의 물웅덩이 같은 곳에 존재한다. 인간의 발길이 닿는 자연의 장소에서는 대부분의 에너지가 태양으로부터 온다.

35 인간이 재배한 203종의 작물 목록은 Meyer 외(2012)를 보라. 무척 흥미로운 목록이다.

36 샘이 1911년의 미국에서 태어났다면, 그의 기대 수명은 49.9세였을 것이다.(Shrestha, 2006) 미국 통계국US Census Bureau 웹사이트(http://www.census.gov/population/international/)에 따르면, 2011년에 태어난 남아의 기대 수명은 미국이 78세이고 캐나다가 81세다. (샘은 캐나다에서 태어났다.)

37 2050년의 전 세계 인구가 90억 명이라는 추정은 국제연합의 식량농업기구 Food and Agriculture Organization 회의에서 나왔다.(FAO, 2009)

5 질투

1 에피미르마스 개미의 렙토토락스 군집 침입에 관해서는 Buschinger(1989)와 Iyengar(2008)에 잘 묘사되어 있다.

2 절취 기생을 하는 개미가 200종이라는 추정과 폴리에르구스 개미의 '노예 습격'에 관한 내용은 『사이언티픽 아메리칸Scientific American』지에 수록된 일반 독자를 위한 훌륭한 논문에 등장한다.(Topoff, 1999) 지금까지 발견된 개미는 약 1만 종에 이르지만, 곤충학자들이 생각하기에 이는 야생에 실제로 존재하는 개미종의 절반에 불과하다.

3 왕거미의 움직임을 관찰하기 위해 거미줄의 진동을 이용하는 아르기로데스의 행동은 Vollrath(1979)에 의해 연구되었다.

4 아르기로데스 거미가 훔친 먹이를 짝짓기 선물로 활용하는 사례는 Uetz 외

(2010)에 의해 설명되었다.

5 작은 거미인 쿠리마구아와 훨씬 더 큰 거미인 디플루라 사이의 관계는 Voll-rath(1978)에 의해 설명되었다.

6 나는 쿠리마구아 같은 거미종이 또 존재하지만 너무 작아서 아직 눈에 띄지 않는 것이라고 생각한다.

7 대체로 초식을 하는 바기라 키플린지의 생물학적 특징은 Meehan 외(2009)에 의해 묘사되었다.

8 사자와 하이에나, 그 밖의 다른 아프리카의 대형 육식동물에 관해서는 Durant(2000)가 자세히 기록했다.

9 사자와 하이에나의 목소리를 듣기만 해도 치타가 사냥을 중단한다는 사실은 Durant(2000)에 의해 기록되었다.

10 사자와 하이에나를 피하기 위해 보호구역을 꺼리는 리카온의 습성은 van der Meer 외(2011)에 의해 기록되었다.

11 인간에게 '달리기 본능'이 있다는 개념을 최초로 내놓은 사람은 Carrier(1984)였다. 이 가설은 현재 상당히 널리 받아들여지고 있다. Bramble과 Lieberman(2004)의 훌륭한 논문을 참조하라.

12 죽은 동물을 먹는 하데자 원주민에 관한 연구는 O'Connell 외(1988)에 의해 수행되었다.

13 본문에서 설명한 꼬리감는원숭이 실험은 van Wolkenten 외(2007)에 의해 수행되었다.

14 개를 이용한 실험은 Range 외(2009)에 의해 수행되었는데, 이 실험은 개 두 마리만 있으면 누구나 쉽게 해 볼 수 있다.

15 어떤 종에 대해 공정한 (질투) 실험이 수행되었는지에 관해서는 Brosnan과 de Wall(2012)이 평가했다.

16 큰주머니날개박쥐(사코프테릭스 빌리네아타*Saccopteryx bilineata*)의 성적 행동에 관해서는 Voigt와 von Helversen(1999), Voigt 외(2005; 2008)가 자세히 설명했다.

17 이 두꺼비에 관한 정보는 Sullivan(1983)의 논문에서 유래한다.

18 이 의문의 개구리는 유럽 전역에서 흔히 볼 수 있는 북개구리(라나 템포라리

아*Rana temporaria*)다. '도둑 포옹' 행동은 스페인에서 관찰되었다.(Vieites 외, 2004)

19 리넬라 속 두꺼비의 짝짓기 습성은 Izzo 외(2012)에 의해 자세히 기록되었다.

20 바다이구아나의 짝짓기 습성은 Wikelski와 Bäurle(1996)에 의해 기술되었다.

21 오스트라코드의 생물발광 습성은 Rivers와 Morin(2009)에 의해 기술되었다.

22 암체 수컷 오징어의 여장 경향은 Hanlon 외(2005)에 의해 기술되었다.

23 양서류의 성 의태sexual mimicry에 관한 놀라운 이야기는 Arnold(1976)에 의해 설명되었다.

6 분노

1 범고래 틸리쿰의 이야기는 『아웃사이드Outside』지에 실린 Zimmermann (2010)의 기사와 〈블랙피시Blackfish〉(2013)라는 독립 영화의 소재가 되었다.

2 범고래의 먹이에 관한 정보는 Ford(2011) 등을 참조했다.

3 초대형 고래를 사냥할 때 범고래의 행동에 대한 설명은 Silber(1990) 등에서 볼 수 있다.

4 먹이를 꿰어 놓는 바보때까치의 습성에 관해서는 Yosef와 Pinshow(2005)가 묘사했다.

5 해파리 독침(자포nematocyst)의 가속도는 Holstein과 Tardent(1984)가 측정했다.

6 상자해파리의 독침이 작용하는 메커니즘에 관해서는 Yanagihara와 Sho-het(1984)가 검토했다.

7 독침에 쏘이지 않고 해파리를 먹을 수 있는 청룡갯민숭달팽이의 능력에 관해서는 Thompson과 Bennett(1969)가 묘사했다.

8 청룡갯민숭달팽이는 해파리 독을 먹고 활용할 수 있는 여러 동물 중 하나일 뿐이다. 이 작용이 어떻게 일어나는지에 관해서는 Greenwood(2009)가 검토했다.

9 청자고둥은 통증 억제물질을 생산한다.(Nelson 2004)

10 청자고둥의 독으로 인한 사망자 수 추정은 Nelson(2004)을 참조했다.

11 거미의 신경독소가 작용하는 메커니즘은 Escoubas 외(2000)에서 검토했다.

12 오스트레일리아 깔때기그물거미의 독이 어떻게 작용하는지에 관해서 알고 싶다면 Nicholson 외(2006)를 보라.

13 오스트레일리아 깔때기그물거미에 의한 사망률은 Isbister 외(2005)에서 검토했다.

14 브론토스코르피오의 거대한 화석은 Kjellesvig-Waering(1972)에 의해 기재되었다.

15 이 모든 수치는 전갈 생물학에 관해 간략하지만 정말 멋지게 검토한 Polis(1990)의 논문에 등장한다.

16 사막박쥐인 안트로조우스 팔리두스*Antrozous pallidus*의 생물학적 특징에 관해서는 Hermanson과 O'Shea(1983)가 고찰했다. (그는 나의 박사 학위 지도 교수였다.)

17 사막박쥐가 전갈을 어떻게 다루는지에 관한 정보는 데이브 존스턴Dave Johnston과의 대화에서 얻었다. 그는 사막박쥐로 박사 학위를 받았고, 그 후 사막박쥐를 집중적으로 연구하고 있다.

18 1983년에 나온 첫 번째 슈미트 고통 지수에도 내가 좋아하는 시적인 글이 많았지만, 1990년에 발표된 새로운 목록에서는 대부분의 종을 그렇게 설명했다.(Schmidt 외, 1983; Schmidt, 1990)

19 디노포네라 개미에 쏘인 남성에 관한 내용은 Jaddad(2005) 등에 설명되어 있다.

20 학계에 알려진 뱀의 종 수는 http://www.reptile-database.org/db-info/SpeciesStat.html이라는 파충류 데이터베이스 웹사이트에 정리되어 있다. 내가 가장 최근에 확인했을 때, 뱀(뱀아목)의 종 수는 3432종이었다.

21 뱀으로 인한 추정 사망자 수는 Warrell(2010)을 참고했다.

22 독을 뿜는 코브라에 물린 어느 소녀의 다리가 정확히 이런 상태였는데, 정말 가슴이 아팠다.(Warrell, 2010)

23 다른 방식으로 혈액에 영향을 미치는 뱀독에 관해 알고 싶다면 Braud 외(2000)를 보라.

24 이런저런 신경독소가 있는 뱀에 물린 사람의 예후 차이(시냅스 전presynaptic 또는 시냅스 후postsynaptic)는 Del Brutto와 Del Brutto(2012)에 요약

되어 있다.

25 말레이우산뱀에 물렸을 때의 예후에 관해서는 Warrell(2010)에 서술되어 있다.

26 방울뱀의 독이 먹이의 소화를 돕는다는 사실은 Thomas와 Pough(1979)에 의해 증명되었다.

27 이 장에 나오는 대멸종 사건 당시 멸종된 종의 비율은 Jablonski(1994)를 인용했다.

28 이 추정은 Showstack(2013)을 인용했다.

29 K-Pg 운석 크기의 추정은 Urrutia-Fucugauchi 외(2011)를 인용했다.

30 포유류의 성공에 K-Pg 멸종 사건이 미친 영향의 중요성은 최근 Meredith 외(2011)에 의해 정량적으로 설명되었다.

31 P-Tr 멸종 사건과 그 원인에 관해서는 Benton과 Twitchett(2003)가 자세히 고찰했다. 그 사건 이후 급증한 생명체에 관해서는 Sidor 외(2013)가 살펴보았다.

32 산소 급증 사건의 자세한 내용은 Sessions 외(2009)에서 확인할 수 있다.